21世纪高等学校计算机规划教材

21st Century University Planned Textbooks of Computer Science

Access 2007数据库实验教程

Practical Tutorial on Access 2007

汪志勇 杨荣 陈洪生 郭晶晶 主编

人民邮电出版社

北京

图书在版编目（CIP）数据

Access 2007数据库实验教程 / 汪志勇等主编. --
北京 : 人民邮电出版社, 2013.3（2015.1 重印）
21世纪高等学校计算机规划教材
ISBN 978-7-115-30081-2

Ⅰ. ①A… Ⅱ. ①汪… Ⅲ. ①关系数据库系统—高等
学校—教材 Ⅳ. ①TP311.138

中国版本图书馆CIP数据核字(2013)第024018号

内 容 提 要

本书是《Access 2007 数据库应用教程》一书的配套用书，内容包括与教材各章节相配套的习题、实验指导、上机模拟试题和全国计算机等级考试真题及解析（Access）四个部分组成，覆盖了教材各章节的知识点。其中实验指导部分共有21个实验内容，每一个实验都根据教学目标设计，详细地介绍了实验的操作过程并给出了实验结果；习题部分配有详细解析，使读者对《Access 2007 数据库应用教程》进一步加深理解；上机模拟试题部分的每一个题目不仅提出了功能要求，还给出了具体的答案提示，需综合应用所掌握的知识来实现；最后给出了最近两年全国计算机等级考试二级 Access 笔试真题及其详细解析，以帮助广大读者学习并顺利通过计算机二级考试。

本书配套教学资源包括上机模拟试题部分的试题库、主教材例题所涉及的数据库及其对象和一些典型的实例代码等。

本书紧扣教材和全国计算机等级考试大纲编写，实例丰富、体系清晰，通过习题、实验和上机模拟试题可使学生加深对 Access 的理解，并切实提高其实际应用能力。本书除作为《Access 2007 数据库应用教程》的配套用书外，还可作为高等院校、高职高专院校学生学习 Access 的辅助教材，也可作为全国计算机等级考试考生的培训辅导书。

21世纪高等学校计算机规划教材

Access 2007 数据库实验教程

◆ 主　编　汪志勇　杨　荣　陈洪生　郭晶晶
　责任编辑　韩旭光
◆ 人民邮电出版社出版发行　北京市丰台区成寿寺路11号
　邮编　100164　电子邮件　315@ptpress.com.cn
　网址　http://www.ptpress.com.cn
　北京昌平百善印刷厂印刷
◆ 开本：787×1092　1/16
　印张：15.5　2013年3月第1版
　字数：405千字　2015年1月北京第3次印刷

ISBN 978-7-115-30081-2

定价：32.00元

读者服务热线：(010) 81055256　印装质量热线：(010) 81055316
反盗版热线：(010) 81055315

前　言

Access 2007 数据库实验教程一书是《Access 2007 数据库应用教程》的配套教学辅助参考书。本书分为习题、实验指导、上机模拟试题和全国计算机等级考试真题及解析（Access）四部分。本书习题中采用了大量的 Access 二级等级考试试题和操作练习题，并提供了习题练习答案及解析，还针对最近两年四套等级考试真题进行了详细解析；实验指导部分提供了操作示例、步骤和实验操作内容；上机模拟试题中提供了题库、题目要求和答案提示。

为了配合教学并提高学生对知识点的理解和操作应用能力，习题中学生可以通过习题解析来理解相关知识点的概念；实验中提供了分章实验，按章节提供了实验目的、实验任务及实验方法，学生通过任务中的详细操作步骤，可以提高实验的操作应用能力；上机模拟试题中分基本操作题、简单应用题和综合应用题 3 类，学生可以由浅入深地分类进行练习，在操作练习中体会并掌握所学知识，使自己的实际操作能力得到提高，达到等级考试的操作要求和应用能力要求。

本书习题及实验与教材中的各章节相配套，包括数据库及表、查询、窗体、报表、宏、Share point、VBA 编程入门及模块等章节的概念习题和实验内容，机试模拟题部分配有完整的教学素材供学生学习使用。

由于编者水平有限，书中难免存在不足之处，敬请广大读者批评指正。

编　者

2012 年 10 月

目录

第一部分　实验指导

第一部分

实验指导

- 实验 1　Access 2007 基本操作
- 实验 2　表的基本操作
- 实验 3　数据的导入导出及表关系的创建
- 实验 4　创建查询
- 实验 5　操作查询
- 实验 6　窗体的创建和数据处理
- 实验 7　设计窗体
- 实验 8　切换面板的设计和创建子窗体
- 实验 9　窗体的高级操作
- 实验 10　报表的创建
- 实验 11　报表的设计
- 实验 12　主子报表的建立
- 实验 13　报表的高级操作
- 实验 14　宏和宏组的创建及其应用
- 实验 15　SharePoint 网站的使用
- 实验 16　VBA 程序的创建和运行
- 实验 17　VBA 编程语言的基本语法及设计方法
- 实验 18　数组的应用
- 实验 19　VBA 常用对象属性和事件
- 实验 20　VBA 数据库编程
- 实验 21　综合实验

实验1 Access 2007 基本操作

1.1 实验目的及要求

1. 掌握 Access 2007 的启动、退出及其主界面组成。
2. 掌握 Access 2007 数据库的创建方法。
3. 掌握 Access 2007 主要工作环境。

1.2 准备工作

1. 基本了解 Access 应用软件，掌握数据库相关理论基础知识。

2. 在 D 盘根目录下新建一个自己的文件夹，以自己的学号命名，用于存放实验作业；由于个人原因数据丢失，实验成绩按 0 分记。

1.3 实验任务、方法及步骤

1. 任务一：Access 2007 的启动。

方法及步骤：

在 windows 中，启动 Access 2007 有多种方法如下。

（1）在 Windows 环境下，执行【开始】|【程序】|【Microsoft Office】|【Microsoft Office Access 2007】菜单，可以启动 Access 2007；

（2）通过双击桌面 Access 2007 快捷方法图标，即可启动 Access 2007；

（3）通过运行启动命令方式。执行【开始】|【运行】菜单，在窗口中输入 msaccess 命令即可启动 Access 2007，如图 1-1 所示。

2. 任务二：数据库的创建。创建一个空数据库，命名为 JXGL.accdb（教学管理），并保存在自己准备的工作目录中。

方法及步骤：

（1）启动 Access 2007，单击界面中间的“空白数据库”按钮，右下方即会出现所建数据库的名称和保存路径对话区域。

图 1-1　命令方式启动 Access 2007

（2）输入文件名 JXGL.accdb，单击路径选择图标，选择自己所准备的目录，如 D:\093821001，单击“创建按钮”完成空数据库的创建工作。

1.4　练　　习

1. 数据库的打开和关闭。
2. 通过模板创建数据库。

实验2 表的基本操作

2.1 实验目的及要求

1. 掌握 Access 2007 中表的创建方法。
2. 掌握 Access 2007 中表的两种视图模式的使用。
3. 掌握 Access 2007 表主键及关系的设置。

2.2 准 备 工 作

1. 了解数据库、表（二维关系）、字段（属性）及记录（元组）等基本概念及相互关系。

2. 在 D 盘根目录下新建一个自己的文件夹，以自己的学号命名，并创建好空数据库 JXGL.accdb。

2.3 实验任务、方法及步骤

1. 任务一：表的创建。创建“学生表”，具体要示：在 JXGL.accdb 数据库中创建“学生表”，用来表示学生的基本信息，表中所包含的字段、数据类型及其说明如表 2-1 所示。

表 2-1 学生表字段设置信息

字段名称	数据类型	说明
学号	文本	学生编号，每位学生都有唯一编号
姓名	文本	学生姓名
性别	文本	学生性别
出生日期	日期/时间	学生的出生日期
身高	数字	学生的身高，以厘米为单位
院系	文本	学生所在院系
党员与否	是/否	是为党员，否为非党员
评语	备注	学生备注信息
相片	OLE 对象	学生照片

方法及步骤：

Access 2007 可以通过“创建”→“表”命令新建一个空表，可以在数据透视图模式下完成表的创建，也可以在设计视图模式下完成表的创建工作，这里使用设计视图模式。

（1）创建表。打开“JXGL”数据库，然后执行“创建”→“表设计”命令，操作界面如图 2-1 所示。

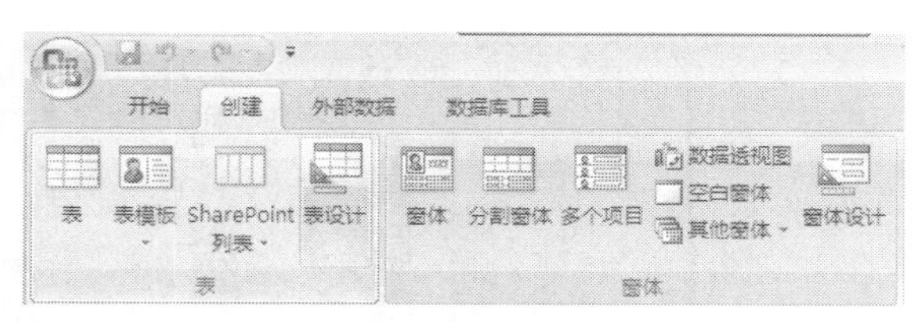

图 2-1　创建表

（2）添加字段及其数据类型。根据任务一表格中对字段及数据类型等要求，在设计视图的上半部分字段名称列输入预先定义好的字段名，在数据类型列选择字段的数据类型，说明列输入字段的说明信息。右键单击学号字段左方的记录选定区，在弹出的快捷菜单中选择“主键”，将学号字段设置为学生表的主键，如图 2-2 所示。

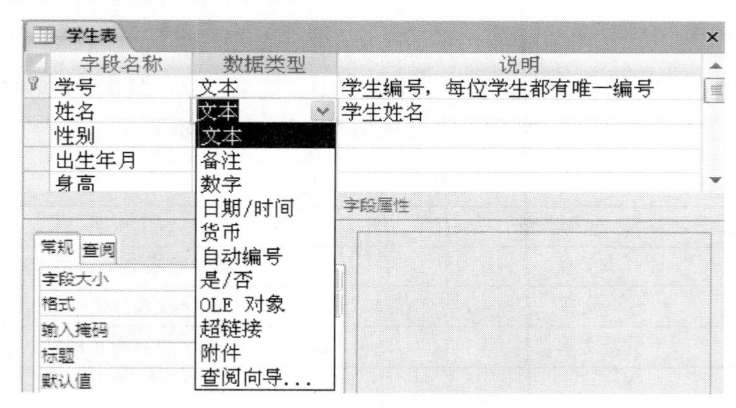

图 2-2　设置字段数据类型

（3）保存。单击设计视图（上图右上方）的关闭按钮，系统会提示是否保存对所设计表的操作，选择“是”，在另存为对话框中输入要保存表的名称：学生，单击“确定”，即可完成对表设计的保存工作，如图 2-3 和图 2-4 所示。

图 2-3　保存对话框

图 2-4　另存为对话框

2. 任务二：添加、删除及更改字段顺序。例：在“学生表”中“出生日期”字段前添加字段“年龄”，将“评语”字段移动至最后，删除“年龄”字段。

方法及步骤：

（1）插入字段。以设计视图模式打开“学生”表。打开“JXGL”数据库，在左测表对象区右键选择“学生”表，弹出快捷菜单中选择设计视图，即打开“学生”表的设计视图。选中“出生日期”字段，再执行“设计”→“插入行”，如图 2-5 所示，在添加的空行中输入“年龄”新字段名，设置其数据类型，完成字段的插入操作。

（2）移动字段。单击选定区选中“评语”字段，拖动该字段到末尾。

（3）删除字段。单击或直接右击“年龄”字段，在弹出快捷菜单中选择“删除行”，如图 2-6 所示，在弹出的确认对话框中选择“是”，即完成删除字段操作。

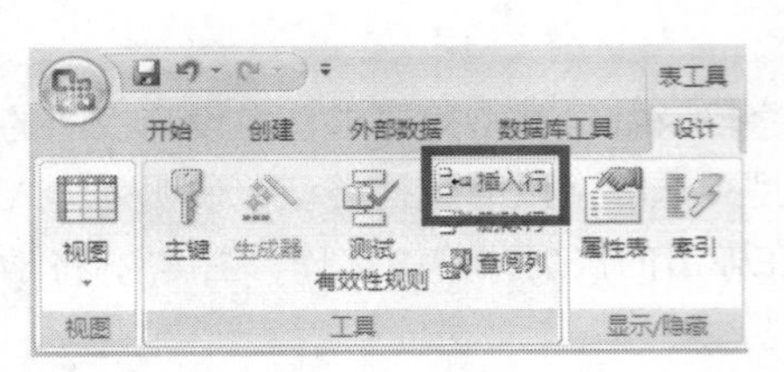

图 2-5　插入行操作

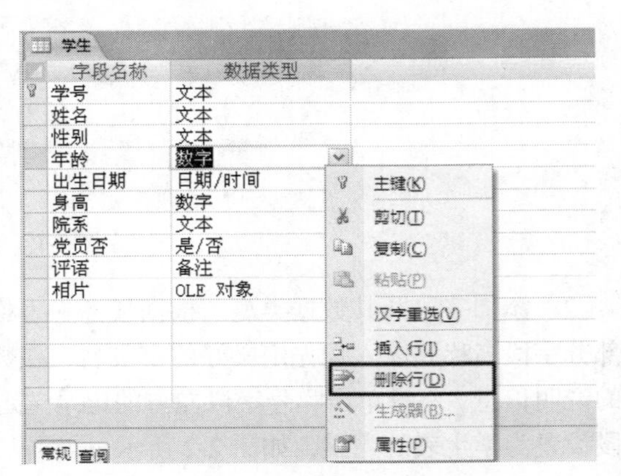

图 2-6　删除字段操作

3. 任务三：查阅向导的使用。修改“学生”表中“院系”字段的类型为“查阅向导”，参照“部门”表中“部门名”的取值。“部门”表结构信息如表 2-2 所示。

表 2-2　“部门”关系结构表

字段名称	数据类型	说　明
部门名	文本	教学院系名称，主键
电话	文本	教学院系办公电话
办公地点	文本	教学院系所在地址

方法及步骤：

（1）“部门”表的创建及记录信息的录入（步骤同任务一）。

（2）打开“学生”表的设计视图模式，修改“院系”字段数据类型为查阅向导，在查阅向导对话框中选择“使用查阅列查阅表或查询中的值”，如图 2-7 所示。

（3）单击“下一步”，选择“部门”表确定“院系”字段所参照的信息来源于此表，如图 2-8 所示。

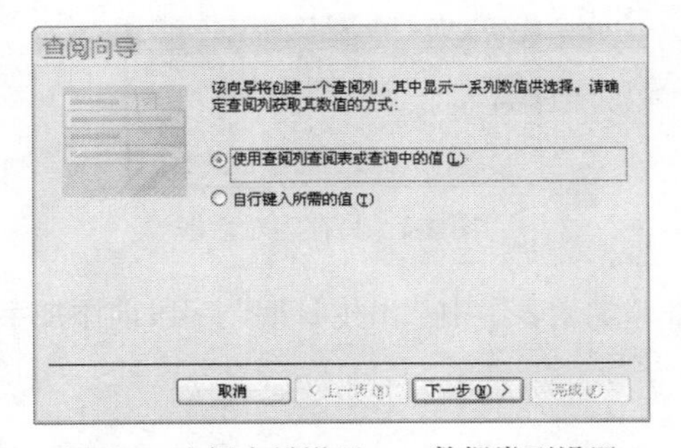

图 2-7　查阅向导设置——数据类型设置

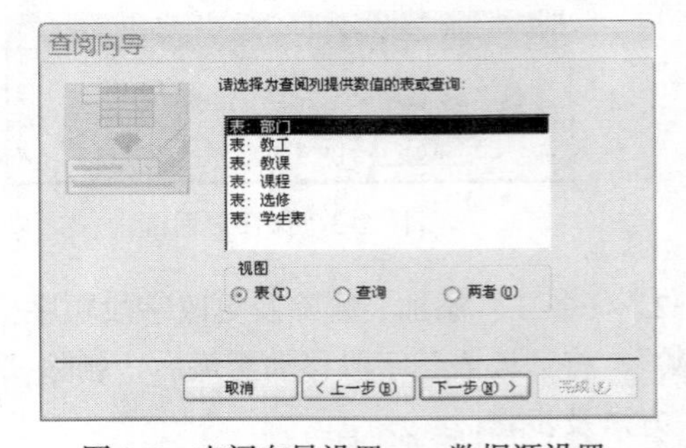

图 2-8　查阅向导设置——数据源设置

（4）再单击“下一步”，确定“院系”字段所参照的信息来源息“部门名”字段，如图 2-9 所示。

（5）设置字段的排序，继续“下一步”。

（6）设置字段宽度，可以拖动边框作调整，继续“下一步”。

（7）设置查询字段标签，单击“完成”结束操作。

（8）将“学生”表切换到数据透视图方式，单击记录中“院系”字段值，可以从下拉框中选取新的值，达到修改字段值的效果，如图 2-10 所示。

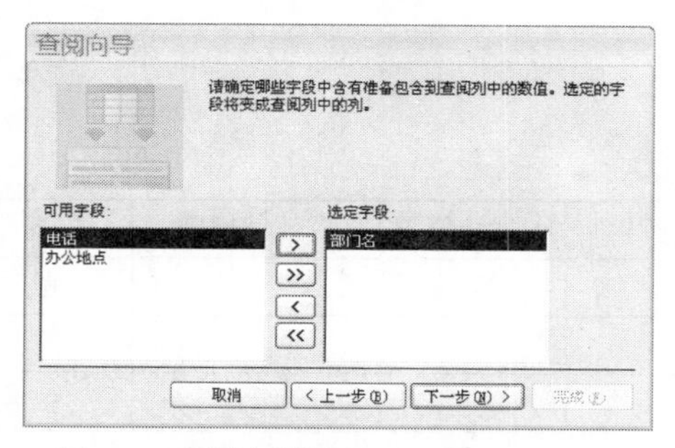

图 2-9　查阅向导设置——数据字段设置

学号	姓名	性别	出生日期	身高	院系1111	党员否
11001	李小鹏	女	1993-2-10	160	计算机系	☑
11002	王思	男	1992-10-8	185	计算机系	☐
11003	欧阳文秀	男	1993-8-7	172	数学系	☑
11004	王思	女	1993-11-20	158	英语系	☑
11005	陈新	男	1991-6-26	180	英语系	☐
11006	李爱华	男	1994-1-8	170	数学系	☐
*		男				☐

图 2-10　查阅向导的使用

4. 任务四：字段属性的设置。设置“学生”表“性别”字段长度为 1，取值范围：“男”或“女”，默认值为“男”，并且不允许为空，“出生日期”字段的格式为：1992 年 05 月 20 日，并且取值位于：1990 年 1 月 1 日—1995 年 12 月 30 日，否则提示：“你输入的日期超出允许范围”。设置“部门”表中的“电话”的格式为：010-8622001，在输入的同时提示：010-________。

方法及步骤：

（1）打开“学生”表的设计视图，单击“性别”字段，在视图的下半部分，单击常规选项卡，如图 2-11 所示，作如下属性的设置。

字段大小：1

默认值：“男”

有效性规则：“男” or “女”

必填字段：是

常规	查阅
字段大小	1
格式	
输入掩码	
标题	
默认值	"男"
有效性规则	"男" Or "女"
有效性文本	
必填字段	是

图 2-11　字段属性设置

（2）单击“出生日期”字段，在视图下半部分常规选项卡作如下属性设置。

格式：yyyy\年 mm\月 dd\日

有效性规则：Between #1990-1-1# And #1995-12-30#

有效性文本：你输入的日期超出允许范围

如图 2-12 所示。

（3）在“部门”表设计视图中单击“电话”字段，视图下半部分常规选项卡作如下属性设置：

输入掩码："010-"00000000; 0;_，如图 2-13 所示。

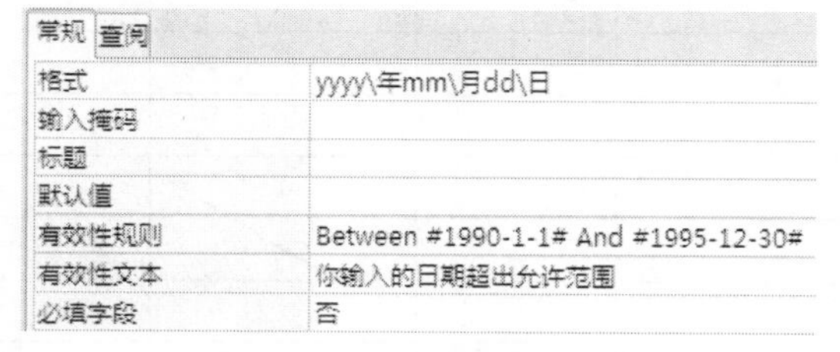

常规	查阅
格式	yyyy\年mm\月dd\日
输入掩码	
标题	
默认值	
有效性规则	Between #1990-1-1# And #1995-12-30#
有效性文本	你输入的日期超出允许范围
必填字段	否

图 2-12　字段属性设置

常规	查阅
字段大小	12
格式	
输入掩码	"010-"00000000;0;_
标题	

图 2-13　字段属性设置

2.4 练 习

1. 在数据表视图模式下完成表的创建操作。
2. 在表在学生表中输入若干条学生记录信息。
3. 创建其他表（见表 2-3 ~ 表 2-7）。

表 2-3 "部门"关系结构表

字段名称	数据类型	字段大小	输入掩码	默认值	有效性规则	主键
部门名	文本	10				是
电话	文本	12				
办公地点	文本	12				

表 2-4 "课程"关系结构表

字段名称	数据类型	字段大小	输入掩码	默认值	有效性规则	主键
课号	文本	2				是
课名	文本	8				
课时	数字	整型				
学分	数字	字节				
先修课号	文本	2				

表 2-5 "选修"关系结构表

字段名称	数据类型	字段大小	输入掩码	默认值	有效性规则	主键
学号	文本	5				是
课号	文本	2				是
成绩	数字	单精度型			>=0 and <=100	

表 2-6 "教工"关系结构表

字段名称	数据类型	字段大小	输入掩码	默认值	有效性规则	主键
职工号	文本	7				是
姓名	文本	4				
性别	文本	1		男	="男"or"女"	
出生日期	日期时间					
工作日期	日期时间					
学历	文本	5				
职务	文本	5				
职称	文本	8				
工资	货币	2 位小数				
配偶号	文本	7				

续表

字段名称	数据类型	字段大小	输入掩码	默认值	有效性规则	主键
部门	文本	10				
相片	OLE 对象					

表 2-7 “教课”关系结构表

字段名称	数据类型	字段大小	输入掩码	默认值	有效性规则	主键
序号	自动编号	长整型				是
教工号	文本	7				
课号	文本	2				
学年度	文本	9				
学期	文本	2				
班级	文本	9				
考核分	数字	单精度型				

实验 3

数据的导入导出及表关系的创建

3.1 实验目的及要求

1. 掌握 Access 2007 中表中数据的导入导出操作。
2. 理解关系的种类，如何确定表间一对一、一对多、多对多的关系。
3. 掌握表间关系的内在含义，理解参照完整性、级联更新和级联删除。
4. 掌握 Access 2007 关系的设置与编辑方法。

3.2 准 备 工 作

1. 理解主键、外键、侯选键的概念，掌握表间主表子表及期联系。
2. 已建立好将被导入的数据文件，可以是文本文件格式，也可以是电子表格文件。
3. 根据上一实验要求建好学生表、部门表、教工表、课程表、选修表和教课表，关且表的能分析出表中的主键及外键。

3.3 实验任务、方法及步骤

1. 任务一：将“学生.xlsx”电子表格中的学生信息追加到“JXGL”数据库中“学生”表，并保存此次导入操作为：“导入学生”；将“学生”表中的所有记录信息导出到“学生.txt”文件中，并保存此次导出操作为：“导出学生”。

方法及步骤：

（1）打开“JXGL”数据库，执行“外部数据”→“Excel（导入组）”，打开获取外部数据对话框，如图 3-1 所示。

（2）单击“浏览”按钮选定将被导入的“学生.xlsx”文件，在下方的“指定数据在当前数据库中的存储方式和存储位置”选项组中选择第二项：“向表中追加一份记录的副本”，并且在右侧的下拉列表框中选中“学生”表，单点“确定”进入向导第一步。

（3）在导入数据表向导第一步对话框中单击“显示工作表”，在右侧的工作表列框中选择含有学生信息的“学生”工作表，可以看到下方显示出工作表中学生记录信息，单击“下一步”。

（4）在导入向导第二步中，根据工作表中是否存在列标题来确定第一行包含列标题，这里选中此复选框，单击“下一步”。

（5）显示导入到“学生”表，可根据需要选中“导入完成后用向导对表进行分析”复选框，单击“完成”进入保存导入步骤环节。

（6）选中“保存导入步骤”复选框，在“另存为”文本框中输入：导入学生，单击“保存导入”完成导入操作，可以在数据透视表视图下查看“学生”表中记录的追加情况。

2. 任务二：将“学生”表中的记录信息导出到文本文件“学生.txt”，要求导出列标题，并且字段间以逗号分隔。

方法及步骤：

（1）打开“JXGL”数据库，在 Access 对象区选中“学生”表，执行“外部数据”→“文本文件（导出组）”，打开导出文件对话框，如图 3-2 所示。

图 3-1　导入电子表格操作

图 3-2　导入文本文件操作

（2）单击“浏览”按钮指定文件名及保存路径，单击“确定”，进入导了文件向导。

（3）在向导第一步确定导出信息的分隔符，选择“带分隔符”按钮，单击“下一步”。

（4）向导第二步中，选择分隔符为“逗号”，选中“第一行包含字段名称”复选框，单击“下一步”。

（5）向导第三步，提示导出记录信息到指定文件的路径入文件名，确定无误后单击“完成”按钮。

（6）无需保存导出操作，直接单击“关闭”按钮完成操作。

（7）打开所导出的文本文件，查看导出信息是否正确。

3. 任务三：为教学管理系统数据库“JXGL.accdb”中学生表、部门表、教工表、选修表、课程表、教课表之间建立关系，并设置相应的参照完整性，如图 3-3 所示。

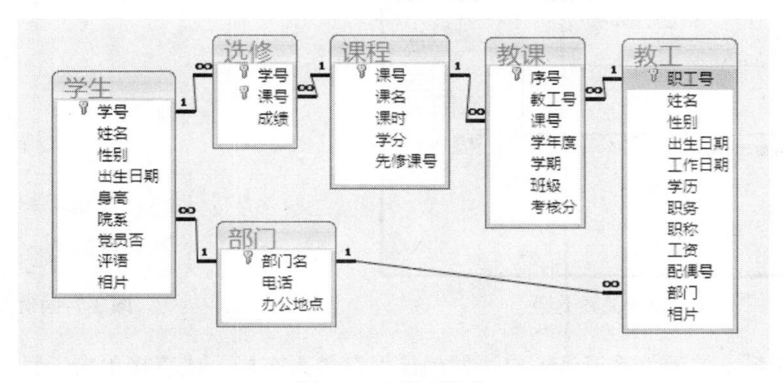

图 3-3　表关系操作

方法及步骤：

（1）打开“JXGL.accdb”数据库，执行“数据库工具”→“关系”，打开关系设计面版，如图 3-4 所示。

（2）向关系面版中添加表。如果表间已存在关系，会在设计面版中列出，如果没有建立关系或增加新表间的关系则可以执行“设计”→“显示表”打开显示表对话框，逐一将需要建立关系的表添加到设计面版中，如图 3-5 所示。

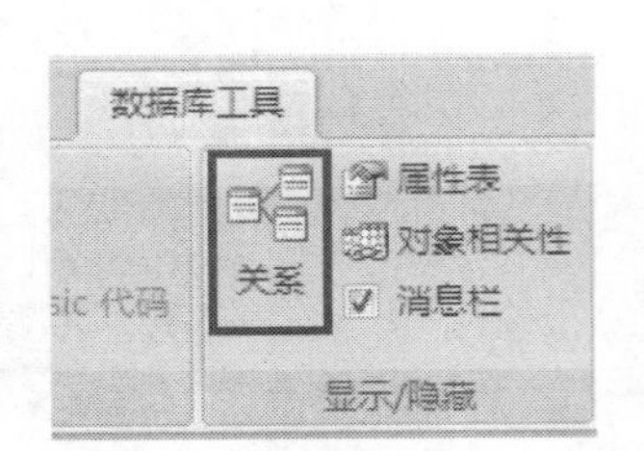

图 3-4　启动关系设置面版操作

图 3-5　向关系设置面版中增加表

（3）建立关系。将“学生”表中的“学号”字段拖动至“选修”表中的“学号”字段上方，释放鼠标打开编辑关系对话框，选中“实施参照完整性”复选框，可以根据需要选中“级联更新相关字段”和“级联删除相关记录”。单击“创建”按钮完成“学生”表与“选修”表之间关系的建立，可以看到关系设计面版中“学生”表与“选修”表之间有一条连接线，并且一端标明“一”，另一端标明“∞”，说明“学生”表与“选修”表之间是一对多的关系，如图 3-6 所示。

（4）编辑修改关系。双击表与表的关系连线，或者右键表与表之间的连线，从快捷菜单中选择“编辑关系”，打开编辑关系对话框，可以对关系进行重新的设定。

（5）删除关系。单击选中表与表之间的关系连线，按下键盘上的“delete”键，或右键单击连线，从快捷菜单中选择“删除”，完成关系的删除操作，如图 3-7 所示。

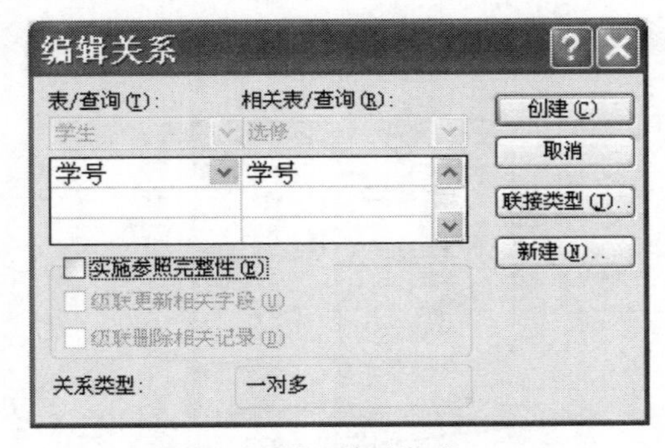

图 3-6　设置关系类型

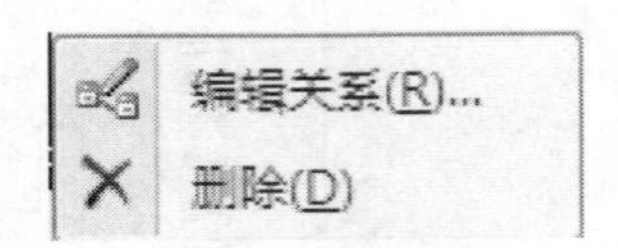

图 3-7 编辑关系

（6）保存关系。关闭关系设计窗口，并确认保存关系布局，或直接单击工具栏中的“保存”

按钮图标。

3.4　练　　习

1. 将教工表中的信息导出为文本文件：教工.txt，字段内容以逗号分隔，并包含标题信息。
2. 进一步了解表与表之间的关系：参照完整性、级联更新和级联删除。

实验4 创建查询

4.1 实验目的及要求

1. 掌握 Access 2007 中查询的种类及其特点，使用设计视图创建各种查询的方法。
2. 理解选择、投影及连接等概念，掌握传统的集合运算方法。
3. 常握算术运算符、逻辑运算符、比较运算符、字符串操作运算符和通配符的使用。
4. 掌握算术函数、SQL 聚集函数、字符函数、日期时间函数和转换函数的使用。
5. 撑握条件表达式的书写，包括数值条件、文本条件和日期时间条件。
6. 掌握数据表的单表查询、多表查询和排序分组查询。
7. 理解 SQL 查询与其他设计视图查询之间的内在联系，能实现两种查询相互的转化。

4.2 准 备 工 作

1. 创建教学管理数据库“JXGL.accdb”，并创建 “学生”表，“部门”表，“教工”表，“选修”表，“课程”表，“教课”表。

2. 为表与表之间创建了对应的关系，实现了参照性完整性。

4.3 实验任务、方法及步骤

1. 任务一：单表查询。建立一个查询，要求显示出生于 1992 年，身高大于 165 的女生或者出生于 1991 年身高大于 175 的男生的学号、姓名字段信息，最后保存查询为：单表查询。

方法及步骤：

（1）打开教学管理数据库“JXGL.accdb”，并执行“创建”→“查询设计”，弹出“显示表”对话框，如图 4-1 所示。

（2）在“显示表”对话框中选中“学生”表，单击“添加”按钮。

（3）将要询设计视图上方字段列表中的“学号”，“姓名”，“出生日期”，“身高”，“性别”字段逐一拖动到视图下方列表中。

（4）在“显示”行复选框取消作为条件字段“身高”，“出生日期”，“性别”的选中状态。

（5）将“出生日期”字段列更改为：year（[出生日期]）。

（6）在“条件”行“身高”字段对应输入“>175”，“year（[出生日期]）”字段对应输入 1992，“性别”字段对应输入“男”。

（7）在“或”行“身高”字段对应输入“>165”，“year（[出生日期]）”字段对应输入 1991，“性别”字段对应输入“女”，如图 4-2 所示。

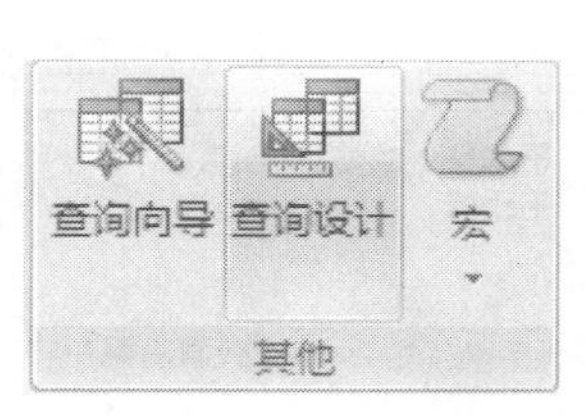

图 4-1　创建查询

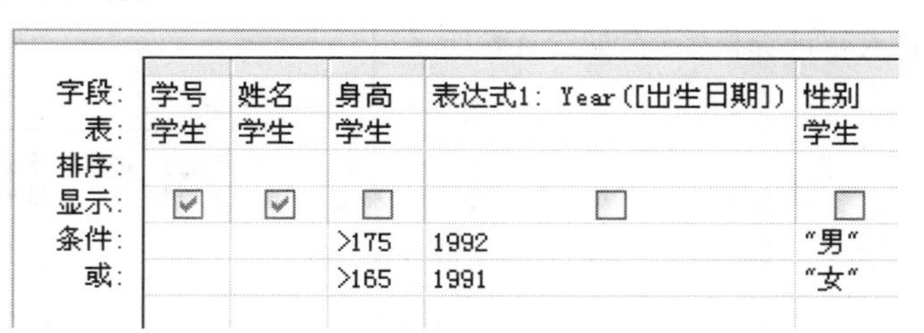

图 4-2　查询设计及查询条件的设置

（8）工具栏“运行”按钮，查看结果。

（9）单击工具栏“保存”按钮图标，保存查询命名为：单表查询，单击确定。

2. 任务二：多表查询。建立一个多表联合查询，要求显示“计算机系”的学生的“学号”、“姓名”、“课程名”、“学分”字段信息，保存为多表查询。

方法及步骤：

（1）打开教学管理数据库“JXGL.accdb”，并执行“创建”→“查询设计”，弹出“显示表”对话框，将“学生”表、“选修”表和“课程”表添加到设计视图，如图 4-3 所示。

（2）双击“学生”表的“学号”、“姓名”和“院系”字段，“课程”表的“课名”和“学分”字段，选修表的“成绩”字段。

（3）取消作为条件字段的“院系”列“显示”行复选框的选中状态，并在条件行输入“计算机系”，可以拖动列，更改字段的显示顺序，如图 4-4 所示。

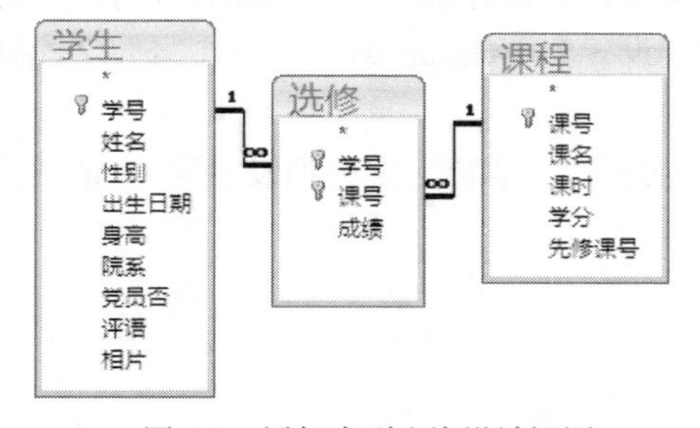

图 4-3　添加表到查询设计视图

图 4-4　查询设计及查询条件的设置

（4）工具栏“运行”按钮，查看结果。

（5）单击工具栏“保存”按钮图标，保存查询命名为：多表联合查询，单击“确定”。

3. 任务三：统计查询。建立一个查询，要求显示计算机系男生女生的成绩：最高分、最低分和平均分（保留两位小数），保存为：统计查询。

方法及步骤：

（1）打开教学管理数据库“JXGL.accdb”，并执行“创建”→“查询设计”，弹出“显示表”对话框，将“学生”表、“选修”表添加到设计视图。

（2）将“选修”的“成绩”字段连续三次拖动到设计视图下方字段列表，并且将“学生”表的“性别”和“院系”字段也拖入到下方。

（3）执行“设计”选项卡“显示隐藏”组中的汇总按钮，如图 4-5 所示，在设计视图下方增加总计行，在此行将“性别”字段列设置为“Group By”，第一个成绩列更改列名为：最高分：成绩，总计行设置为：最大值，第二个成绩列更名为：最低分：成绩，总计行设置为：最小值，第三个成绩列更名为：平均值，总计行设置为：平均值，院系列总计行设置为“Where”，并在条件行输入“计算机系”，如图 4-6 所示。

图 4-5 汇总查询

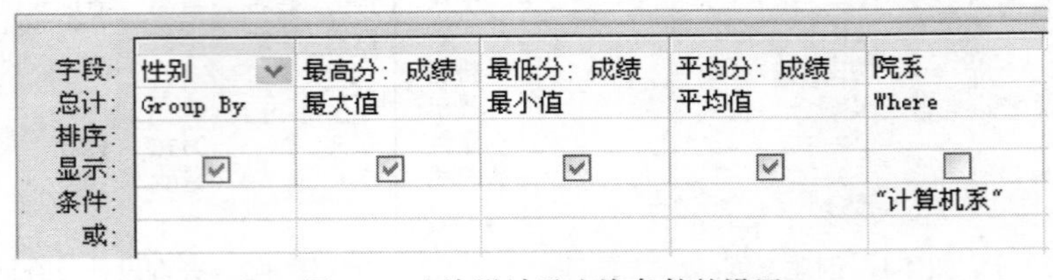

字段:	性别	最高分: 成绩	最低分: 成绩	平均分: 成绩	院系
总计:	Group By	最大值	最小值	平均值	Where
排序:					
显示:	☑	☑	☑	☑	☐
条件:					"计算机系"
或:					

图 4-6 查询设计及查询条件的设置

（4）修改平均分属性使其何留两位小数。右键“平均分”列，比快捷菜单中选择属性打开属性表窗口，常规选项卡中设置格式为“固定”，小数位数为 2 即可，如图 4-7 所示。

（5）工具栏“运行”按钮，查看结果。

（6）单击工具栏“保存”按钮图标，保存查询命名为：统计查询，单击确定。

4. 任务四：参数查询。建立一个查询，要求在教工表中根据输入的部门名称和职称，统计不同部门不同职称的人数，保存为：教工多参数查询。

方法及步骤：

（1）打开教学管理数据库“JXGL.accdb”，并执行“创建”→“查询设计”，弹出“显示表”对话框，将“教工”表添加到设计视图。

（2）将“部门”、“职称”和“职工号”字段拖动到设计视图下方字段列表。

（3）执行“设计”选项卡“显示隐藏”组中的汇总按钮，在设计视图下方增加总计行，在此行将“部门”字段列设置为“Group By”，“职称”字段列设置为“Group By”，“职工号”字段列设置为“计算”。

（4）在条件行“部门”字段列设置为“[请输入部门名：]”，“职称”字段列设置为“[请输入职称名：]”，如图 4-8 所示。

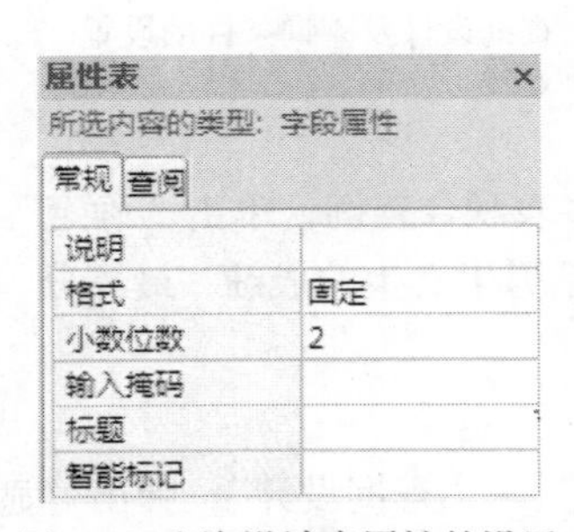

属性表

所选内容的类型：字段属性

常规 | 查阅

说明	
格式	固定
小数位数	2
输入掩码	
标题	
智能标记	

图 4-7 查询设计表属性的设置

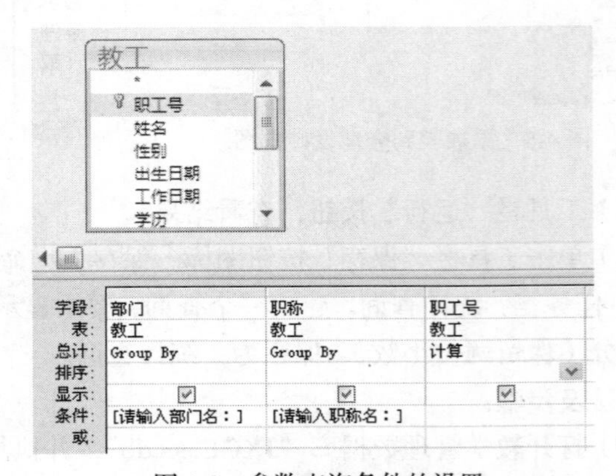

字段:	部门	职称	职工号
表:	教工	教工	教工
总计:	Group By	Group By	计算
排序:			
显示:	☑	☑	☑
条件:	[请输入部门名：]	[请输入职称名：]	
或:			

图 4-8 参数查询条件的设置

（5）单击工具栏上的“视图”按钮。或单击工具栏上的“运行”按钮，这时系统显示“输入参数值”对话框，如图 4-9 所示。

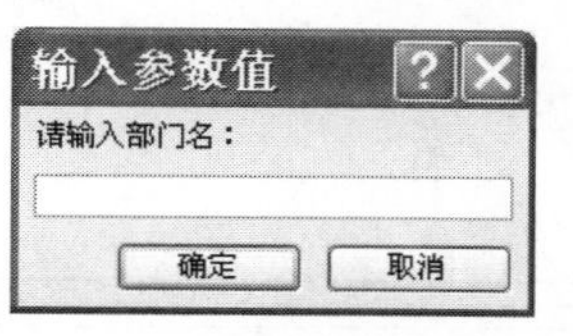

图 4-9　参数输入对话框

（6）在“请输入部门名:”对话框中输入班级“计算机系”，然后单击“确定”按钮。这时又出现第二个“请输入职称名:”对话框，如图 4-10 所示。在“请输入职称名:”文本框中输入课程名称“教授”，然后单击“确定”按钮。这时就可以看到相应的查询结果。如图 4-11 所示。

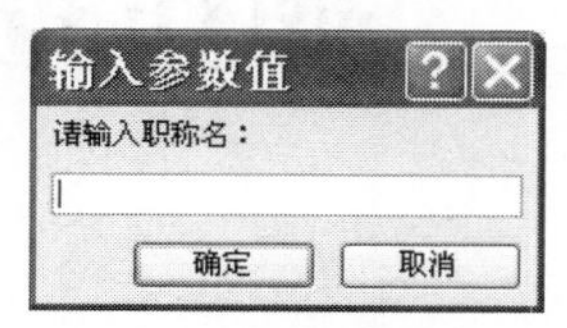

图 4-10　参数输入对话框

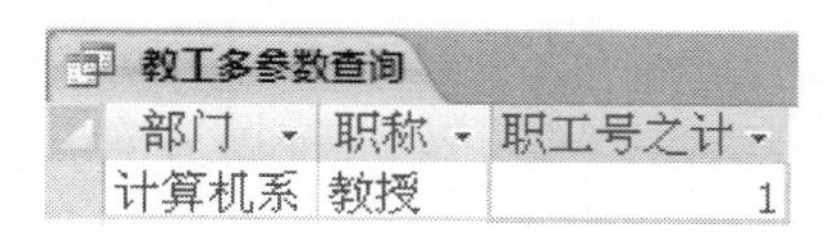

部门	职称	职工号之计
计算机系	教授	1

图 4-11　查询结果

（7）选择“文件”菜单中的“另存为”命令，将该参数查询保存为“教工多参数查询”，最后单击“确定”按钮。

4.4　练　　习

1. 创建一个查询，查找并显示年龄小于等于 25 学生的“学号”，“姓名”和“出生日期”，并按年龄从小到大的顺序排列。
2. 建立“教工授课查询”，显示“教工姓名”、“班级”、“课名”及“课时”信息。
3. 统计各类职称教工人数。
4. 分别统计各类职称教工的平均工资。
5. 根据输入的参加工作年份和职称条件查询出符合条件的教工信息。

实验5 操作查询

5.1 实验目的及要求

1. 掌握 Access 2007 中操作查询的种类及特点，使用设计视图创建各种查询的方法。
2. 理解选择、投影及连接等概念，掌握传统的集合运算方法。
3. 掌握算术运算符、逻辑运算符、比较运算符、字符串操作运算符和通配符的使用。
4. 掌握算术函数、SQL 聚集函数、字符函数、日期时间函数和转换函数的使用。
5. 掌握条件表达式的书写，包括数值条件、文本条件和日期时间条件。

5.2 准 备 工 作

1. 创建好教学管理数据库“JXGL.accdb”，并创建好“学生”表，“部门”表，“教工”表，“选修”表，“课程”表，“教课”表。
2. 为表与表之间创建对应关系，实现参照性完整性。
3. 为自己创建工作目录，以便保存文件信息。

5.3 实验任务、方法及步骤

1. 任务一：生成表查询。建立一个查询，要求显示成绩低于 60 分学生的“学号”、“姓名”、“课程名”及“成绩”字段，按“成绩”从高到低排序，并将查询结果保存至新表“成绩表”，所建立查询命名为“成绩查询”。

方法及步骤：

（1）打开教学管理数据库“JXGL.accdb”。

（2）启用安全警告中的宏操作（如果已经启用，可以跳过此步）。单击安全警告工具条中的选项“按钮”，在“Microsoft Office 安全选项”对话框中选择“启用此内容”，如图 5-1 所示。

（3）执行“创建”→“查询设计”，弹出“显示表”对话框。将“学生”表，“选修”表和“课程”表添加到设计器上方，并将“学生”表中的“学号”和“姓名”字段，“课程”表中的“课名”

字段，“选修”表中的“成绩”字段添加到设计器下方的字段列表，在“成绩”字段列的排序行设置为 “降序”，条件行设置为“<60”。

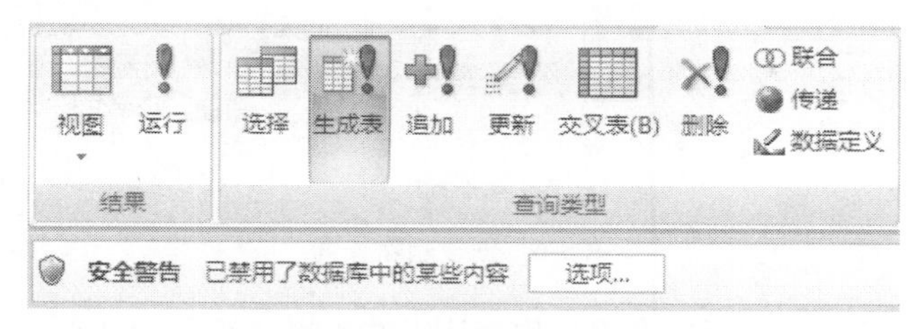

图 5-1　安全警告设置

（4）执行“设计”选项卡查询类型组中的“生成表”选项，弹出生成新表保存位置对话框，如图 5-2 所示。

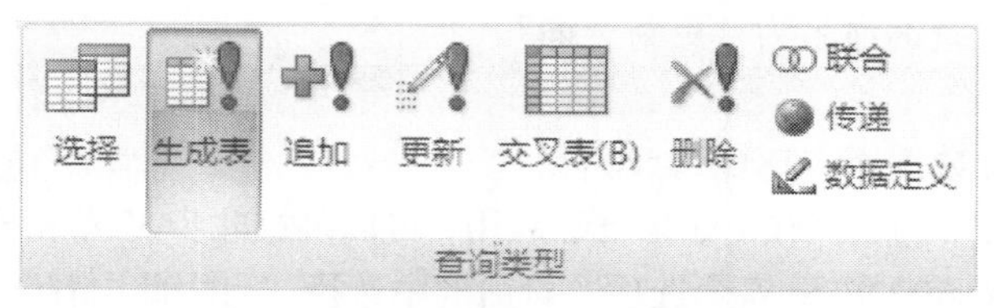

图 5-2　创建生成表查询

（5）输入表名称：“成绩”，根据需要选择保存的数据库，这里选择“当前数据库”，如图 5-3 所示。

（6）工具栏“运行”按钮，系统会提示你确认正准备向新表中粘贴若干条记录，单击“是”，完成新表的生成，如图 5-4 所示。

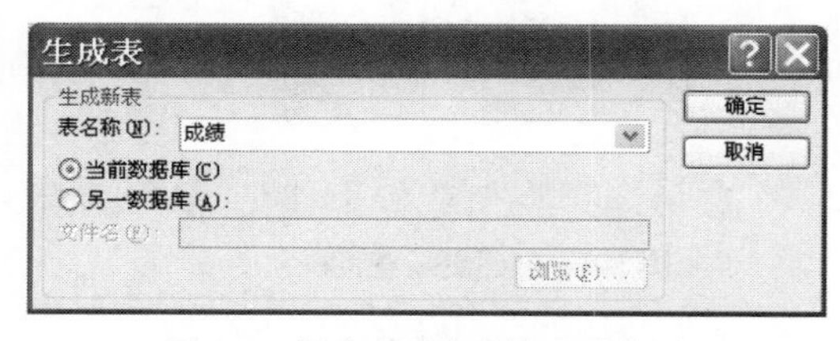

图 5-3　创建生成表查询名及位置

图 5-4　确认生成表及复制记录数

（7）单击工具栏“保存”按钮图标，保存查询命名为“成绩查询”，单击“确定”。

2. 任务二：删除查询。从“选修”表中删除成绩低于 60 分的学生信息，所建查询保存为“删除查询”。

方法及步骤：

（1）打开教学管理数据库“JXGL.accdb”。

（2）启用安全警告中的宏操作（如果已经启用，可以跳过此步）。单击安全警告工具条中的选项“按钮”，在“Microsoft Office 安全选项”对话框中选择“启用此内容”。

（3）执行“创建”→“查询设计”，弹出“显示表”对话框。“选修”表添加到设计器上方，并将“成绩”字段添加到设计器下方的字段列表，在“成绩”字段列的条件行设置为“<60”，如图 5-5 所示。

图 5-5　删除查询设计

（4）执行“设计”选项卡查询类型组中的“删除”选项，如图 5-6 所示。

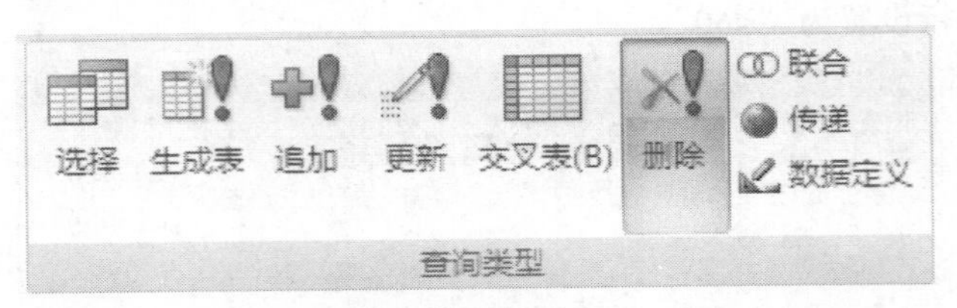

图 5-6　创建删除查询

（5）工具栏“运行”按钮，系统会提示你确认正准备删除若干条记录，单击“是”，完成删除查询操作，如图 5-7 所示。

（6）单击工具栏“保存”按钮图标，保存查询命名为“删除查询”按钮，单击“确定”按钮。

3. 任务三：更新查询。将 1983 年及以后参加工作的硕士的职称更改为副教授，并且将他们的工资上调 20%，所建查询命名为“更新查询”。

方法及步骤：

（1）打开教学管理数据库“JXGL.accdb”。

（2）启用安全警告中的宏操作（如果已经启用，可以跳过此步）。单击安全警告工具条中的选项“按钮”，在“Microsoft Office 安全选项”对话框中选择“启用此内容”。

（3）执行“创建”→“查询设计”，弹出“显示表”对话框。“教工”表添加到设计器上方，并将“工作日期”、“学历”、“职称”及“工资”字段添加到设计器下方的字段列表。

（4）执行“设计”选项卡查询类型组中的“更新”选项，如图 5-8 所示。

图 5-7　删除确认对话框

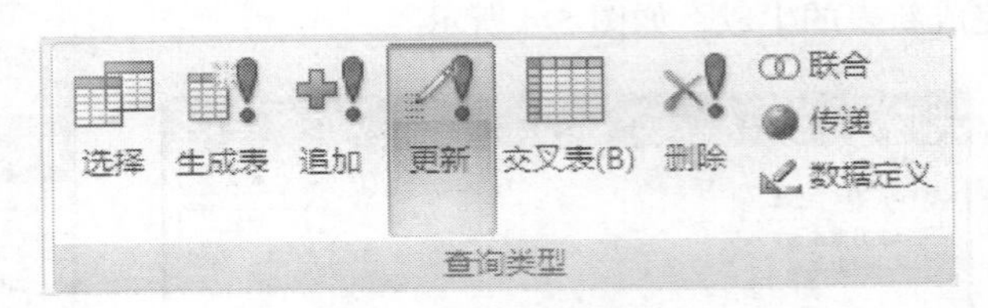

图 5-8　创建更新查询

（5）在“工作日期”字段列的条件行设置为“>=#1983-1-1#”，“学历”字段的条件行设置为“硕士”，“职称”字段的更新到行设置为“副教授”，“工资”字段的更新到行设置为“[工资]*1.2”，如图 5-9 所示。

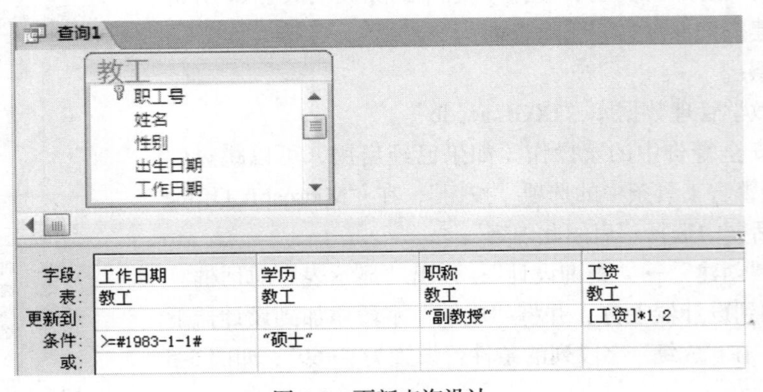

图 5-9　更新查询设计

（6）单击工具栏“运行”按钮，系统会提示你确认正准备更新若干条记录，单击“是”，完成更新查询操作，如图 5-10 所示。

（7）单击工具栏“保存”按钮图标，保存查询命名为更新查询，单击“确定”。

4. 任务四：追加查询。将成绩为 60～70 分的学生成绩添加到任务一建立的“成绩”表中。

方法及步骤：

（1）打开教学管理数据库“JXGL.accdb”。

（2）启用安全警告中的宏操作（如果已经启用，可以跳过此步）。单击安全警告工具条中的选项“按钮”，在“Microsoft Office 安全选项”对话框中选择“启用此内容”。

（3）执行“创建”→“查询设计”，弹出“显示表”对话框。将“学生”表、“选修”表和“课程”表添加到设计器上方，并将“学生”表中的“学号”和“姓名”字段，“课程”表中的“课名”字段，“选修”表中的“成绩”字段添加到设计器下方的字段列表中，在“成绩”字段列的条件行设置为“between 60 and 70”。

（4）执行“设计”选项卡查询类型组中的“追加”选项，如图 5-11 所示。

图 5-10　确认更新对话框

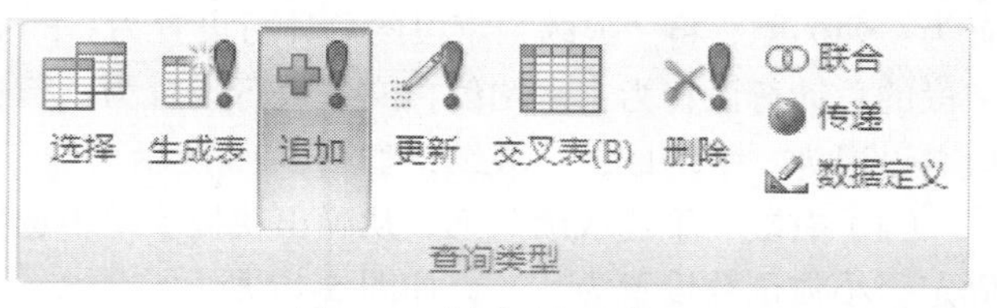

图 5-11　创建追加查询

（5）在弹出的“追加”对话框中，从表名称下拉框中选择“成绩”表及“当前数据库”，如图 5-12 所示。

（6）单击工具栏“运行”按钮，系统会提示你确认正准备追加若干条记录，单击“是”，完成追加查询操作，如图 5-13 所示。

图 5-12　确定追加目标位置对话框

图 5-13　确认追加对话框

（7）单击工具栏“保存”按钮图标，保存查询命名为“追加查询”，单击“确定”。

5. 任务五：交叉表查询。使用查询设计器，根据前面任务一所建立的“成绩”表，建立交叉表查询，要求显示出学号、姓名、课名、成绩及每位学生的平均成绩（保留两位小数），按平均成绩降序排列，如图 5-14 所示。

成绩_交叉表

学号	姓名	C语言	计算机导论	离散数学	数据结构	平均成绩
11001	李小鹏	78	55	80	92	76.25
11002	王思	98	36			67
11003	欧阳文秀	35				35

图 5-14　创建交叉表查询示意图

方法及步骤：

（1）打开教学管理数据库“JXGL.accdb”。

（2）执行“创建”→“查询设计”，弹出“显示表”对话框。将“成绩”表添加到设计器上方，执行“设计”选项卡查询类型组当中的“交叉表”，如图 5-15 所示。

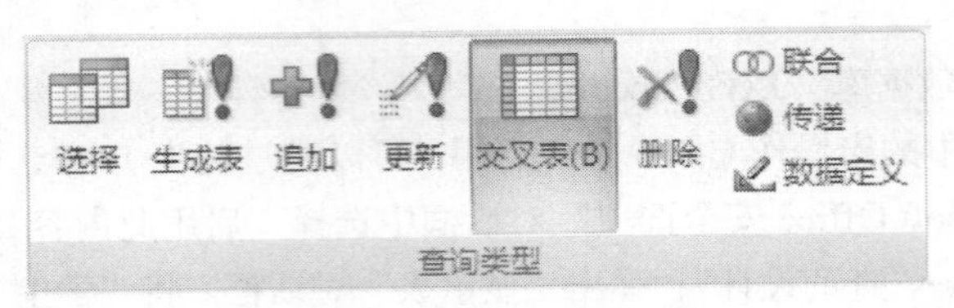

图 5-15　创建交叉表查询

（3）将学号”、“姓名”、“课名”和“成绩”字段添加到设计器下方的字段列表，为了能显示平均成绩，再一次将“成绩”字段添加到字段列表，将“学号”和“姓名”字段的总计行设置为：Group By，交叉表行设置为：行标题，将“课名”字段的总计行设置为：Group By，交叉表行设置为：列标题，将“成绩”字段的总计行设置为：First，交叉表行设置为：值，将第二个“成绩”字段的总计行设置为：平均值，交叉表行设置为：行标题，排序行设置为：降序。并且将该列字段名设置为：平均成绩：成绩，如图 5-16 所示。

（4）右键“平均成绩”列，从弹出快捷菜单中选择“属性”，在常规选项卡中将格式设置为：固定，小数位数设置为“2”，如图 5-17 所示。

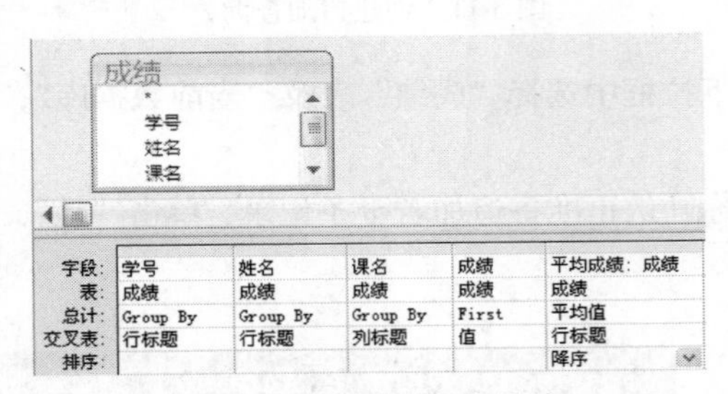

图 5-16　交叉表查询设计

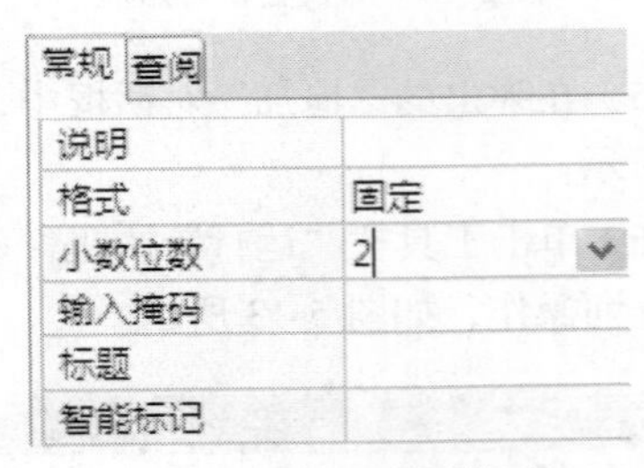

图 5-17　字段属性设置

（5）单击“运行”按钮查看结果，如图 5-18 所示，

（6）单击工具栏“保存”按钮图标，保存查询命名为“交叉表查询”，单击确定。

6. 任务六：SQL 查询。建立 SQL 语言，查询出身高大于男生平均身高的所有男生的学号与姓名信息。

方法及步骤：

（1）打开教学管理数据库“JXGL.accdb”。

（2）执行“创建”→“查询设计”，关闭弹出的“显示表”对话框。单击“设计”选项卡“结果”组中的“SQl 视图”按钮，将设计视图切换到 SQL 视图，如图 5-19 所示。

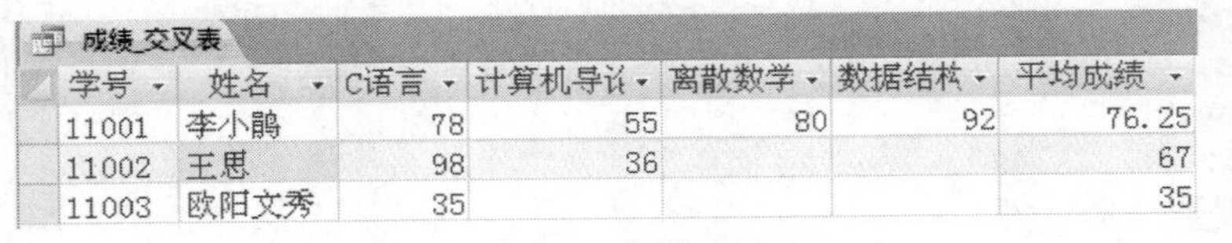

成绩_交叉表

学号	姓名	C语言	计算机导论	离散数学	数据结构	平均成绩
11001	李小鹃	78	55	80	92	76.25
11002	王思	98	36			67
11003	欧阳文秀	35				35

图 5-18　交叉表查询运行结果

图 5-19　SQL 视图切换

（3）在 SQL 视图中输入下列 SQL 语句：

SELECT 学号,姓名 FROM 学生 WHERE 身高>(select avg(身高) from 学生 where 性别='男') AND 性别='男'

（4）单击“运行”按钮，查看运行结果。

（5）单击“保存”按钮，保存查询为“SQL 查询”。

7. 任务七：子查询。建立查询，输出和学号为 11001 的学生同年出生的所有学生的学号、姓名和出生日期，并按出生日期从大到小排序。

方法及步骤：

（1）打开教学管理数据库“JXGL.accdb”。

（2）执行“创建”→“查询设计”，弹出“显示表”对话框。将“学生”表添加到设计器上方。

（3）将“学号”、“姓名”和“出生日期”字段添加到设计器下方的字段列表，再一次将“出生日期”字段添加到字段列表，作为查询条件备用。

（4）将第二个“出生日期”字段列的第一行更改为：year([出生日期])，并在其条件行输入“= (select year([出生日期])from 学生 where 学号=‘11001’)”，取消其显示行复选框的选中状态。

（5）在第一个“出生日期”列的排序行设置为“降序”，如图 5-20 所示。

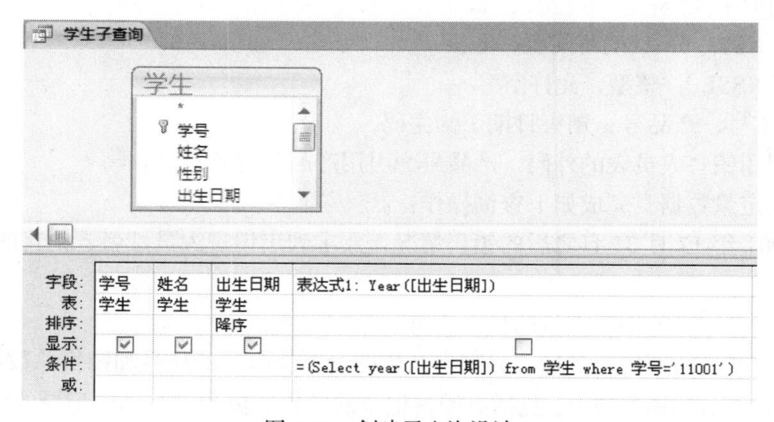

图 5-20　创建子查询设计

（6）单击“运行”按钮，查看运行结果。

（7）单击“保存”按钮，保存查询为：学生子查询。

5.4　练　　习

1. 建立生成表查询，将职称为“助教”的教工信息查询出来生成新表“青年教工表”。
2. 将职称为“讲师”教工追加到青年教工表。
3. 删除“学历”为“专科”的教工信息。
4. 将“职称”为教授的教工工资上调 20%。
5. 创建交叉表查询，显示各院系各类职称的人数。

6. 查询出职工号为‘1981001’教工配偶的姓名、出生日期、职称和学历信息。

7. 建立销售信息数据库（XSXX.accdb），并创建如下3个表：

① 销售人员表（XSRYB）包括如下字段。

职工号（ZGH）：字符型，6位长，主码

姓名（XM）：字符型，10位长，非空

年龄（NL）：整型，取值范围为20 ～ 60，允许空

地区（DQ）：字符型，10位长，允许空

邮政编码（YZhBM）：普通编码定长字符型，6位长，每一位必须是数字，允许空

② 产品表（CPB）包括如下字段。

产品号（CPH）：字符型，6位长，主码

产品名（CPM）：字符型，20位长，非空

生产厂家（SCCJ）：字符型，10位长，非空

价格（JG）：整型，大于0，允许空

生产日期（SCRQ）：日期时间型（SmallDatetime），允许空，默认为系统当前日期

③ 销售情况表（XSQKB）包括如下字段。

职工号（ZGH）：字符型，6位长，非空

产品号（CPH）：字符型，6位长，非空

销售日期（XSRQ）：日期时间型，非空

销售数量（XSSL）：整型，允许空

其中：（职工号，产品号，销售日期）为主码

职工号为引用销售人员表的外码，产品号为引用产品表的外码。

每个表输入定量数据，完成如下查询操作：

① 查询2001年12月31日之后的销售情况，要求列出销售人员姓名、销售的产品名以及销售日期。

② 查询销售电冰箱的销售人员的最大年龄。

③ 统计每个产品的销售总数量，只列出销售数量前3名的产品号和销售总数量。

④ 查询销售人员的销售情况，包括有销售记录的销售人员和没有销售记录的销售人员，要求列出销售人员姓名、销售的产品号、销售数量和销售日期。

⑤ 列出2000年1月1日以后销售总量第一的产品的名称和生产厂家。

⑥ 将生产厂家为“天津”的产品的价格降低200。

⑦ 删除销售生产厂家为“青岛”的产品的销售记录。

实验6 窗体的创建和数据处理

6.1 实验目的及要求

1. 更好地认识窗体。
2. 掌握不同种类型的窗体创建方法。
3. 学会用窗体的“设计”视图创建窗体。
4. 学会用 Access 2007 提供的各种向导快速创建窗体。

6.2 准 备 工 作

1. 了解窗体创建的基础知识。

2. 在 D 盘根目录下新建一个文件夹，以自己的学号命名，用于存放实验作业；由于个人原因数据丢失，实验成绩按 0 分记。

6.3 实验任务、方法及步骤

1. 任务一：使用窗体工具创建窗体。

方法及步骤：

（1）在导航窗格中，单击“表”对象下的“学生”表。

（2）在“创建”选项卡上的“窗体”组中，单击“窗体”，结果如图 6-1 所示。

在图 6-1 中，显示出了“选课记录”信息，由于“学生”表与“选修”表具有一对多的关系。

2. 任务二：使用分割窗体工具创建分割窗体。

方法及步骤：

（1）在导航窗格中，单击“表”对象下的“教工”表，或者在数据表视图中打开该“教工”表。

（2）在“创建”选项卡上的“窗体”组中，单击“分割窗体”。结果如图 6-2 所示。

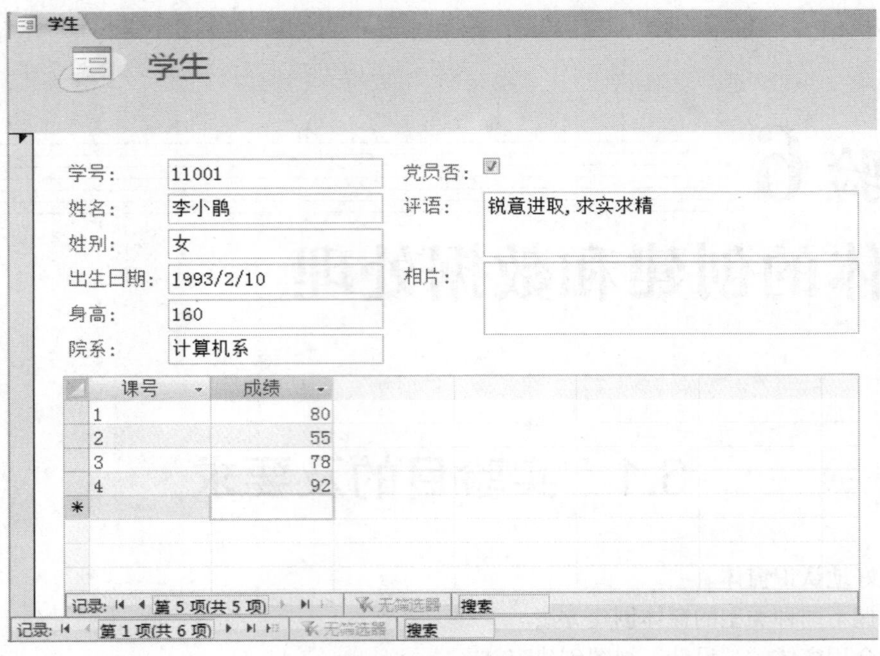

图 6-1 学生自动窗体

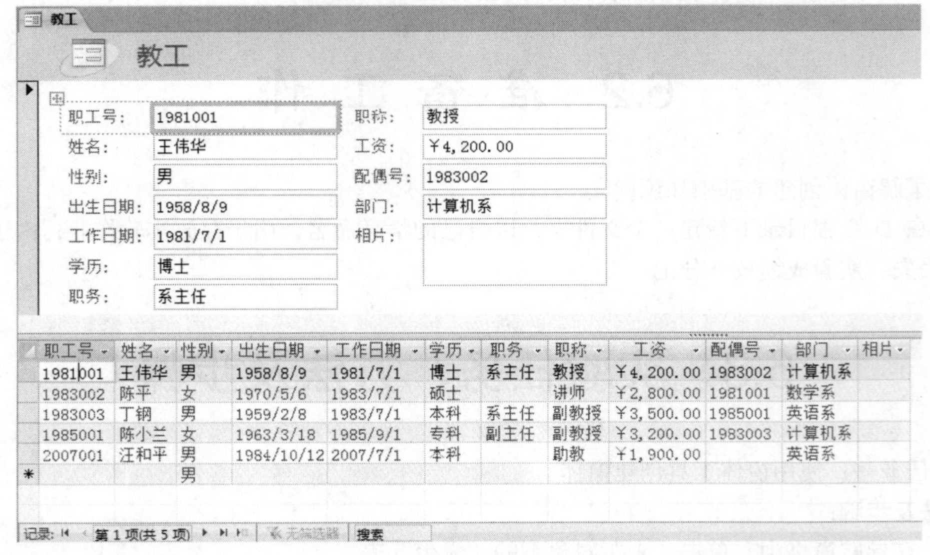

图 6-2 教工窗体

3. 任务三：使用多项目工具创建显示多个记录的窗体。

方法及步骤：

（1）在导航窗格中，单击“部门”表。

（2）在“创建”选项卡上的“窗体”组中，单击“多个项目”，结果如图 6-3 所示。

4. 任务四：使用窗体向导创建窗体。

方法及步骤：

（1）在“创建”选项卡上的“窗体”组中，单击“其他窗体”，然后单击“窗体向导”。系统打开“窗体向导”的第一个对话框，如图 6-4 所示。

图 6-3　表格式“部门”窗体

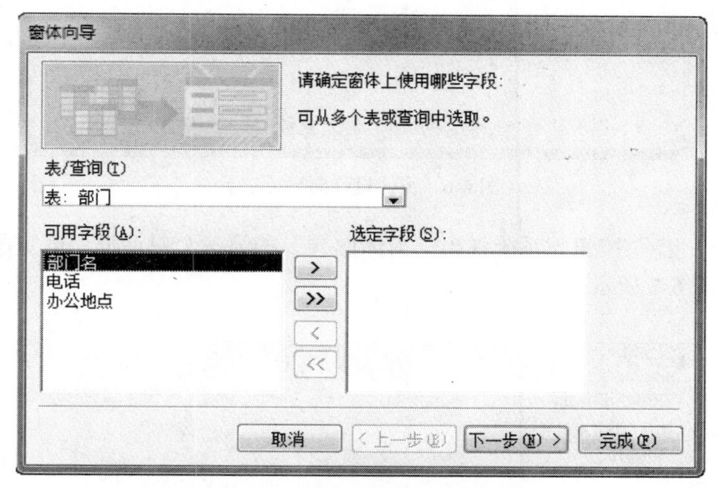

图 6-4　窗体设计向导（一）

（2）从“表/查询”下选择“学生”表，并从“可用字段”中选择所有字段，结果如图 6-5 所示。

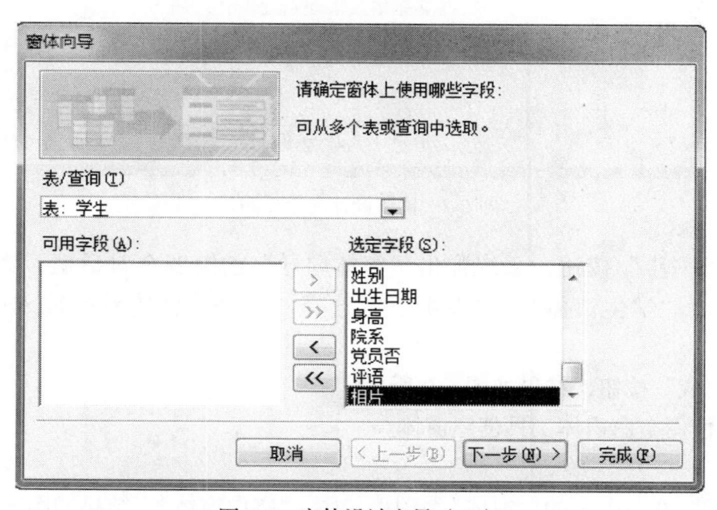

图 6-5　窗体设计向导（二）

（3）单击“下一步”按钮，弹出“窗体向导”的第二个对话框，选择窗体使用的布局方式，这里保持默认选项，如图 6-6 所示。

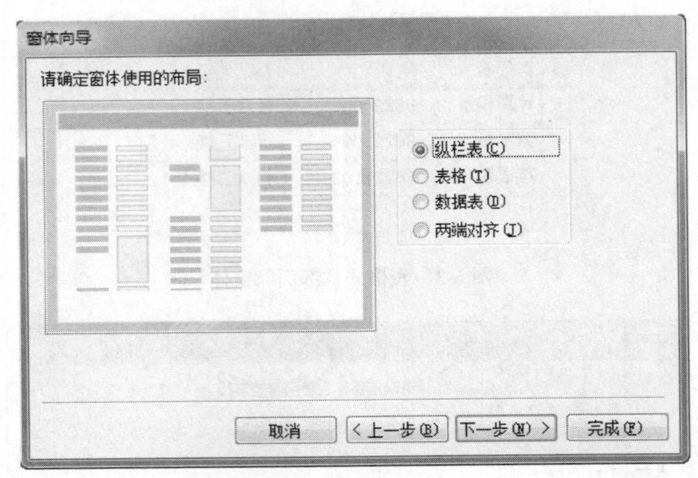

图 6-6　窗体设计向导（三）

（4）单击“下一步”按钮，系统弹出“窗体向导”的第三个对话框，确定所用的样式，这里选择“溪流”，如图 6-7 所示。

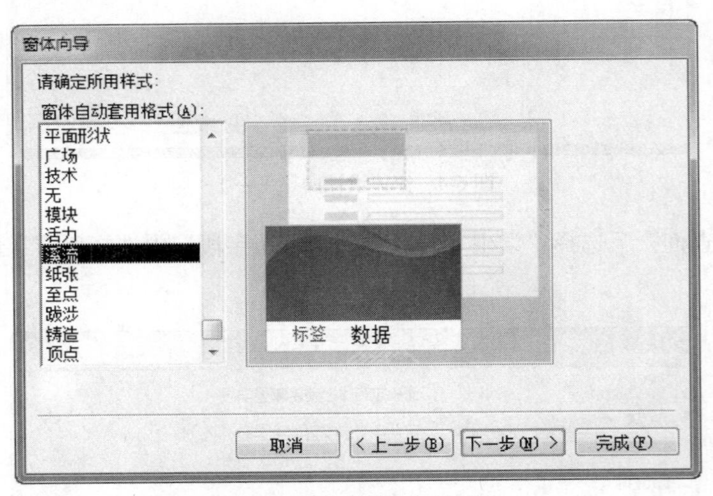

图 6-7　窗体设计向导（四）

（5）单击“下一步”按钮，系统弹出“窗体向导”的第四个对话框，为窗体指定标题，这里将标题输入为“学生窗体”，并在图下方选择“打开窗体查看或输入信息”，如图 6-8 所示。

（6）单击“完成”按钮，结果如图 6-9 所示。

5. 任务五：使用空白窗体工具创建窗体。

方法及步骤：

（1）在“创建”选项卡上的“窗体”组中，单击“空白窗体”，结果如图 6-10 所示。

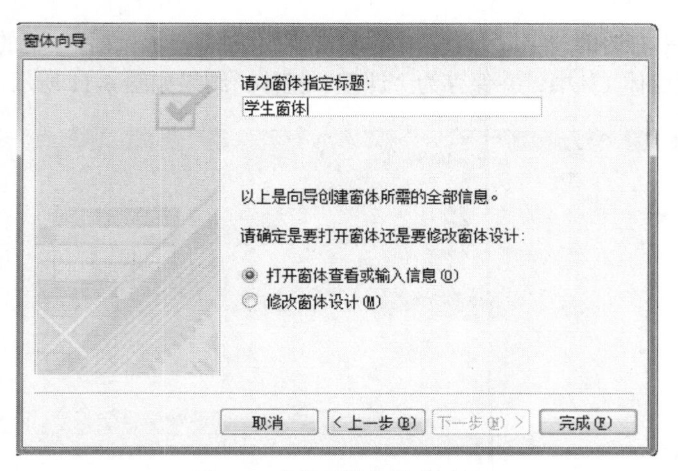

图 6-8　窗体设计向导（五）

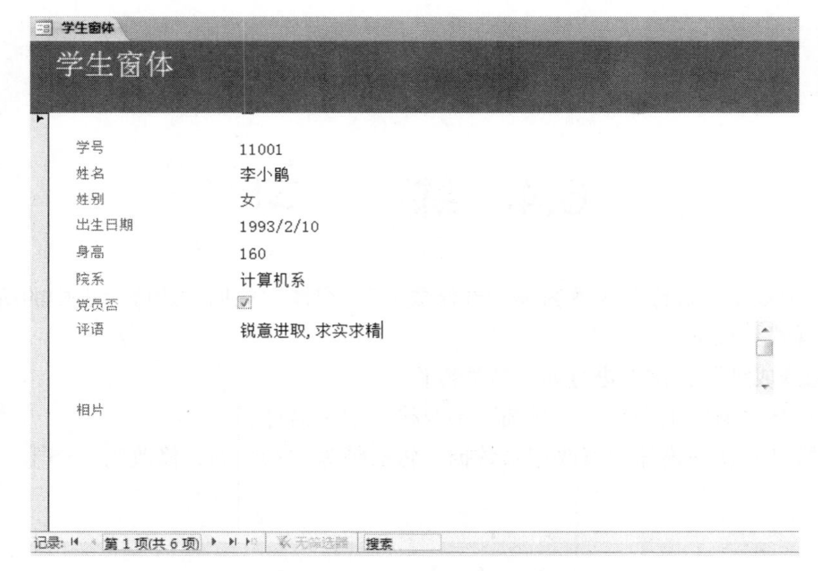

图 6-9　纵栏式“学生”窗体

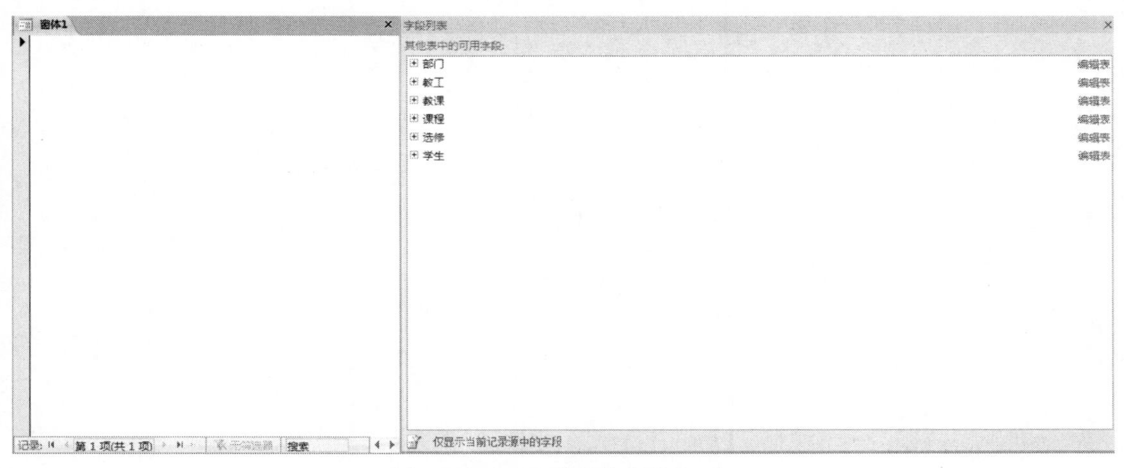

图 6-10　空白窗体设计步骤（一）

（2）在图 6-10 中右边的“字段列表”中，双击或用鼠标拖动“课程”下的“课号”、“课名”、“学分”到左边的“窗体 1”中，并保存为“课程”窗体，结果如图 6-11 所示。

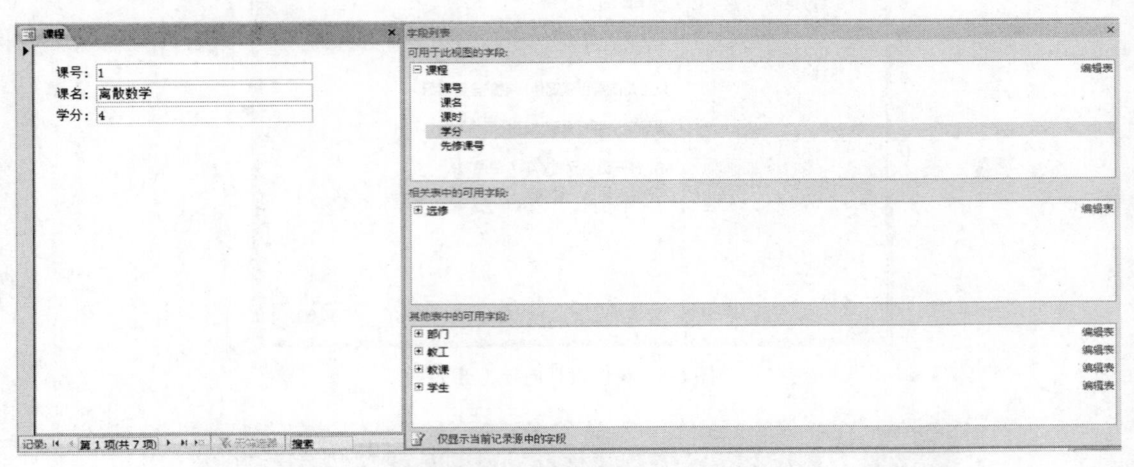

图 6-11　空白窗体设计步骤（二）

6.4 练　　习

1. 创建一个基于“选修”表的窗体“选修成绩”，窗体中包括“选修”表中的所有字段；布局：纵栏表；样式：标准。

2. 在“选修成绩”窗体上进行如下数据操作。

查找记录：从该窗体上查找由“成绩”不及格的学生信息。

修改记录数据：从该窗体中修改记录数据，将成绩为“80”的，修改为“85”。

实验 7 设计窗体

7.1 实验目的及要求

1. 掌握在设计视图下创建窗体的方法。
2. 掌握控制窗体的布局和外观。
3. 能够灵活地使用各种控件。
4. 能够熟练地对窗体或控件的属性进行设置。

7.2 准 备 工 作

1. 了解窗体的设计视图和窗体设计视图的节。

2. 在 D 盘根目录下新建一个文件夹，以自己的学号命名，用于存放实验作业；由于个人原因数据丢失，实验成绩按 0 分记。

7.3 实验任务、方法及步骤

1. 任务一：创建绑定型文本框控件。

方法及步骤：

（1）在“JXDB”数据库窗口中，在“创建”选项卡上的“窗体”组中，单击“窗体设计”，系统打开窗体的“设计视图”，如图 7-1 所示。

（2）单击上部“窗体设计工具”中的“工具”选项卡中的“属性表”，系统打开“属性”设置对话框，在“属性”设置对话框中单击“数据”标签，然后在下面的“记录源”中选择“教工”表，如图 7-2 所示。

（3）单击“保存”按钮，系统弹出“另存为”对话框，在“窗体名称”中输入“输入教师基本信息”，如图 7-3 所示，单击“确定”按钮。

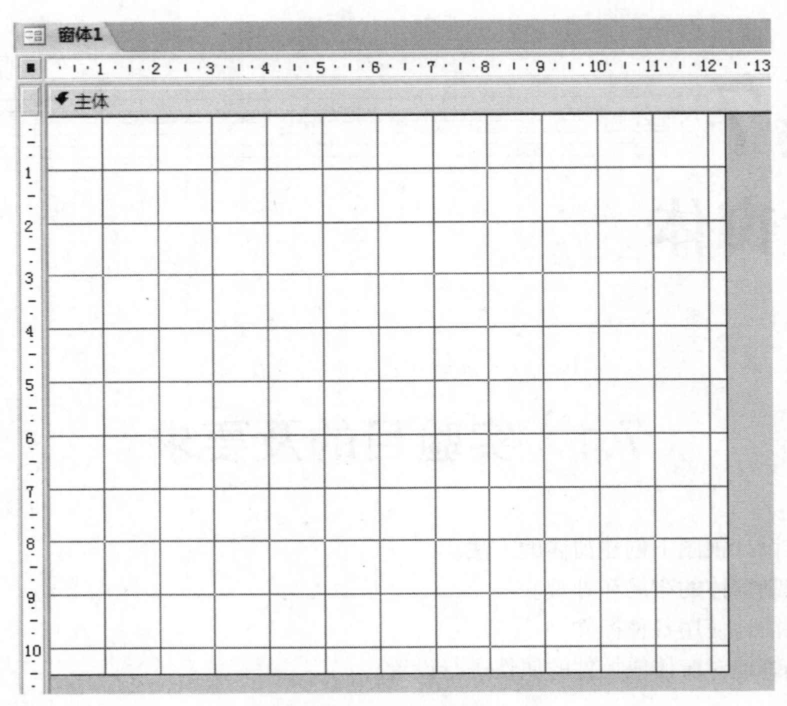

图 7-1　窗体设计界面

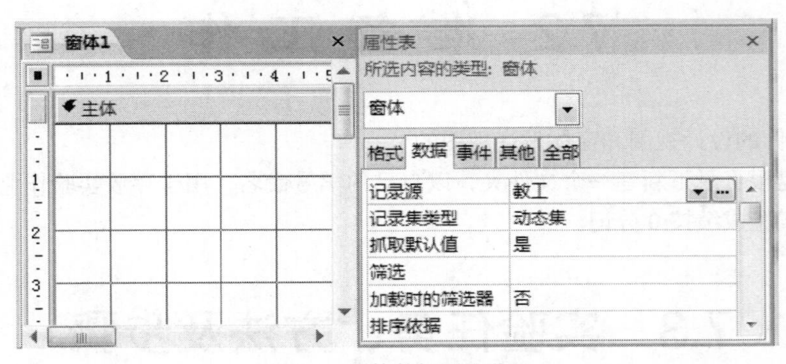

图 7-2　窗体数据源的设置

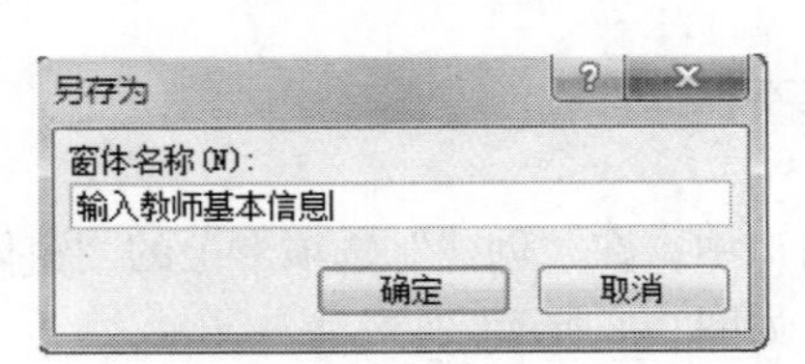

图 7-3　窗体名称设置

（4）单击上部“窗体设计工具”中的“工具”选项卡中的“添加现有字段”，系统打开“字段列表”设置框，如图 7-4 所示。

（5）在“字段列表”中，双击“职工号”、“姓名”和“工作日期”3 个字段，并在设计视图中进行适当调整，结果如图 7-5 所示。

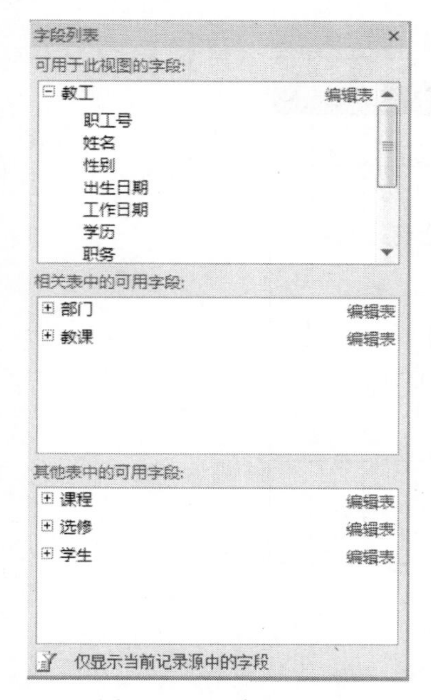

图 7-4　可用字段列表

图 7-5　窗体数据字段的布局

2. 任务二：创建标签控件。

方法及步骤：

（1）在图 7-5 的空白处单击鼠标右键，在弹出的对话框中单击“窗体页眉/页脚”，在窗体的设计视图中添加页眉和页脚节，如图 7-6 所示。

图 7-6　页眉页脚的设计

（2）单击“窗体设计工具”下的“控件”组中的“标签”控件，在窗体页眉的适当处添加一个标签控件，并输入“输入教师基本信息”，如图 7-7 所示。

（3）单击“保存”按钮。

图 7-7　窗体标题的设置

3．任务三：创建选项组控件。

方法及步骤：

（1）确保“窗体设计工具”下的“控件”组中的“使用控件向导”已按下，然后在“控件”组中单击“选项组”控件，系统弹出“选项组向导”的第一个对话框，如图 7-8 所示，并输入“男”和“女”。

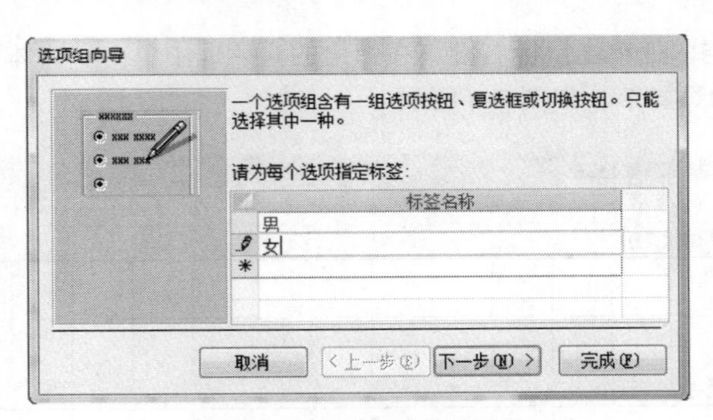

图 7-8　选项组标签值的设置

（2）单击“下一步”按钮，系统弹出“选项组向导”的第二个对话框，将“男”设置为默认选项，如图 7-9 所示。

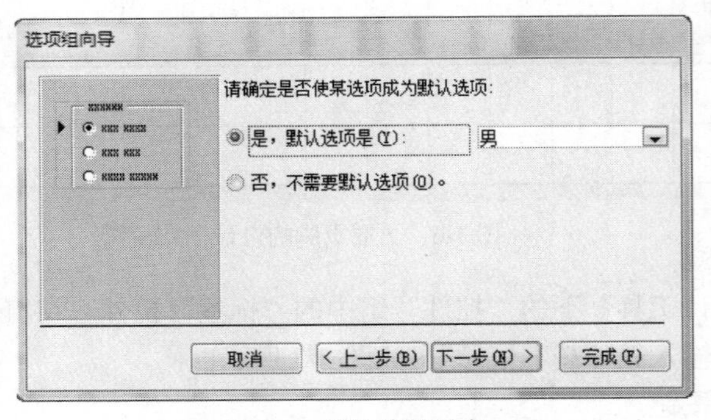

图 7-9　默认值的设定

（3）单击“下一步”按钮，系统弹出“选项组向导”的第三个对话框，将“男”的值设置为“0”，将“女”的值设置为“1”，如图 7-10 所示。

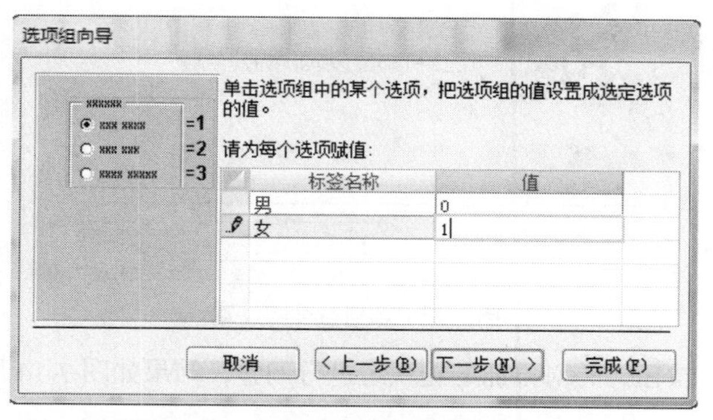

图 7-10　选项标签与值的对应设置

（4）单击“下一步”按钮，系统弹出“选项组向导”的第四个对话框，选中“在此字段中保存该值”，并在右侧的组合框中选择“性别”字段，如图 7-11 所示。

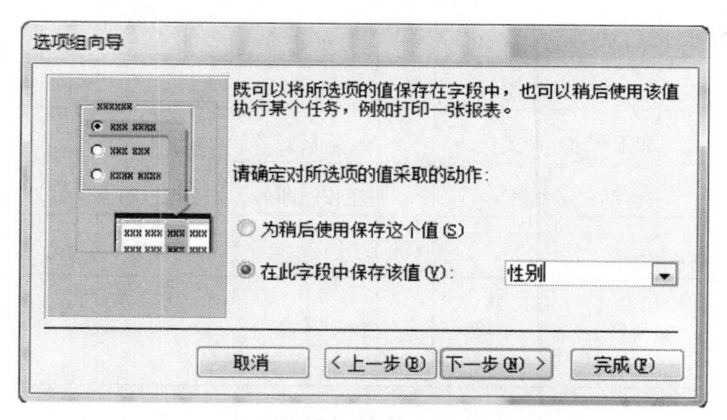

图 7-11　标签与字段对应关系设置

（5）单击“下一步”按钮，系统弹出“选项组向导”的第五个对话框，选择“选项按钮”和“凹陷”样式，如图 7-12 所示。

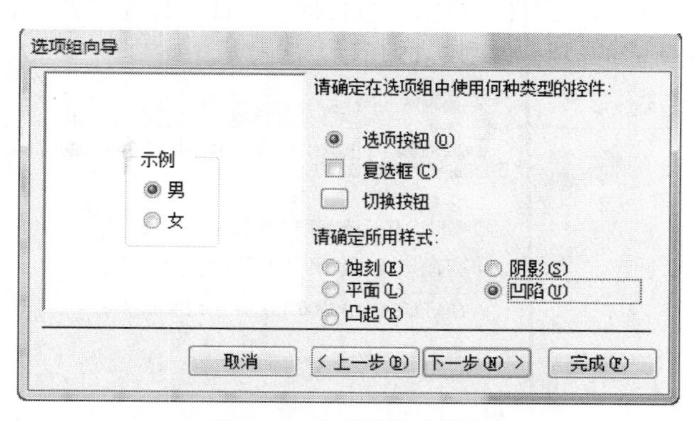

图 7-12　选项组样式设置

（6）单击“下一步”按钮，系统弹出“选项组向导”的第六个对话框，指定标题为“性别:”，如图 7-13 所示。

图 7-13　选项组标题设置

（7）单击“完成”按钮，并对添加的选项组进行调整，结果如图 7-14 所示。

图 7-14　窗体的整体布局

4. 任务四：创建绑定型组合框控件。

方法及步骤：

（1）在设计视图下，单击“控件”组中“组合框”控件，打开“组合框向导”的第一个对话框，并选择“自行键入所需的值”，如图 7-15 所示。

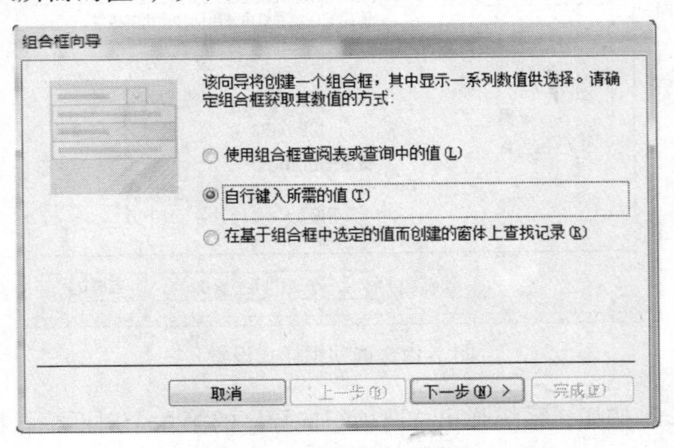

图 7-15　组合框类型设置

（2）单击“下一步”按钮，打开“组合框向导”的第二个对话框，并依次输入“大专，本科，硕士，博士，其他”，如图 7-16 所示。

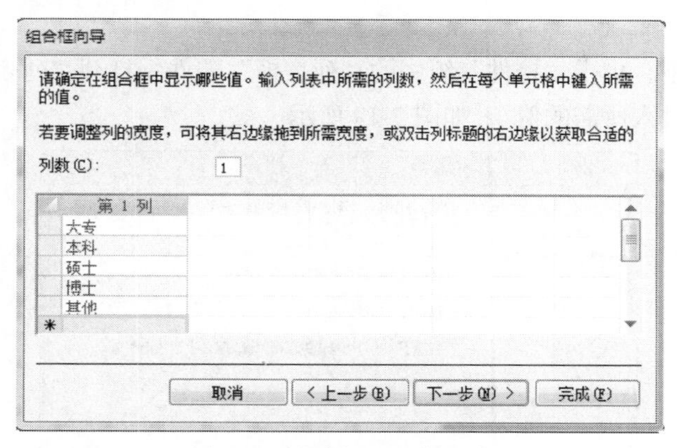

图 7-16　组合框选项值设置

（3）单击“下一步”按钮，打开“组合框向导”的第三个对话框，选择“将该数值保存在这个字段中”，并从右边的组合框中选择“学历”字段，如图 7-17 所示。

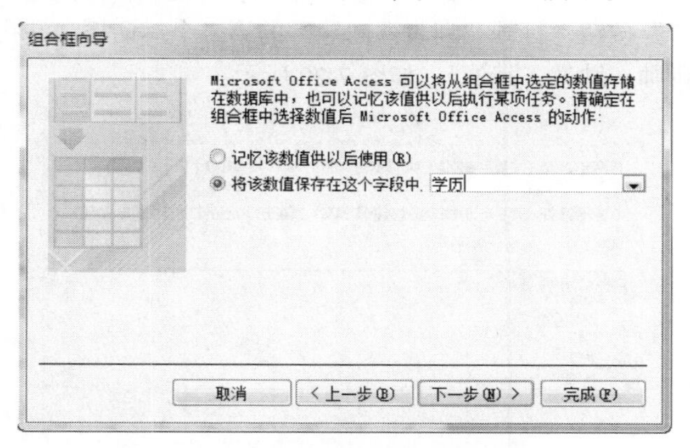

图 7-17　组合框与字段的绑定设置

（4）单击“下一步”按钮，打开“组合框向导”的第四个对话框，指定组合框标签为“学历:”，如图 7-18 所示。

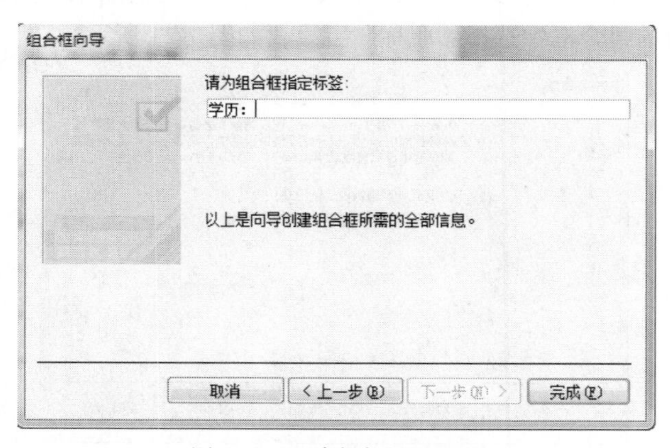

图 7-18　组合框标签的设置

（5）单击“完成”按钮，单击“保存”按钮。

5. 任务五：创建绑定型列表框控件。

方法及步骤：

（1）在设计视图下，单击“控件”组中的“列表框”控件，打开“列表框向导”的第一个对话框，并选择“自行键入所需的值”，如图 7-19 所示。

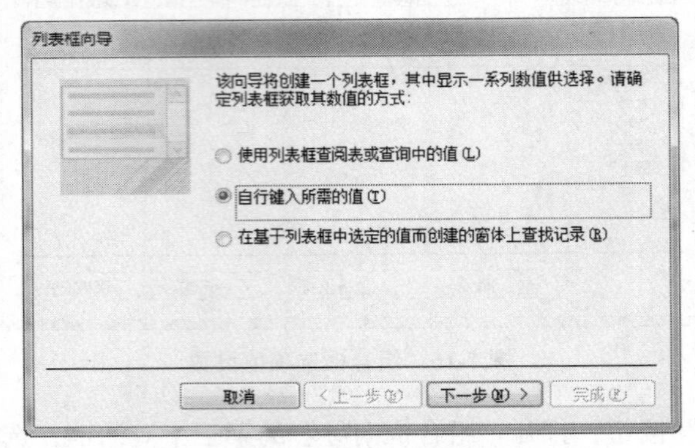

图 7-19 列表框的类型设置

（2）单击“下一步”按钮，打开“列表框向导”的第二个对话框，并在“第 1 列”中依次键入“教授，副教授，讲师，助教，其他”，如图 7-20 所示。

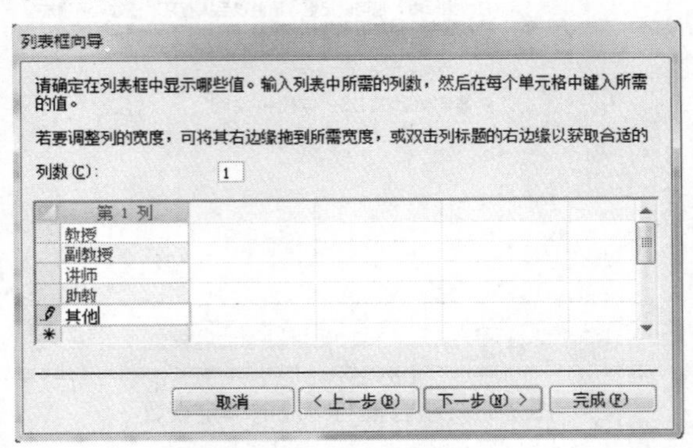

图 7-20 列表值的设置

（3）单击“下一步”按钮，打开“列表框向导”的第三个对话框，选择“将该数值保存在这个字段中”，并从右边的组合框中选择“职称”字段，如图 7-21 所示。

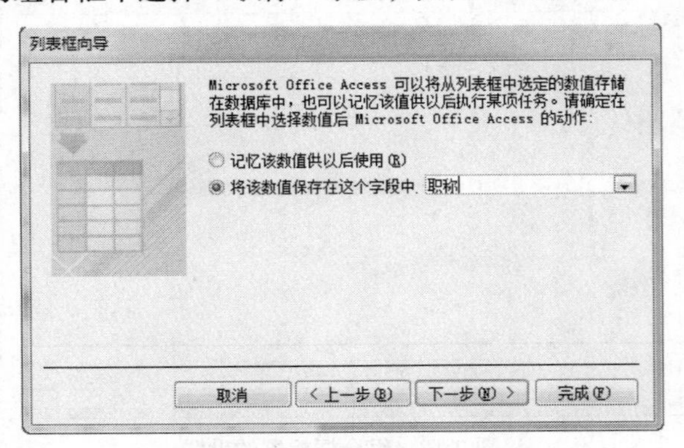

图 7-21 列表框与字段绑定的设置

（4）单击“下一步”按钮，打开“列表框向导”的第四个对话框，为列表框指定标签“职称:”，如图 7-22 所示。

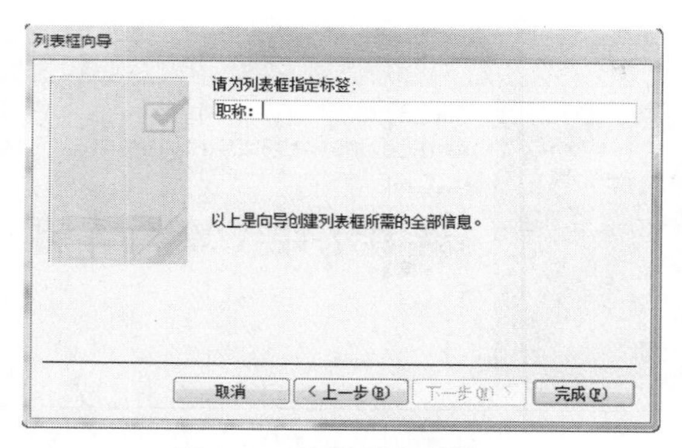

图 7-22　列表框的标签设置

（5）单击“完成”按钮，并进行适当调整，单击“保存”按钮。

6. 任务六：创建命令按钮。

方法及步骤：

（1）在设计视图下，在“控件”选项组中单击“按钮”控件，在窗体的窗体页脚节的合适位置单击，系统弹出“命令按钮向导”的第一个对话框，在“类别”中单击“记录导航”，在“操作”中单击“转至前一项记录”，如图 7-23 所示。

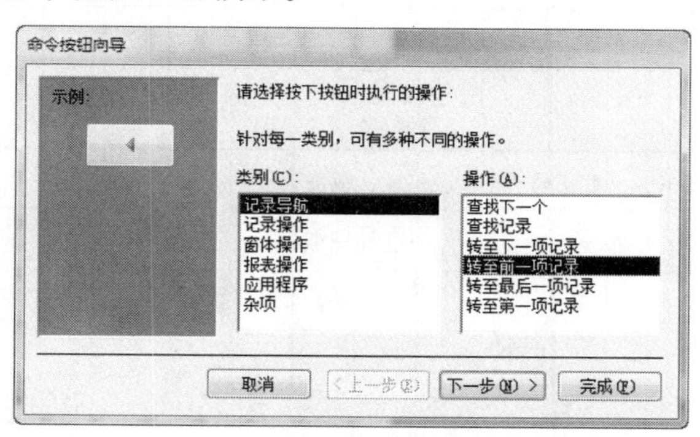

图 7-23　命令按钮操作设置

（2）单击“下一步”按钮，打开“命令按钮向导”的第二个对话框，这里选择“文本”，并输入“前一条记录”，如图 7-24 所示。

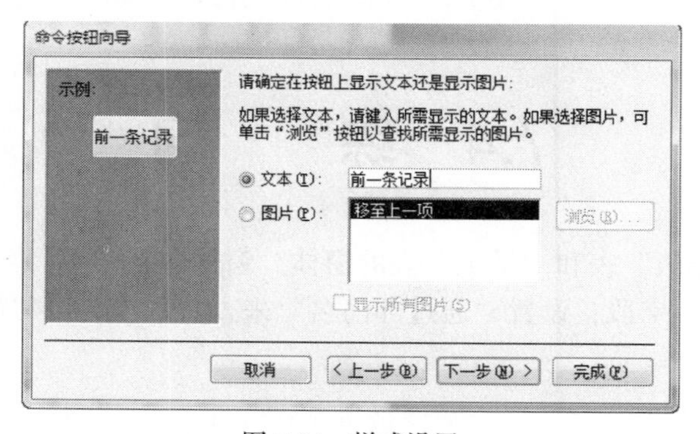

图 7-24　样式设置

（3）单击“下一步”按钮，打开“命令按钮向导”的第三个对话框，输入按钮的名称，如图7-25所示。

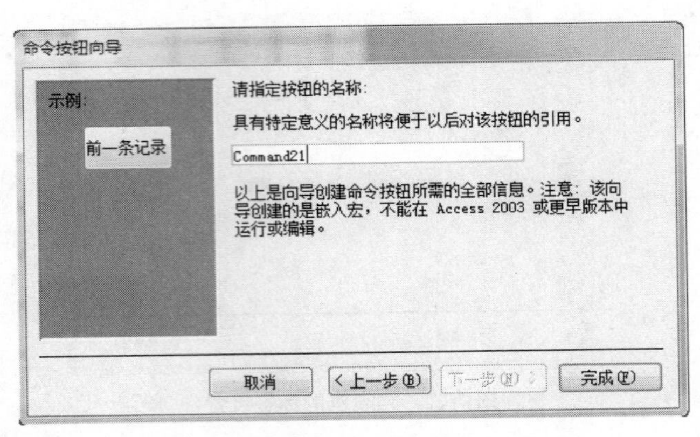

图 7-25　命令文本设置

（4）单击“完成”按钮，并进行适当调整。用同样的方法创建几个其他按钮，最后结果如图7-26所示。

图 7-26　窗体整体布局视图

7.4　练　　习

创建一个基于“部门”表和“学生”表的窗体，窗体包括“部门名”、“学号”、“姓名”、“性别”和“出生日期”字段，设置“通过部门名”来查看数据，以“窗体查询”为名将窗体保存起来。

实验 8 切换面板的设计和创建子窗体

8.1 实验目的及要求

1. 掌握选项卡控件的使用。
2. 掌握主/子窗体的创建方法。
3. 能够使用“窗体向导”创建基于多个数据源的窗体。

8.2 准 备 工 作

1. 了解主子窗体的概念与设计方法。

2. 在 D 盘根目录下新建一个文件夹，以自己的学号命名，用于存放实验作业；由于个人原因数据丢失，实验成绩按 0 分记。

8.3 实验任务、方法及步骤

1. 任务一：以“学生”和“选修”表为数据源，创建主/子窗体。

方法及步骤：

（1）在“JXDB”数据库窗口中，在“创建”选项卡上的“窗体”组中，单击“窗体向导”，系统打开“窗体向导”的第一个对话框，首先从“表/查询”下选择“学生”表，并将其所有的字段移到“选定字段”中，然后从“表/查询”下选择“选修”表，同样将其所有字段移动到“选定字段”中，如图 8-1 所示。

（2）单击“下一步”按钮，系统打开“窗体向导”的第二个对话框，选择“通过学生”的“查看数据方式”，并选择“带有子窗体的窗体”，如图 8-2 所示。

（3）单击“下一步”按钮，系统打开“窗体向导”的第三个对话框，这里选择“数据表”，如图 8-3 所示。

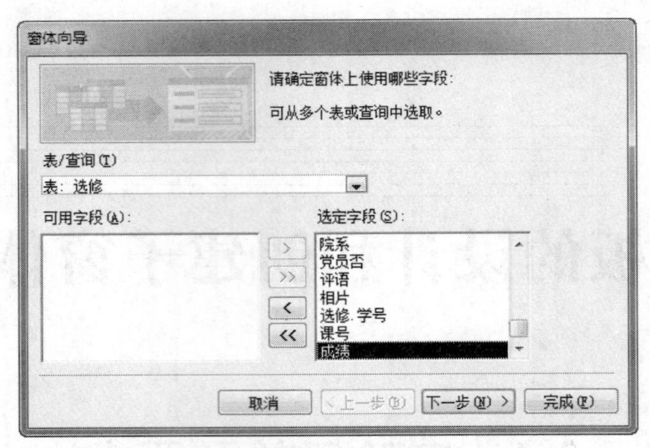

图 8-1　创建窗体字段的选择

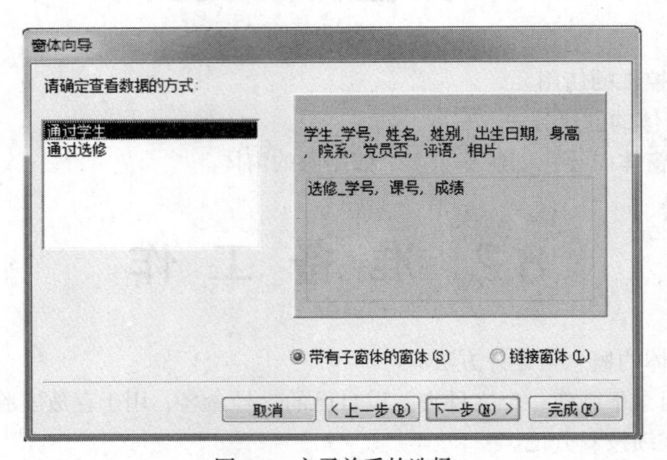

图 8-2　主子关系的选择

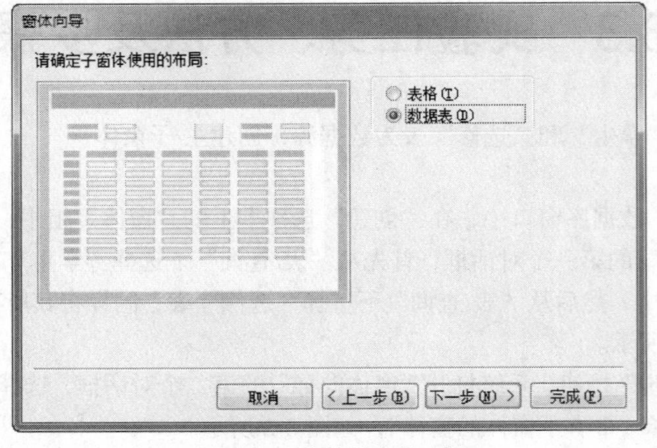

图 8-3　子窗体样式的选择

（4）单击“下一步”按钮，系统打开“窗体向导”的第四个对话框，这里选择“地铁”的样式，如图 8-4 所示。

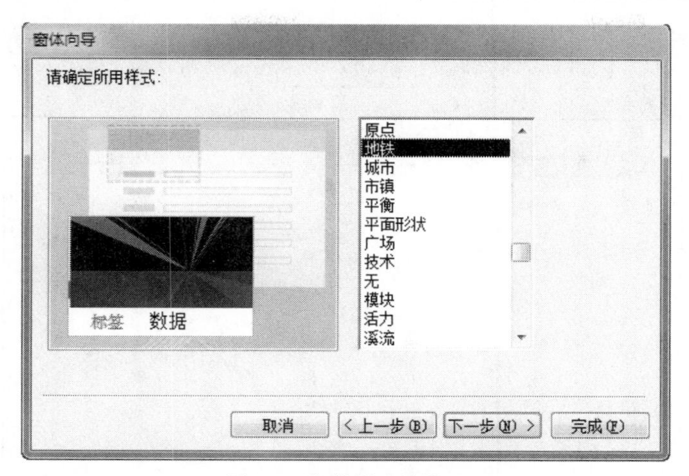

图 8-4 窗体样式的设置

（5）单击“下一步”按钮，系统打开“窗体向导”的第五个对话框，为窗体指定标题，这里就用默认的标题，并在下部选择“打开窗体查看或输入信息”，如图 8-5 所示。

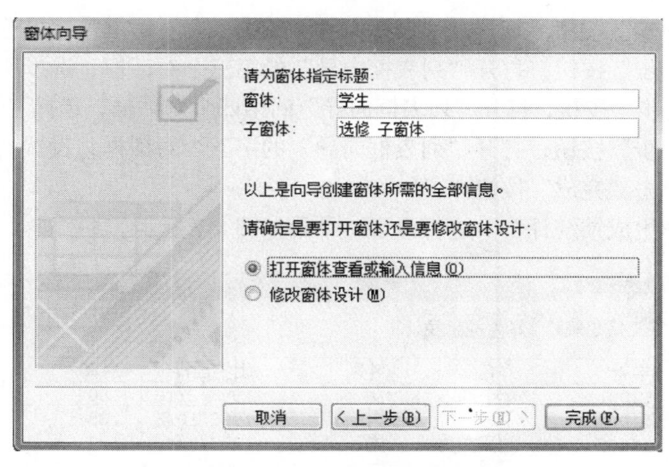

图 8-5 确定打开视图模式

（6）单击“完成”按钮。

2. 任务二：创建“学生统计信息”窗体，窗体含有两部分，一部分是“信息统计”，另一部分是“成绩统计”。

方法及步骤：

（1）在“JXDB”数据库窗口中，在“创建”选项卡上的“窗体”组中，单击“窗体设计”，确保“窗体设计工具”下的“控件”组中的“使用控件向导”已按下。

（2）单击“控件”组中的“选项卡控件”，在窗体上单击，并调整其位置和大小。结果如图 8-6 所示。

（3）在“选项卡”控件上右击鼠标，并单击“属性”，在右边弹出的“属性表”中，将“页 1”的“标题”设置为“学生信息统计”，同理设置“页 2”的“标题”为“学生成绩统计”。

（4）单击“学生信息统计”页，单击“列表框”控件，在该页上单击，打开“列表框向导”的第一个对话框，并选择“使用列表框查阅表或查询的值”。

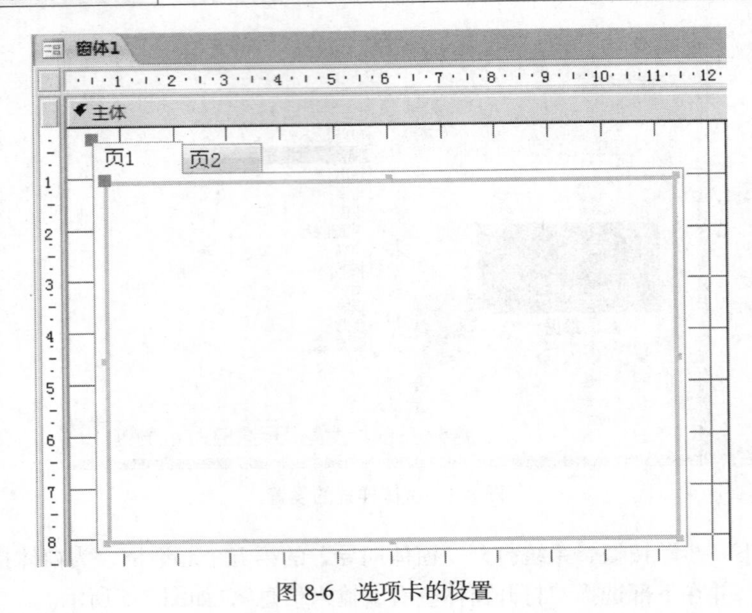

图 8-6 选项卡的设置

（5）单击“下一步”按钮，打开“列表框向导”的第二个对话框，这里选择“学生”表。

（6）单击“下一步”按钮，打开“列表框向导”的第三个对话框，选择所有字段。

（7）单击“下一步”按钮，打开“列表框向导”的第四个对话框，选择“学号”的升序排序。

（8）单击“下一步”按钮，打开“列表框向导”的第五个对话框，设置“列表框列的宽带”，这里用默认的值，单击“完成”按钮。

（9）同理对“学生成绩统计”页进行设置，结果如图 8-7 所示。

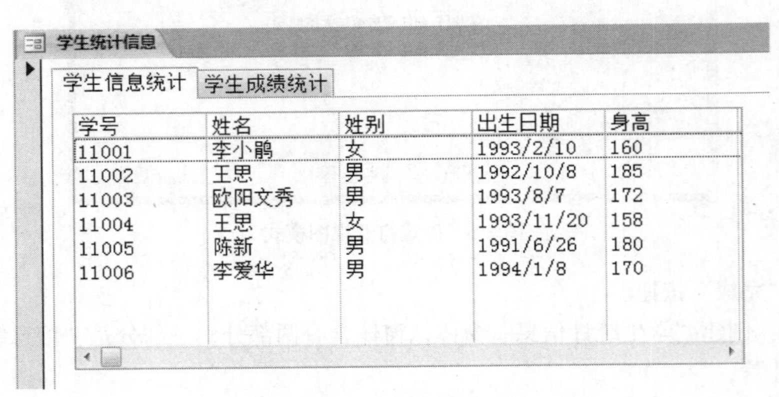

学号	姓名	姓别	出生日期	身高
11001	李小鹏	女	1993/2/10	160
11002	王思	男	1992/10/8	185
11003	欧阳文秀	男	1993/8/7	172
11004	王思	女	1993/11/20	158
11005	陈新	男	1991/6/26	180
11006	李爱华	男	1994/1/8	170

图 8-7 选项卡效果图

8.4 练 习

创建一个基于“教工”表和“教工工作量”表的窗体，窗体包括“姓名”、“工号”、“系别”、“性别”和“出生日期”字段，设置工号来查看数据。

实验 9 窗体的高级操作

9.1 实验目的及要求

1. 掌握窗体的属性设置。
2. 能够插入日期。
3. 会创建计算控件。
4. 能够对窗体格式进行设置。

9.2 准 备 工 作

1. 弄清窗体设计的几种方法，掌握控件的用法。

2. 在 D 盘根目录下新建一个文件夹，以自己的学号命名，用于存放实验作业；由于个人原因数据丢失，实验成绩按 0 分记。

9.3 实验任务、方法及步骤

1. 任务一：创建一个“学生信息”窗体，并把“出生日期”改成“年龄”。

方法及步骤：

（1）通过“设计视图”新建一个窗体，打开该窗体的“属性表”，单击“属性表”中的“数据”标签，然后将“记录源”选择“学生”表，如图 9-1 所示。

（2）调出窗体的页眉和页脚。

（3）单击“窗体设计工具”下的“工具”组中的“添加现有字段”，调出“字段列表”，将“学号”、“姓名”、“出生日期”和“院系”字段拖到窗体的主体上，将四个字段的标签移到窗体页眉上。

（4）将“出生日期”标签改成“年龄：”。

（5）调出“出生日期”文本框控件的属性设置框，单击其“数据”选项卡，在“控件来源”栏输入公式：“=Round（(Date()-【出生日期】) /365，0)”。

（6）单击“窗体设计工具”下的“控件”组中的“日期和时间”，弹出“日期和时间”设置框，进行相应设置，如图 9-2 所示。

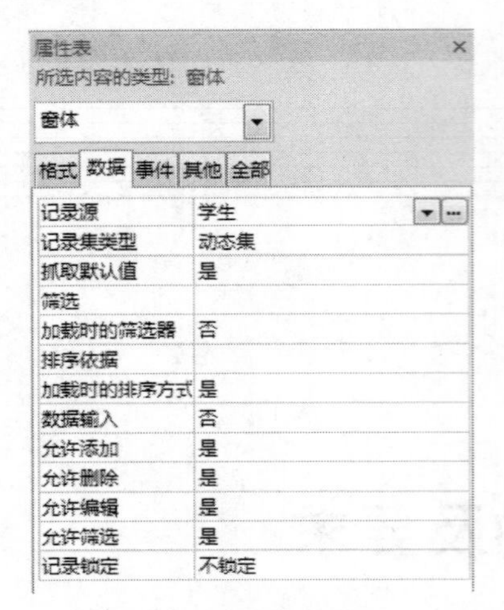

图 9-1　属性表的设置

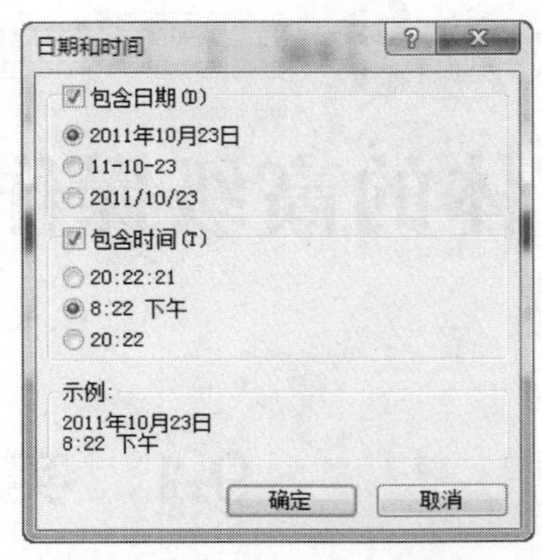

图 9-2　“日期和时间”的设置

（7）设置后的结果如图 9-3 所示。

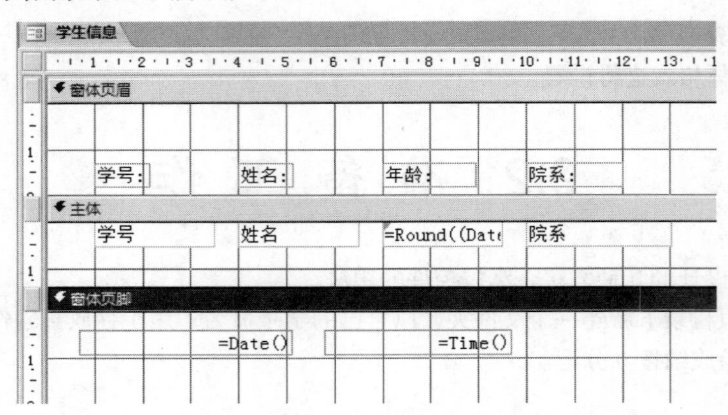

图 9-3　设置后的结果

（8）通过“窗体设计工具”下的“字体”组分别对窗体页眉中的四个标签进行“格式”设置，如图 9-4 所示。

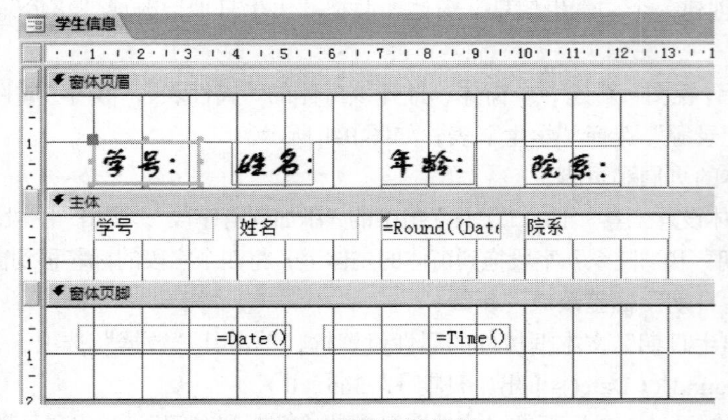

图 9-4　标签字体设置

9.4　练　　习

1. 在“教师”窗体中添加税前工资文本框，利用计算控件计算出教师的税前工资值，并显示在添加的文本框里（教师表里包含“基本工资”、“奖金”和“保险金”字段）。

2. 对“教师”窗体进行如下设置：将窗体页角设置为 1.5cm，在距窗体页脚左边 5.5cm、距上边 0.4cm 处依次放置两个命令按钮，命令按钮的宽度均为 2cm，功能分别是运行宏和退出，所运行的宏名为“打开表”，按钮上显示文本分别为“打开表”和“退出”。

实验10 报表的创建

10.1 实验目的及要求

1. 掌握报表的基本概念。
2. 能够使用“报表向导”创建报表。
3. 能够输入相关的记录源。
4. 能够调整报表的版面格式等信息。

10.2 准 备 工 作

1. 了解报表创建的基本方法与概念。

2. 在 D 盘根目录下新建一个文件夹，以自己的学号命名，用于存放实验作业；由于个人原因数据丢失，实验成绩按 0 分记。

10.3 实验任务、方法及步骤

任务：在“JXDB”数据库中，以“学生”表为基础，利用向导创建一个学生报表。

方法及步骤：

（1）在“JXDB”数据库中，单击“创建”菜单。

（2）单击“报表”组中的“报表向导”，系统打开“报表向导”的第一个对话框，选择“学生”表作为数据源，并选定所有字段，结果如图 10-1 所示。

（3）单击“下一步”按钮，系统打开“报表向导”的第二个对话框，设置“院系”字段作为分组级别，结果如图 10-2 所示。

（4）单击“下一步”按钮，系统打开“报表向导”的第三个对话框，设置明细信息使用的排序次序和汇总信息，这里选择“学号”为“升序”，结果如图 10-3 所示。

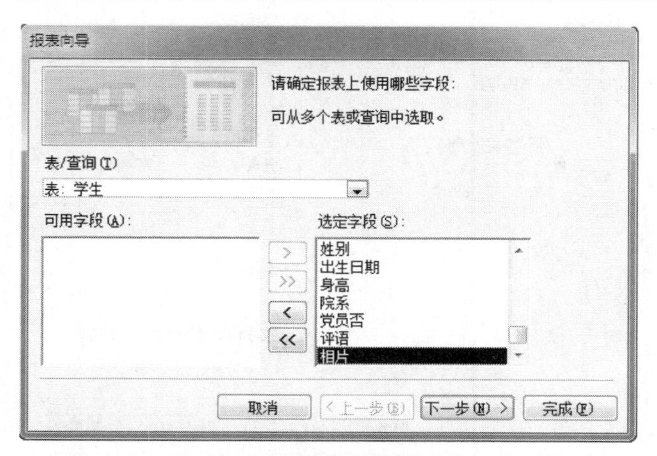

图 10-1 报表字段的选择

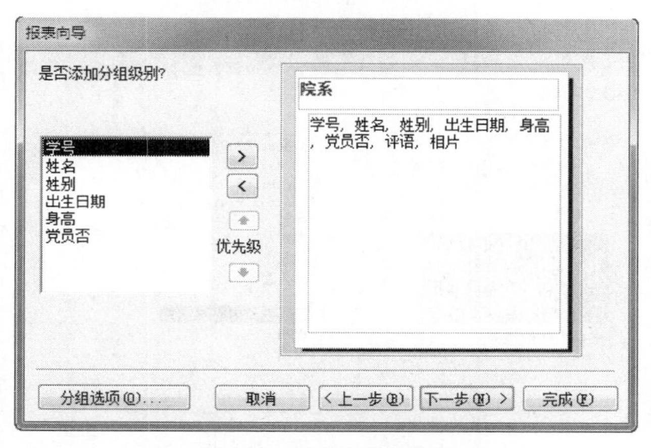

图 10-2 分组字段的设置

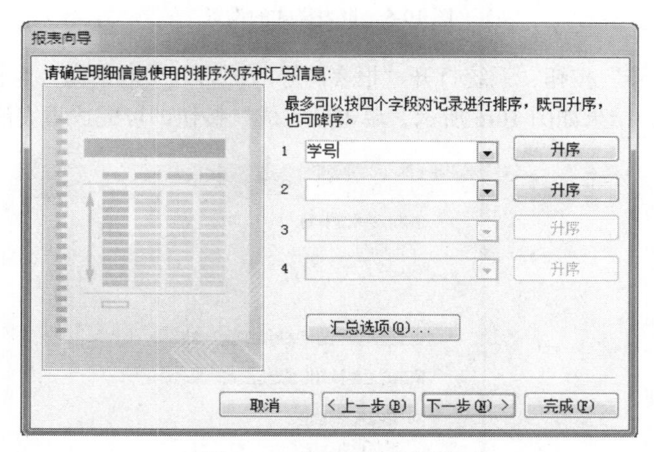

图 10-3 排序字段的设置

（5）单击“下一步”按钮，系统打开“报表向导”的第四个对话框，确定“布局”和“方向”，这里设置为“递阶”和“横向”，结果如图 10-4 所示。

（6）单击“下一步”按钮，系统打开“报表向导”的第五个对话框，确定所用样式，这里设置为“地铁”，结果如图 10-5 所示。

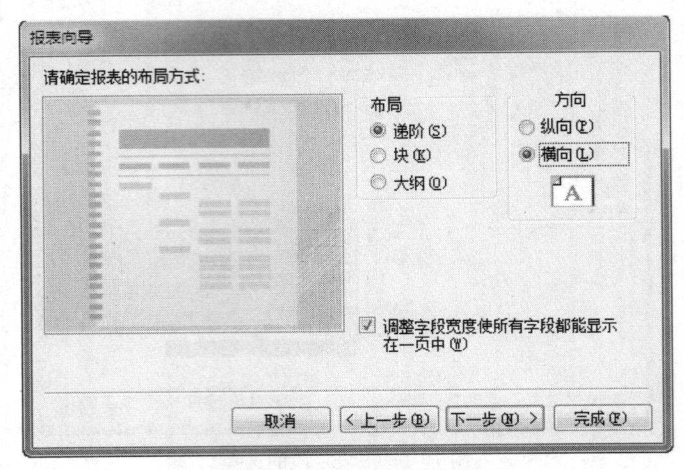

图 10-4　报表布局的设置

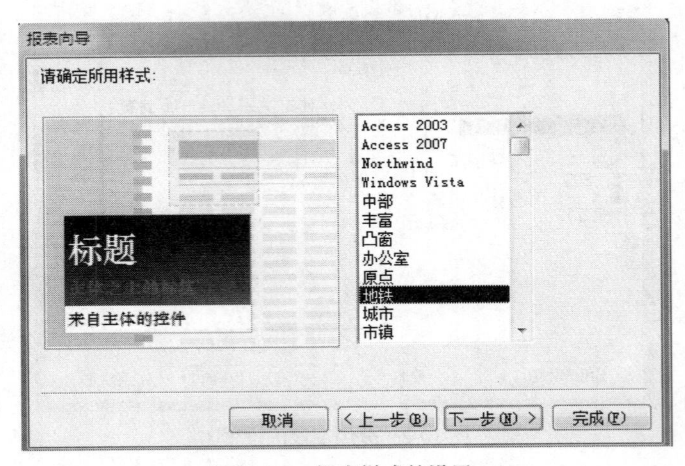

图 10-5　报表样式的设置

（7）单击“下一步”按钮，系统打开“报表向导”的第六个对话框，为报表指定标题，这里设置为“学生报表”，结果如图 10-6 所示，单击“完成”按钮即可完成报表的创建。

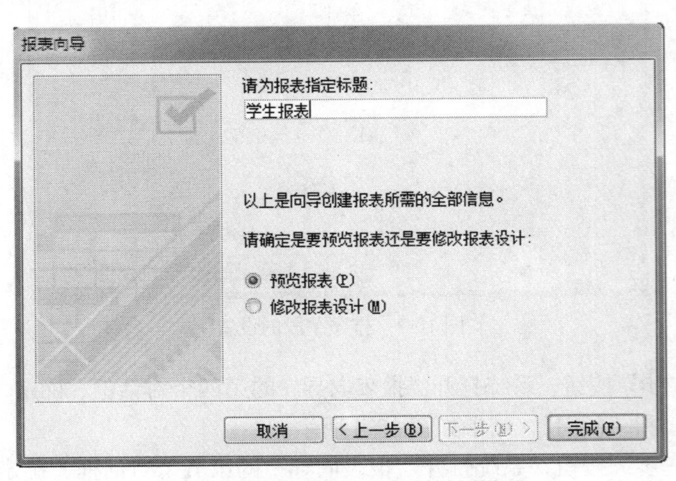

图 10-6　报表的命名及打开视图设置

10.4　练　　习

1. 为“教学管理”数据库创建报表：创建基于“学生”表的报表“学生报表一”；创建基于“教工”表的报表“教工报表二”。

2. 创建一个基于“教课”表的图表报表，以“学年度”为 x 坐标，“考核分”为 y 坐标，创建一个描述各个学年度的考核分的图表形式的报表，以“统计考核成绩”命名新创建的图表报表。使用“图表向导”来创建报表。

实验 11 报表的设计

11.1 实验目的及要求

1. 掌握使用“设计”视图创建报表。
2. 掌握“报表页眉、报表页脚”的创建设计方法。
3. 掌握“页面页眉、页面页脚”的创建设计方法。
4. 掌握“报表属性”的设置方法。
5. 掌握“报表工具箱”中常用的控件的使用。

11.2 准备工作

1. 掌握高级报表设计的一些技巧与概念。
2. 在D盘根目录下新建一个文件夹，以自己的学号命名，用于存放实验作业；由于个人原因数据丢失，实验成绩按0分记。

11.3 实验任务、方法及步骤

任务：使用“设计”视图创建一个“教工”信息报表。

方法及步骤：

（1）在“JXDB”数据库中，单击“创建”菜单。

（2）单击“报表”组中的“报表设计”，系统打开一个空白报表的设计视图，结果如图11-1所示。

（3）用鼠标右键单击窗口左上角的报表选择器，弹出快捷菜单，选择“属性”打开报表的“属性”窗体，结果如图11-2所示。

（4）在“属性”窗体中，单击“数据”标签，单击“记录源”，选择“教工”表，结果如图11-3所示。

（5）在“主体”选定器上单击鼠标右键，弹出快捷菜单，从中选择“报表页眉/页脚”，结果如图11-4所示。

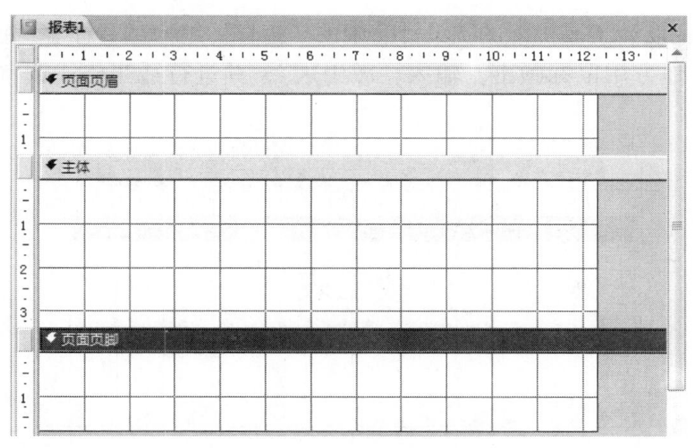

图 11-1　报表的设计视图

图 11-2　报表的格式属性

图 11-3　报表的数据属性

图 11-4　显示报表的页眉页脚

（6）单击“报表设计工具”下的“设计”中的“控件”组中的“标签”控件，然后在“报表页眉”中的合适地方用鼠标画出，输入“教工表”，并进行适当格式调整，结果如图 11-5 所示。

图 11-5　设置报表标题

（7）在“主体”中放置 6 个文本框控件，并在“属性”窗体中进行控件来源的设置，结果如图 11-6 所示。

图 11-6　报表控件的添加设置

（8）将主体节区的 6 个标题标签控件位置移到页面页眉节区，然后调整各个控件的布局和大小、位置，修改报表页面页眉节和主体节的高度，结果如图 11-7 所示。

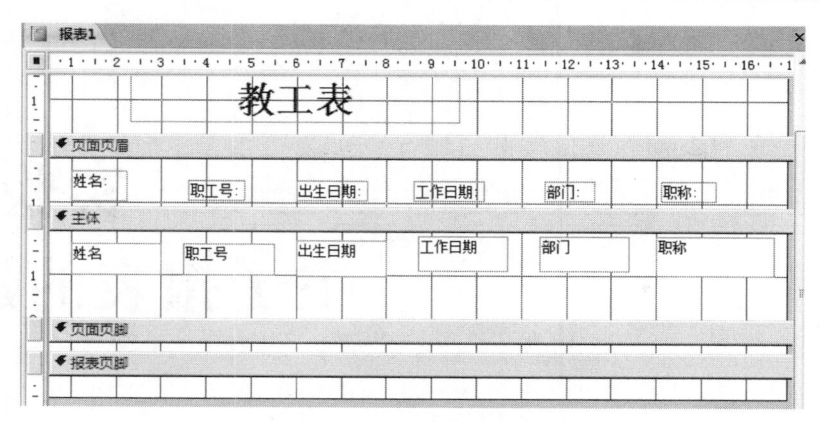

图 11-7　报表布局的设置

（9）单击保存按钮，并命名为“教工报表”。

11.4　练　　习

在“教学管理”数据库中创建一个基于“学生”表和“选修”表的分组报表，报表中要求包括“学号”、“姓名”、“课号”和“成绩”字段，要求在报表中按“学号”字段分组，并对每个学生的成绩求平均值，用打印预览查看生成的报表，然后以“学生成绩”作为报表的标题并以此命名报表。使用“报表向导”创建报表。

实验12 主子报表的建立

12.1 实验目的及要求

1. 理解主子报表的概念。
2. 掌握创建子报表的方法。
3. 理解主报表可以包含子报表，也可以包含子窗体。
4. 掌握主报表最多可以包含子报表的级数。

12.2 准 备 工 作

1. 了解主子报表的概念与创建方法。
2. 在 D 盘根目录下新建一个文件夹，以自己的学号命名，用于存放实验作业；由于个人原因数据丢失，实验成绩按 0 分记。

12.3 实验任务、方法及步骤

任务：在主报表中，利用“子报表向导”创建一个子报表。

方法及步骤：

（1）利用前面叙述的报表创建方法首先创建基于“学生”表数据源的主报表，并进行布局，如图 12-1 所示，并在主体节下部为子报表的插入留出一定的空间。

（2）确保“设计”下的“控件”下的“使用控件向导”已按下，单击“控件”组中的“子窗体/子报表”，并在子报表的预留区选择一插入点单击，会出现一个“子报表向导”对话框，如图 12-2 所示，有两个选项：“使用现有的表和查询”和“使用现有的报表和窗体”，这里选择第一项。

（3）单击“下一步”按钮，系统弹出“子报表向导”的第二个对话框，这里选择“学生选课情况”查询作为数据源，并将该查询中的所有字段选定，如图 12-3 所示。

报表1
报表页眉
学生信息输出
页面页眉
主体
学号: 学号
院系: 院系
姓名: 姓名
出生日期: 出生日期
性别: 性别
党员否
页面页脚
报表页脚

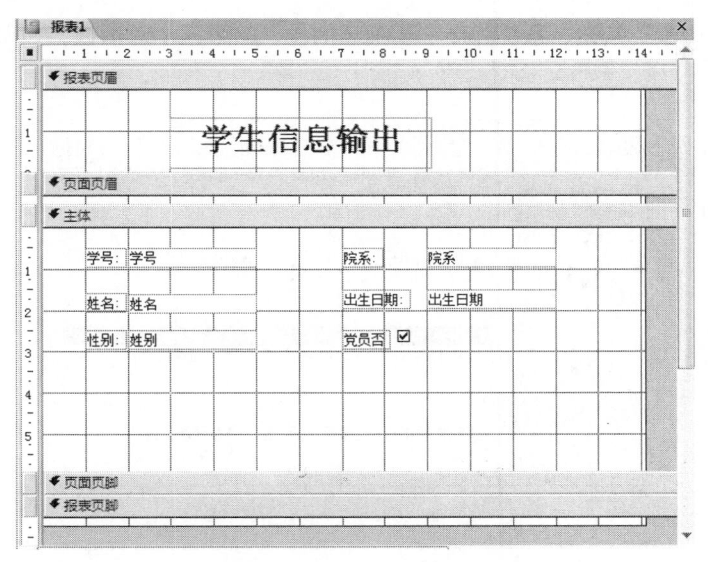

图 12-1　“学生”报表布局视图

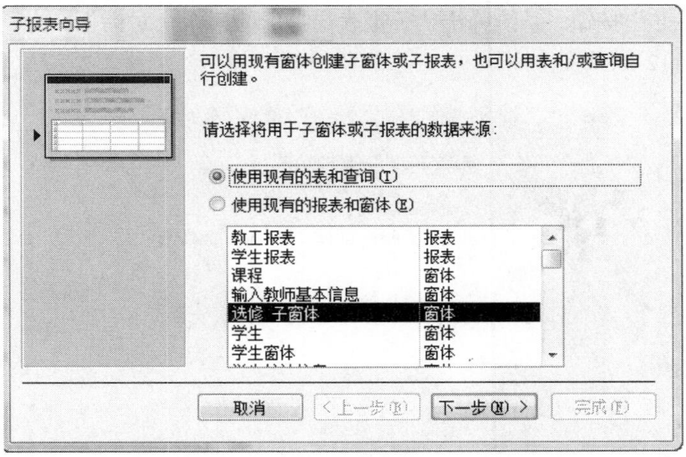
子报表向导
可以用现有窗体创建子窗体或子报表，也可以用表和/或查询自行创建。
请选择将用于子窗体或子报表的数据来源:
使用现有的表和查询(T)
使用现有的报表和窗体(F)
教工报表 报表
学生报表 报表
课程 窗体
输入教师基本信息 窗体
选修 子窗体 窗体
学生 窗体
学生窗体 窗体
取消
< 上一步(B)
下一步(N) >
完成(F)

图 12-2　子报表向导设置（一）

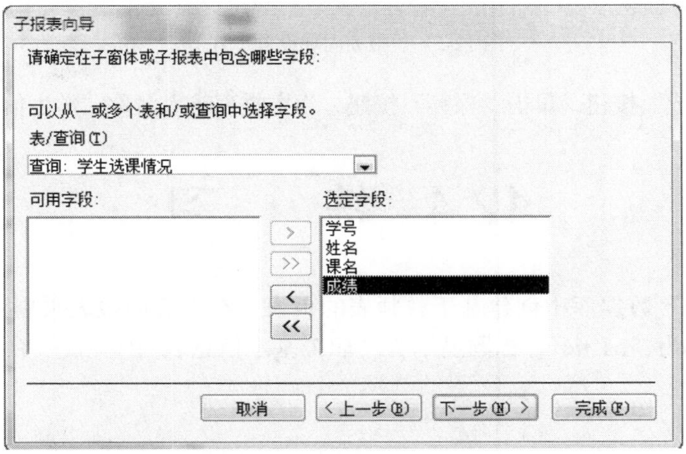
子报表向导
请确定在子窗体或子报表中包含哪些字段:
可以从一或多个表和/或查询中选择字段。
表/查询(T)
查询: 学生选课情况
可用字段:
选定字段:
学号
姓名
课名
成绩
取消
< 上一步(B)
下一步(N) >
完成(F)

图 12-3　子报表向导设置（二）

（4）单击“下一步”按钮，系统弹出“子报表向导”的第三个对话框，如图 12-4 所示，这里保留默认配置。

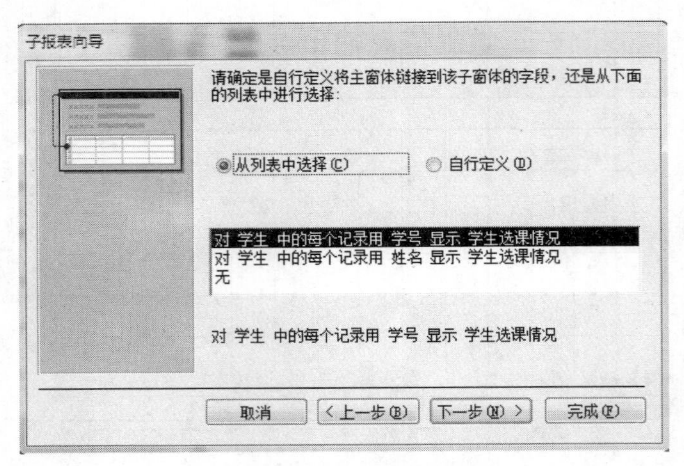

图 12-4　子报表向导设置（三）

（5）单击“下一步”按钮，系统弹出“子报表向导”的第四个对话框，为子报表输入名称“选课成绩信息”，如图 12-5 所示。

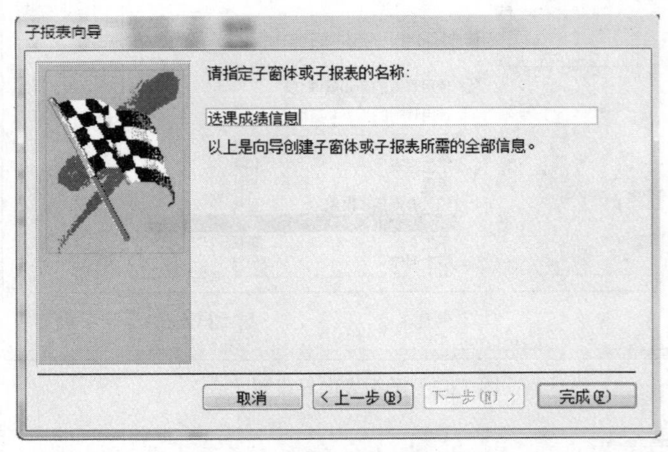

图 12-5　子报表向导设置（五）

（6）单击“完成”按钮，单击“保存”按钮，为主报表输入名称“学生信息表”。

12.4 练　　习

在“教学管理”数据库中创建基于教师表的报表，在报表的报表页眉节区位置添加一个标签控件，其名称为“bTitle”，标题显示为“职工基本信息表”，添加一个计算控件，计算出教工的工龄。

实验 13

报表的高级操作

13.1 实验目的及要求

1. 掌握在报表中进行各种运算，并将结果显示出来的方法。
2. 学会向报表添加计算控件。
3. 掌握报表的一些常用函数。
4. 掌握报表的一些统计计算。

13.2 准 备 工 作

1. 熟悉高级报表的一些技巧，掌握高级报表创建的一些方法。

2. 在 D 盘根目录下新建一个文件夹，以自己的学号命名，用于存放实验作业；由于个人原因数据丢失，实验成绩按 0 分记。

13.3 实验任务、方法及步骤

任务：创建一个学生选课成绩高级报表。

方法及步骤：

（1）利用前面的方法，在报表设计视图下创建一个“学生选课成绩表”报表，并将报表的记录源设置为“学生选课情况”查询，在主体节内拖放相应的字段，并将字段标题剪切到页面页眉中，在“成绩”字段旁放置一个未绑定的文本框控件，如图 13-1 所示。

（2）打开该未绑定文本框的“属性”窗口，单击“全部”标签，设置“控件来源”属性为“=IIf（[成绩]>=60，"通过"，"不及格"）”。

（3）在页面页脚中，添加两个文本框，用来显示时间和页码，两个文本框控件的“控件来源”分别为“=Now()”和“=[Pages] & "页，第" & [Page] & "页"”。

（4）在任意节上单击鼠标右键，单击“排序和分组”，并设置“学号”组，并设置无“组页眉”，只有“组页脚”，并在“组页脚”中添加一文本框，标题为“平均成绩”，“控件来源”为“=Avg（[成绩])”，设置结果为图 13-2 所示。

图 13-1　报表的设计视图

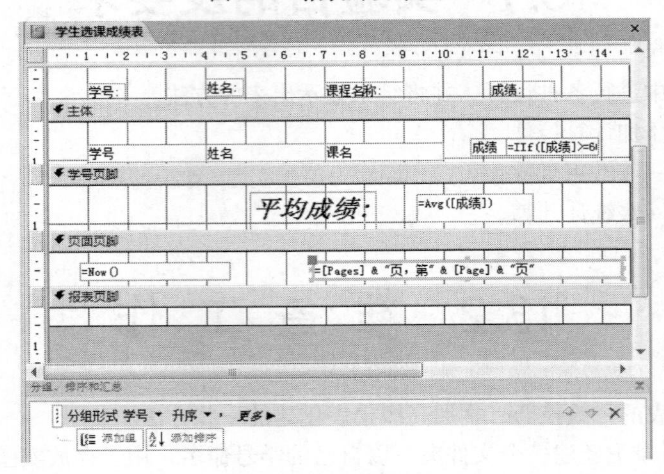

图 13-2　报表的布局设置

（5）打开报表如图 13-3 所示。

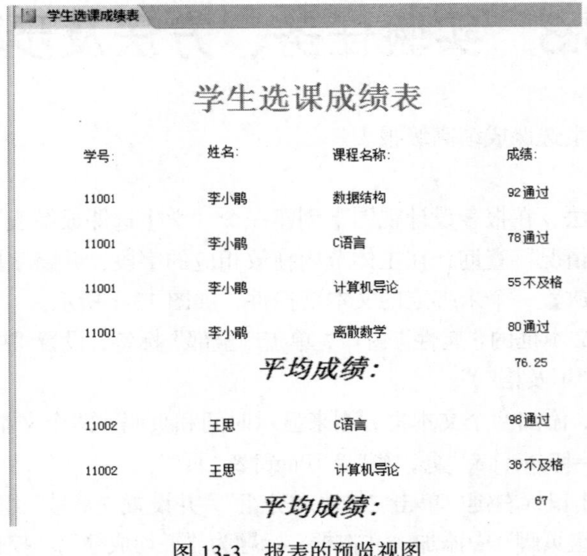

图 13-3　报表的预览视图

13.4　练　　习

在“教学管理”数据库中创建一个基于学生表的报表，按照以下要求补充报表设计：在报表的报表页眉节区位置添加一个标签控件，其名称为“bTitle”，标题显示为“学生信息表”；在报表的主体节区添加一个文本框控件，显示“姓名”字段值。该控件位置距上边 0.1cm，距左边 3.2 cm，并命名为“tName”；在报表的页面页脚节区添加一个计算控件，使用函数显示出系统日期。计算控件位置距上边 0.3cm；距左边 10.5cm，并命名为“tDa”。

实验 14 宏和宏组的创建及其应用

14.1 实验目的及要求

1.利用前面学习的制作表、查询、窗体、报表及宏的技巧，开发完整的应用程序。

2.掌握系统开发的一般步骤和具体过程。

3.培养和提高开发综合性使用程序的能力。

14.2 准 备 工 作

1. 熟悉各个基本对象的创建方法与概念。

2. 在 D 盘根目录下新建一个文件夹，以自己的学号命名，用于存放实验作业；由于个人原因数据丢失，实验成绩按 0 分记。

14.3 实验任务、方法及步骤

1. 任务一：设计一个宏，命名为“宏 1”，打开“JXDB.accdb”数据库中的“教工”窗体，要求只能查看男性教工的信息，并将其最大化，然后显示消息框，告诉用户“已成功打开窗体”，最后关闭当前窗体。最后，直接从数据库窗口运行“宏 1”。

方法及步骤：

（1）打开“JXDB.accdb”数据库，在“数据库”窗口中，选中“创建”菜单下的工具按钮“宏”，然后单击“新建宏”按钮，打开“宏”编辑窗口。

（2）在“宏”窗口的第一行的“操作”列内单击鼠标，这时，列的右边出现一个向下的箭头，单击该向下箭头，从下拉列表中选择“OpenForm”选项，在“注释”框中输入“打开教工窗体”。在“操作参数”属性窗口中，将鼠标移动到“窗体名称”选项右边的方框内，这时在这个方框右侧会出现一个“向下”按钮，单击这个按钮，在弹出的下拉选单中单击 “教工”；单击“视图”

下拉列表框，从中选择“窗体”选项；将“Where 条件”参数设置为“[性别]=’男’”；单击“窗口模式”下拉列表框，从中选择“普通”选项，如图 14-1 所示。

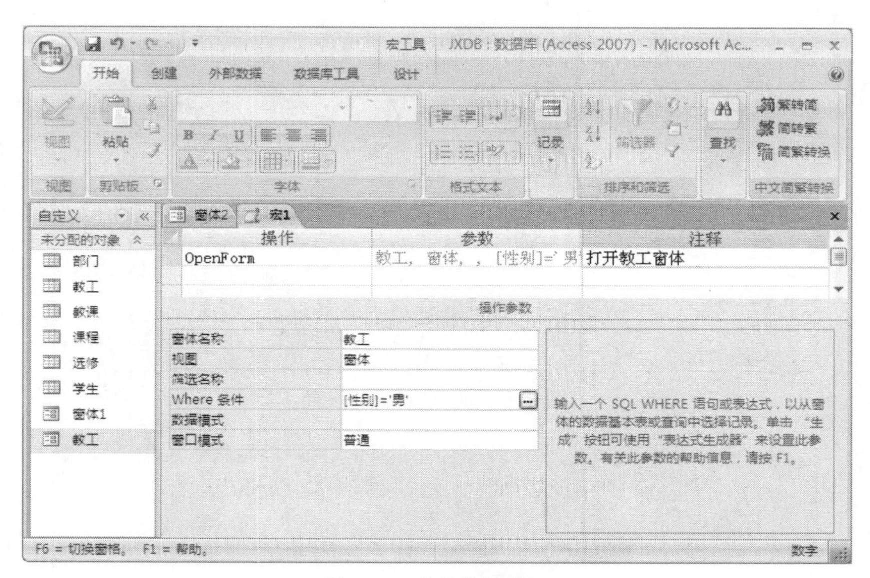

图 14-1　宏的设置窗口

（3）在“宏”窗口的第二行的“操作”列中，单击列右边的向下箭头，从下拉列表中选择“Maximize”选项。

（4）单击工具栏中的“保存”按钮，在出现的“另存为”对话框中输入“宏 1”，单击“确定”按钮。

（5）单击工具栏中的“运行”按钮。

2. 任务二：设计一个宏，命名为“宏 2”，打开课程表，并查找“课时”等于 36 的第一条记录。

方法及步骤：

（1）打开“JXDB.accdb”数据库，在“数据库”窗口中，选中“创建”菜单下的工具按钮“宏”，然后单击“新建宏”按钮，打开“宏”编辑窗口。

（2）在“宏”窗口的第一行的“操作”列内单击鼠标，这时，列的右边出现一个向下的箭头，单击该向下箭头，从下拉列表中选择“OpenTable”选项。在“操作参数”属性窗口中，将鼠标移动到“表名称”选项右边的方框内，这时在这个方框右侧会出现一个“向下”按钮，单击这个按钮，在弹出的下拉选单中单击 “课程”；单击“视图”下拉列表框，从中选择“数据表”选项；单击“数据模式”下拉列表框，从中选择“编辑”选项，如图 14-2 所示。

（3）在“宏”窗口的第二行的“操作”列中，单击列右边的向下箭头，从下拉列表中选择“GoToControl”选项。在“操作参数”属性窗口中，在“控件名称”属性行中输入“课时”，如图 14-3 所示。

（4）在“宏”窗口的第三行的“操作”列中，单击列右边的向下箭头，从下拉列表中选择“FindRecord”选项。在“操作参数”属性窗口中，在“查找内容”属性行中输入“36”，其他属性行保持默认值不变，如图 14-4 所示。

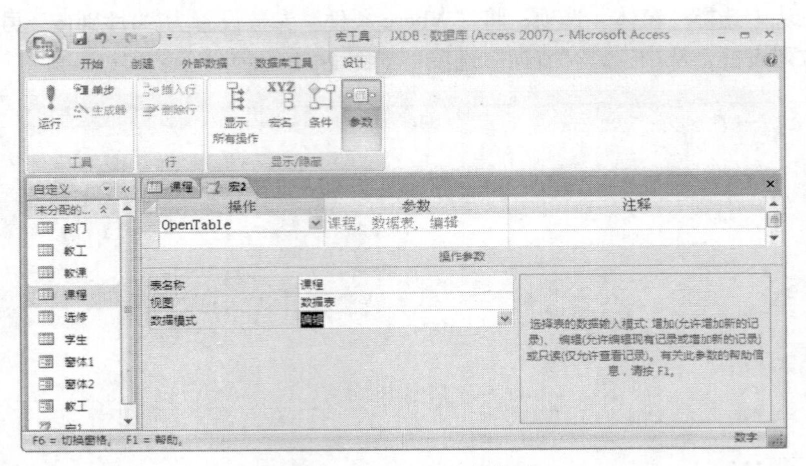

图 14-2 OpenTable 的设置

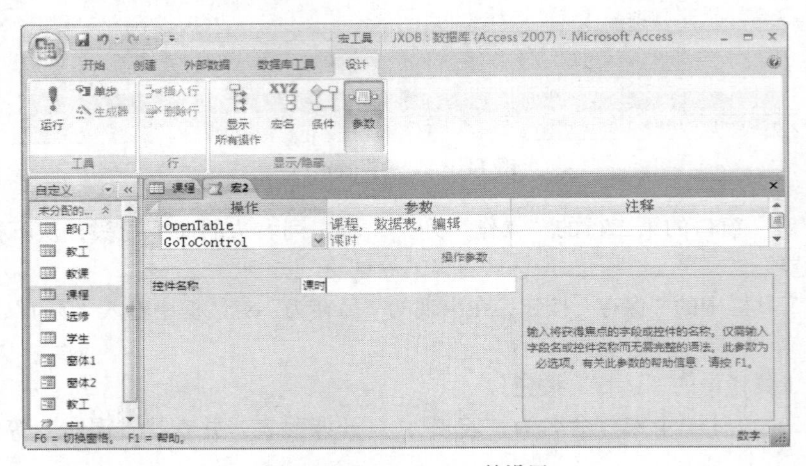

图 14-3 GoToControl 的设置

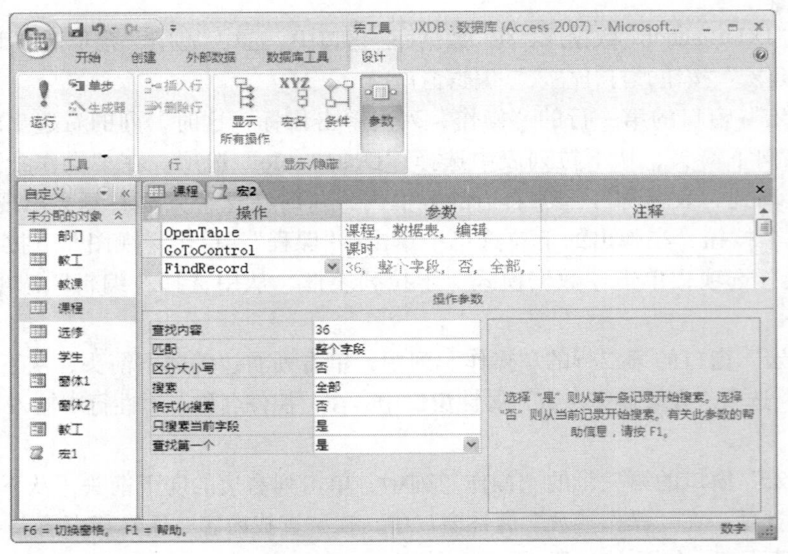

图 14-4 FindRecord 的设置

（5）单击工具栏中的“保存”按钮，在出现的“另存为”对话框中输入“宏 2”，单击“确定”按钮。

（6）单击工具栏中的“运行”按钮。

3. 任务三：设计一个宏组，命名为“组宏 1”，在该宏组中包含两个宏，分别命名为“打开报表”和“打开查询”。在“打开报表”宏中打开“学生成绩查询”报表，并将其最大化。在“打开查询”宏中打开“学生”查询，并将其最大化。新建一个窗体“窗体 1”，在“窗体 1”上添加两个按钮，分别为“打开报表”按钮和“打开查询”按钮。在“打开报表”按钮的单击事件中执行“组宏 1”中的“打开报表”宏，在“打开查询”按钮的单击事件中执行“组宏 1”中的“打开查询”宏，如图 14-5 所示。

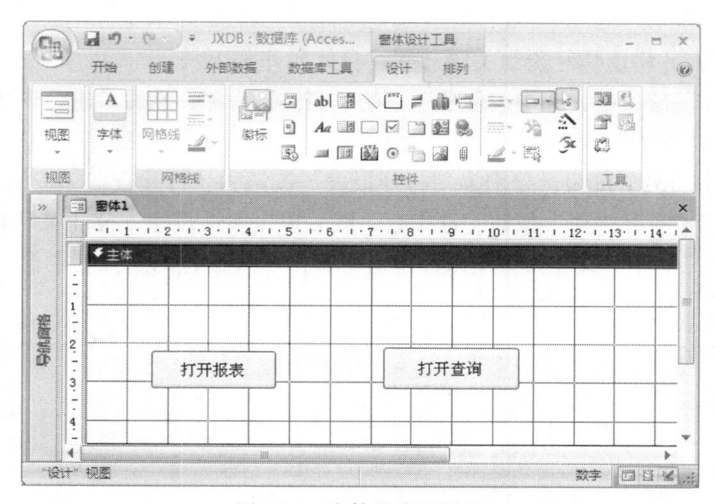

图 14-5　窗体的布局设置

方法及步骤：

（1）建立宏组，具体操作如下：

① 打开“JXDB.accdb”数据库，在“数据库”窗口中，选中“创建”菜单下的工具按钮“宏”，然后单击“新建宏”按钮，打开“宏”编辑窗口。

② 单击工具栏中的“宏名”按钮。（如果没有按下）

③ 建立“打开报表”宏。在宏窗口第一行的“宏名”栏内，键入宏组中的第一个宏的名字“打开报表”。

④ 添加需要“打开报表”宏执行的操作。

a. 在“宏”窗口的第一行的“操作”列内单击鼠标，这时，列的右边出现一个向下的箭头，单击该向下箭头，从下拉列表中选择“OpenReport”选项。在“操作参数”框中，单击“报表名称”文本框，然后单击其右侧的一个向下箭头，从下拉列表中选择“学生成绩查询”报表；单击“视图”下拉列表框，从中选择“打印预览”选项；单击“窗口模式”下拉列表框，从中选择“普通”选项。

b. 在“宏”窗口的第二行的“操作”列中，单击列右边的向下箭头，从下拉列表中选择“Maximize”选项。

⑤ 建立“打开查询”宏。在宏窗口第三行的“宏名”栏内，键入宏组中的第二个宏的名字“打开查询”。

⑥ 添加需要“打开查询”宏执行的操作。

a. 在“宏”窗口的第三行的“操作”列内单击鼠标，这时，列的右边出现一个向下的箭头，单击该向下箭头，从下拉列表中选择“OpenQuery”选项。在“操作参数”框中，单击“查询名称”文本框，然后单击其右侧的一个向下箭头，从下拉列表中选择“学生查询”查询；单击“视图”下拉列表框，从中选择“数据表”选项；单击“数据模式”下拉列表框，从中选择“编辑”选项。

b. 在“宏”窗口的第四行的“操作”列中，单击列右边的向下箭头，从下拉列表中选择“Maximize”选项。

⑦ 单击工具栏中的“保存”按钮，在出现的“另存为”对话框中输入“组宏 1”，单击“确定”按钮。

（2）建立窗体，并将窗体和宏组关联起来，具体操作如下：

① 在“数据库”窗口中，选中“创建”下的“窗体”对象，然后单击“窗体设计”按钮，打开“窗体”的“设计视图”窗口。

② 在窗体上添加两个按钮，分别为“打开报表”按钮和“打开查询”按钮。

③ 用鼠标单击“打开报表”按钮，选中它，然后单击属性按钮，打开属性对话框，单击“事件”选项卡，打开“事件”属性页。用鼠标单击“单击”属性行的下拉列表框，从中选择“组宏1. 打开报表”选项，如图 14-6 所示。

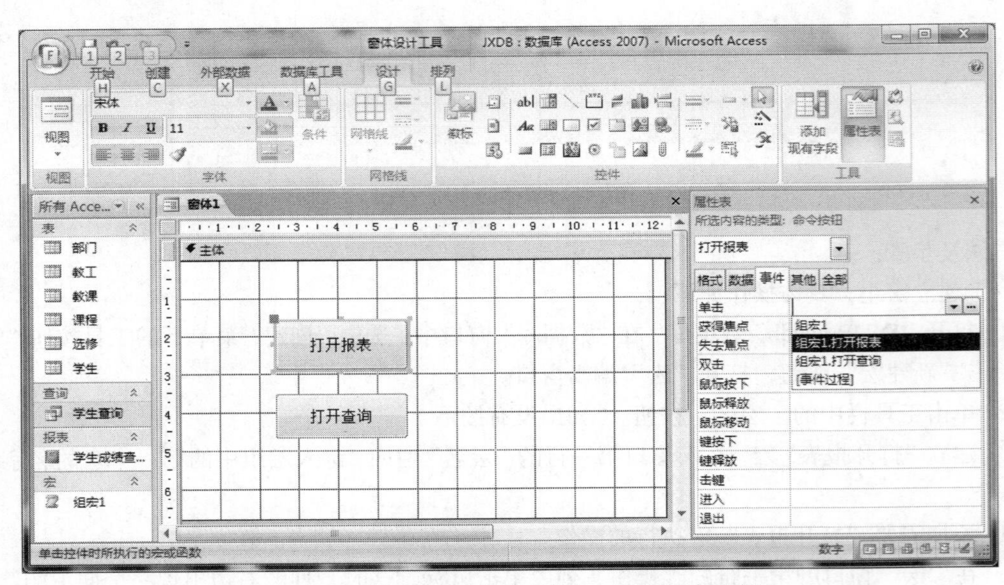

图 14-6 “打开报表”按钮“单击”事件属性设置图

④ 关闭“属性”框。

⑤ 用鼠标单击“打开查询”按钮，选中它，然后单击属性按钮，打开属性对话框，单击“事件”选项卡，打开“事件”属性页。用鼠标单击“单击”属性行的下拉列表框，从中选择“组宏1. 打开查询”选项，如图 14-7 所示。

⑥ 关闭“属性”框。

⑦ 单击工具栏中的“保存”按钮，在出现的“另存为”对话框中输入“窗体 1”，单击“确定”按钮。

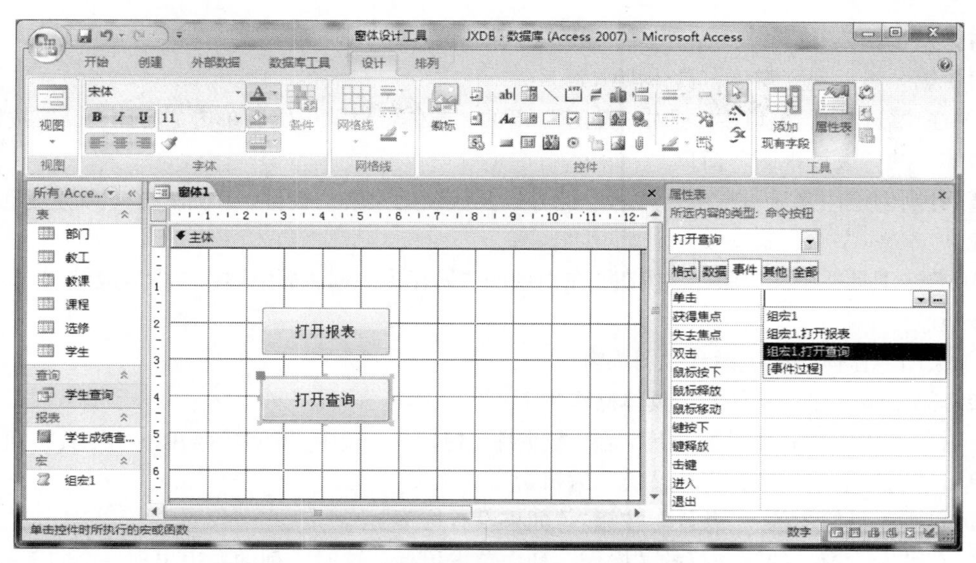

图 14-7　“打开查询”按钮“单击”事件属性设置图

（3）在窗体中运行宏组中的宏，具体操作如下：

① 在数据库窗口双击“窗体 1”，运行该窗体。

② 当窗体处于运行状态下，单击“打开报表”按钮，运行“组宏 1”中的“打开报表”宏。

③ 当窗体处于运行状态下，单击“打开查询”按钮，运行“组宏 1”中的“打开查询”宏。

4. 任务四：新建一个窗体“学生成绩”，在该窗体上放置四个文本框控件，分别用来显示学号、姓名、课号以及成绩，添加一个“学生是否及格”按钮控件。当单击“学生是否及格”按钮时，若成绩小于 60，则显示一不及格对话框，否则显示及格对话框。以上该功能都使用宏来完成，将该宏命名为“宏 3”，如图 14-8 所示。

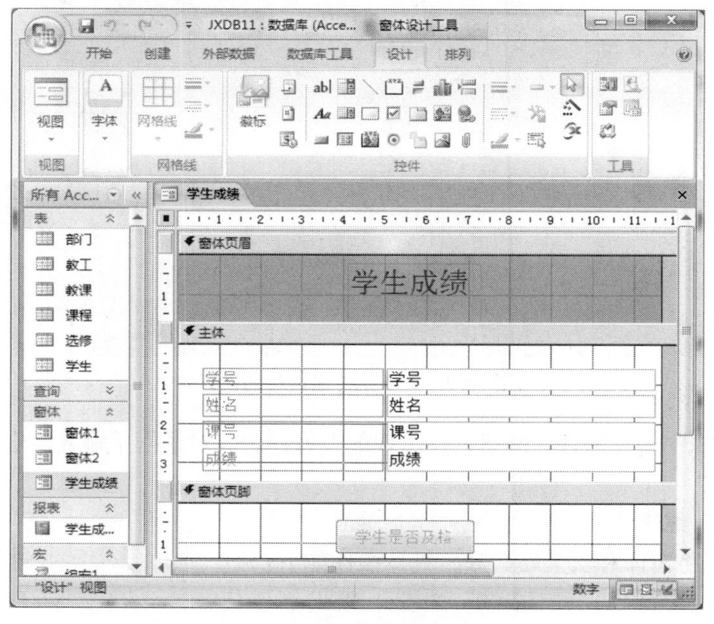

图 14-8　学生成绩窗体

方法及步骤：

（1）第一步，建立窗体，具体操作如下：

① 在“数据库”窗口中，选中“创建”下的“窗体”对象，然后单击“窗体设计”按钮，打开“窗体”的“设计视图”窗口。

② 分别创建用来显示学号、姓名、课号以及成绩的文本框控件，添加一个“学生是否及格”按钮控件。

③ 单击工具栏中的“保存”按钮，在出现的“另存为”对话框中输入“学生成绩”，单击“确定”按钮。

④ 关闭“窗体”的“设计视图”窗口。

（2）第二步，建立条件宏，具体操作如下：

① 打开“JXDB.accdb”数据库，在“数据库”窗口中，选中“创建”菜单下的工具按钮“宏”，然后单击“新建宏”按钮，打开“宏”编辑窗口。

② 单击工具栏中的 “条件”按钮。（如果没有按下）

③ 在“宏”窗口的第一行的“操作”列内单击鼠标，这时，列的右边出现一个向下的箭头，单击该向下箭头，从下拉列表中选择“MsgBox”选项。

④ 在“条件列”中，输入“[Forms]![学生成绩]![成绩]<60”，在“操作参数”属性窗口的“消息”属性行的文本框中输入“不及格”，然后在下一行“条件列”中，输入“[Forms]![学生成绩]![成绩]>=60”，在“操作参数”属性窗口的“消息”属性行的文本框中输入“及格”，如图 14-9 所示。

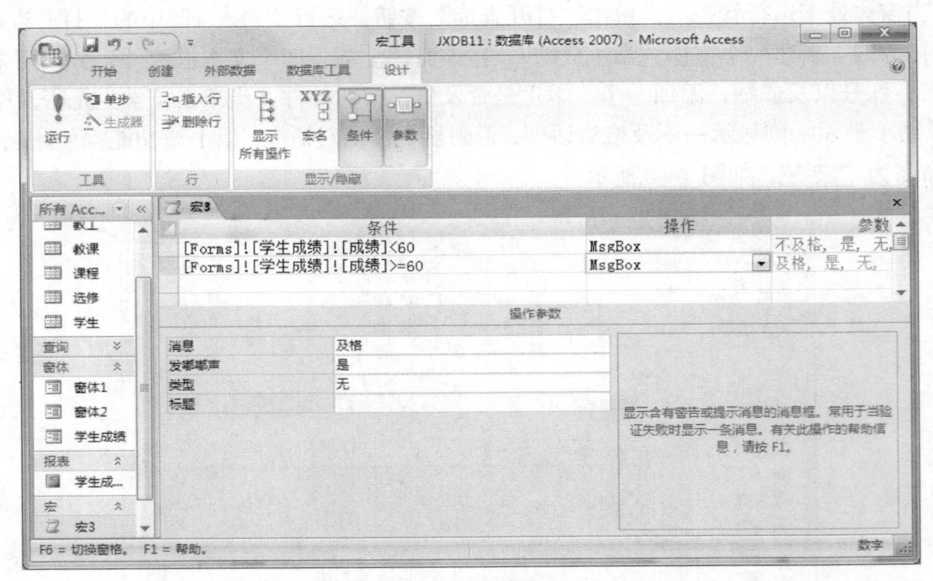

图 14-9　宏 3 条件属性行的设置

⑤ 单击工具栏中的“保存”按钮，在出现的“另存为”对话框中输入“宏 3”，单击“确定”按钮。

⑥ 关闭“宏”编辑窗口。

（3）第三步，将窗体和宏关联起来，具体操作如下：

① 在数据窗口中打开“学生成绩”的设计视图。

② 选中“学生是否及格”按钮，单击属性按钮，弹出“属性”对话框，单击“事件”选项卡。

用鼠标单击“单击”属性行的下拉列表框，从中选择“宏 3”选项，效果如图 14-10 所示。

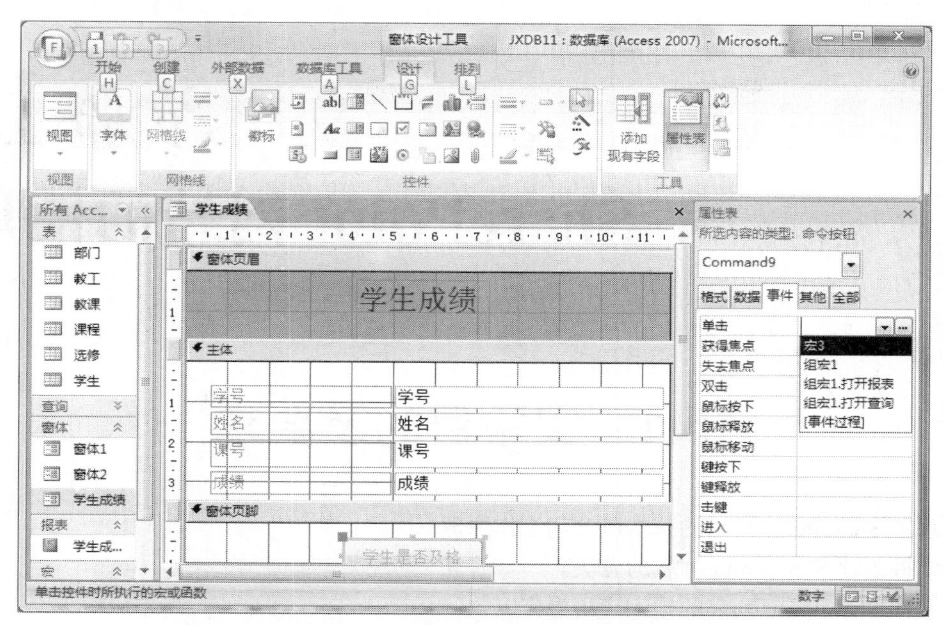

图 14-10　“学生是否及格”按钮“单击”事件属性设置图

③ 关闭属性窗口，单击工具栏的“保存”按钮，保存对“学生成绩”的修改，关闭“学生成绩”的设计视图窗口。

（4）第四步，在窗体中运行宏，具体操作如下：

① 在数据库主窗口，双击“学生成绩”，使窗体处在运行状态。

② 单击 “学生是否及格”按钮，则会调用“宏 3”，从而根据学生成绩显示相应的对话框。

14.4　练　　习

1. 为“教学管理系统”JXDB.accdb 创建一个简单宏，用于打开“学生”窗体，要求只显示院系为“计算机系”的学生的信息，并将其最大化。将该宏命名为“打开窗体”宏。

2. 为“教学管理系统”JXDB.accdb 创建一个宏组，其中包括两个宏：“查看学生”宏和“查看教工”宏，分别用于打开“学生”表和“教工”表。

3. 为“教学管理系统”JXDB.accdb 创建一个条件宏，弹出“提示退出 Access”对话框，根据用户输入的结果，执行是否退出 Access 的操作。

4. 提示：在条件列中输入表达式：Msgbox（“确定退出 Access 吗？”，1）=1。

实验 15

SharePoint 网站的使用

15.1　实验目的及要求

1. 理解 SharePoint 网站的基本概念和工作原理。
2. 掌握创建 SharePoint 列表的方法。
3. 掌握 SharePoint 列表的导入导出操作。

15.2　准 备 工 作

1. 已准备一台服务器，并安装好 SharePoint Services 服务，客户机可以远程合法登录服务器，并使用其提供的相关服务。

2. 在 D 盘根目录下新建一个文件夹，以自己的学号命名，用于存放实验作业；由于个人原因数据丢失，实验成绩按 0 分记。

15.3　实验任务、方法及步骤

1. 任务一：创建名为："SharePoint 表" 的 SharePoint 列表，并设定列名结果如图 15-1 所示：

SharePoint表

ID	标题	姓名	年龄	附件
1	学生1	张三	18	(0)
2	学生2	李四	19	(0)
(新建)				(0)

图 15-1　SharePoint 列表

方法及步骤：

（1）打开 "JXDB.accdb" 数据库，在 "数据库" 窗口中，选中 "创建" 菜单下的工具按钮 "SharePoint 列表"，然后从下拉菜单中选择 "自定义" 选项，如图 15-2 所示。

（2）出现“创建新列表”对话框，如下图 15-3，指定 SharePoint 网站，一定要是授权可访问 SharePoint 网站，并指定新创建列表名称和说明信息，单击确定，如图 15-3 所示。

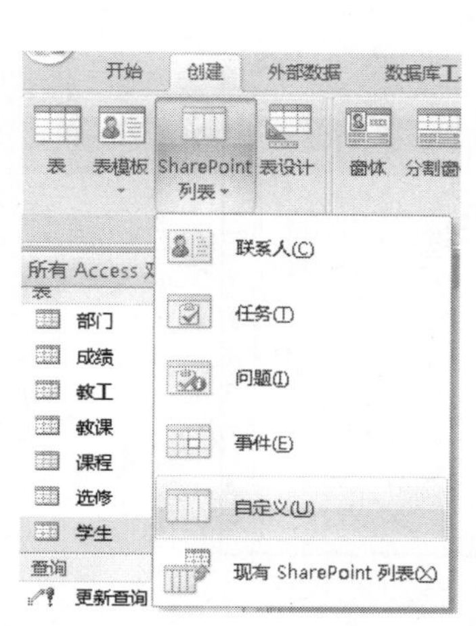

图 15-2　创建 SharePoint 列表（一）

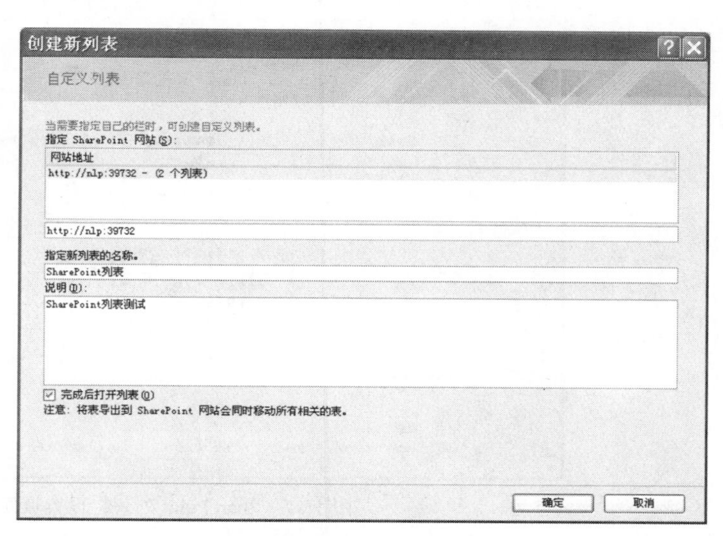

图 15-3　创建 SharePoint 列表（二）

（3）在 Access 对象列表中，会出现刚创建的“SharePoint 列表”和“用户信息列表”，并且可以看到“SharePoint 列表”的数据表视图，如图 15-4 所示。

图 15-4　创建 SharePoint 列表（三）

（4）设置列表字段信息。右键单击 Access 对象列表中“SharePoint 列表”，从快捷菜单中选择“SharePoint 列表选项”— “修改列和设置”，进行列字段的修改操作，如图 15-5 所示。

（5）弹出授权登录密码对话框，如图 15-6 所示，输入服务器密码，进入远程设置列网页，如图 15-7 所示。

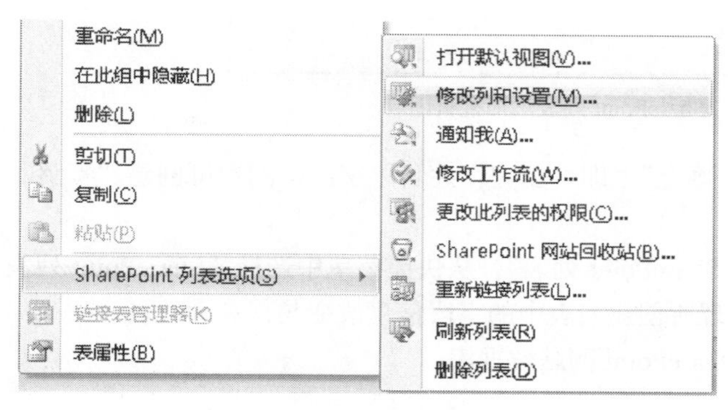

图 15-5　创建 SharePoint 列表（四）

图 15-6　登录服务器密码对话框

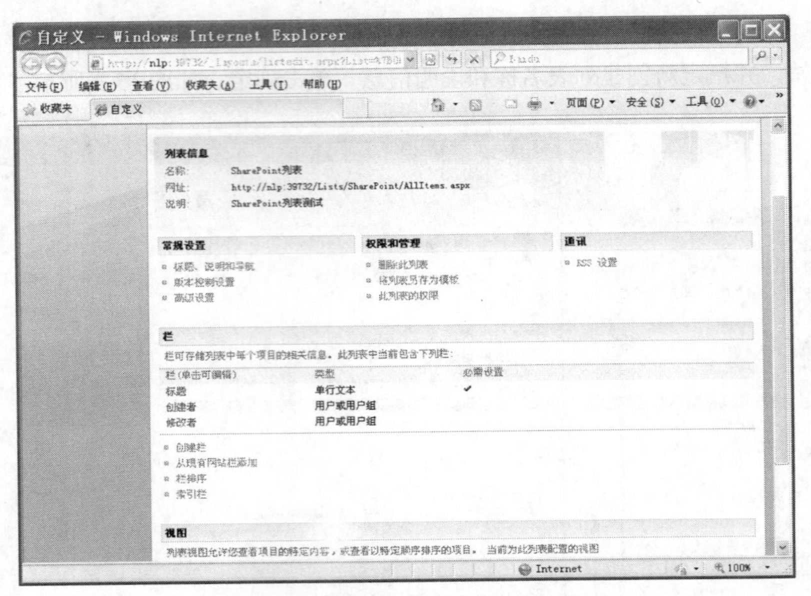

图 15-7　SharePoint 列表栏设置页面

（6）单击页面上的“创建栏”链接，进行新栏（列、字段）的创建，如图 15-8 所示。

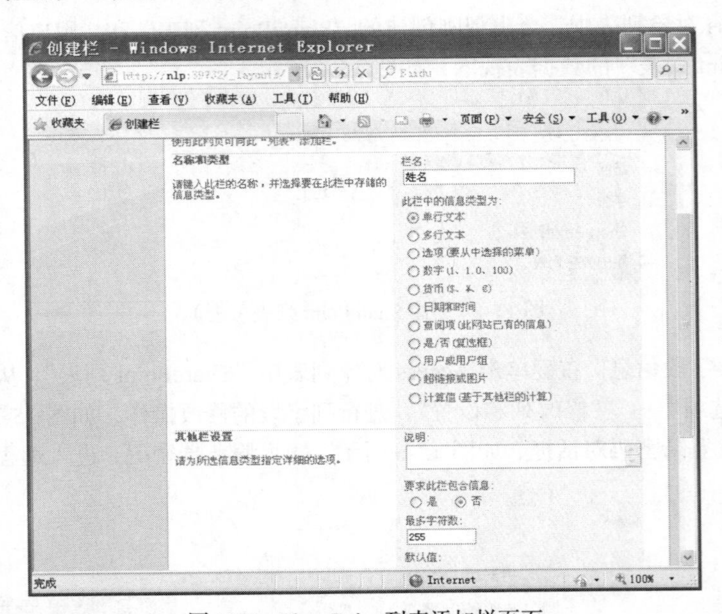

图 15-8　SharePoint 列表添加栏页面

（7）在栏名项输入“姓名”，单击“确定”，即可创建“姓名”字段，同理可创建“年龄”字段，退出设置页面。

（8）右键单击 Access 对象列表中“SharePoint 列表”，从快捷菜单中选择“SharePoint 列表选项”— “刷新列表”，如图 15-5，会发现所创建列表中的字段信息改变与任务一致。

2. 任务二：将“学生”表导出到 SharePoint 网站数据库。

方法及步骤：

（1）打开“JXDB.accdb”数据库，打开“学生”表。

（2）在“数据库”窗口中，选中“外部数据”—“导出”—“SharePoint 列表”，如图 15-9 所示。

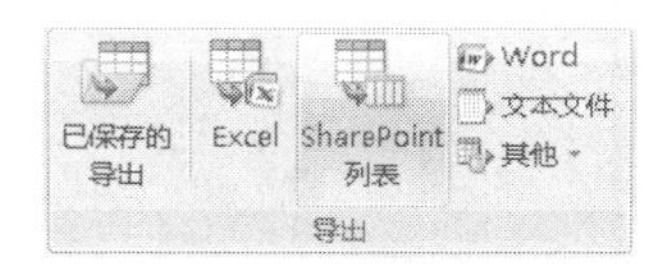

图 15-9　导出到 SharePoint 网站

（3）弹出“导出-SharePoint 网站”对话框，如图 15-10 所示，单击“确定”按钮。

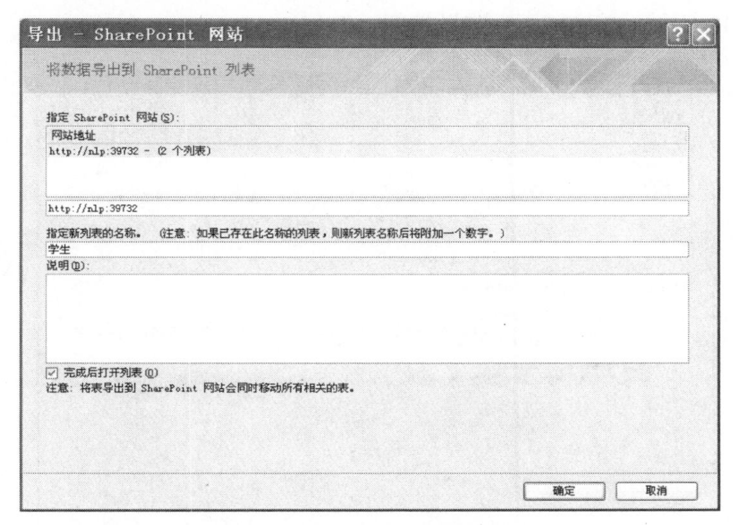

图 15-10　导出-SharePoint 网站

（4）在“输入网站密码”对话框中输入登录密码之后，会弹出学生表信息页面，如图 15-11 所示，说明导出成功。

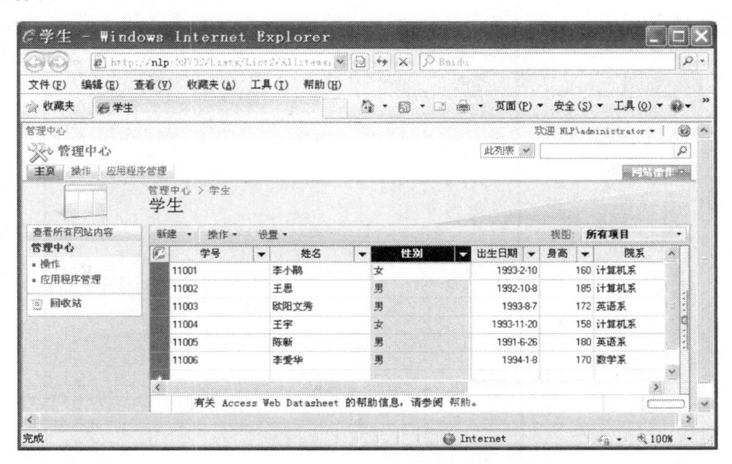

图 15-11　导出“学生”表的管理页面

3. 任务三：将刚导出到 SharePoint 网站数据库的“学生”表导出到“JXDB.accdb”数据库中，命名为“新学生”表。

方法及步骤：

（1）打开“JXDB.accdb”数据库，打开“学生”表。

（2）在“数据库”窗口中，选中“外部数据”—“导入”—“SharePoint 列表”，如图 15-12 所示。

图 15-12　从 SharePoint 网站导入

（3）弹出“获取外部数据-SharePoint 网站”对话框，可根据需要决定是导入还是链入到本地数据库，如图 15-13 所示，单击“下一步”按钮。

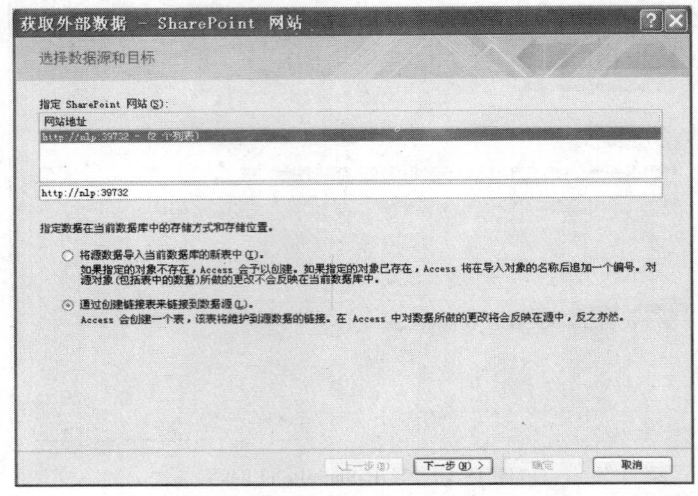

图 15-13　获取外部数据-SharePoint 网站（一）

（4）从弹出的选择 SharePoint 列表中选择你需要导入的列表，即选中其前的复选框，如图 15-14 所示，单击“确定”按钮。

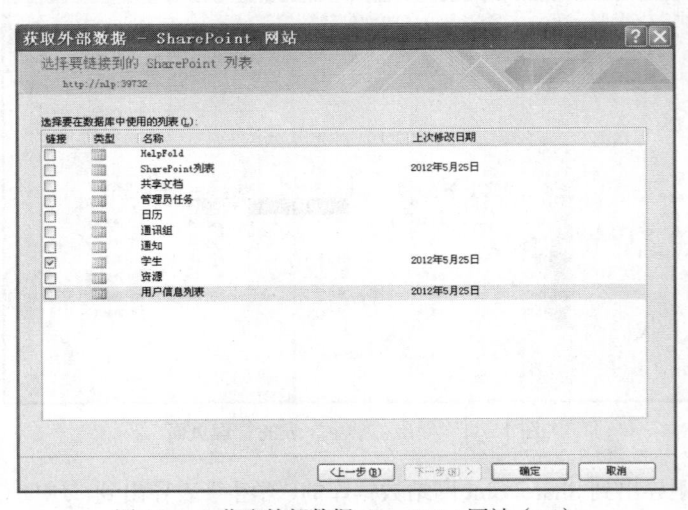

图 15-14　获取外部数据-SharePoint 网站（二）

（5）在 Access 对象列表中，会发现多了一个 SharePoint 列表对象：学生 1，重命名该表即完成任务三要求。

实验16 VBA程序的创建和运行

16.1 实验目的及要求

1. 熟悉 VBE 环境，达到熟练使用的目的。
2. 掌握 VBA 程序模块的建立、编辑和运行方法。
3. 熟悉模块的分类和组成。
4. 掌握模块中子过程的创建方法。
5. 掌握模块中函数的创建方法。
6. 熟悉变量的数据类型。

16.2 准 备 工 作

1. 基本了解 Access 应用软件，掌握数据库相关理论基础知识。
2. 在 D 盘根目录下新建一个文件夹，以自己的学号命名，用于存放实验作业。

16.3 实验任务、方法及步骤

1. 任务一：创建模块。在教学管理数据库“JXDB”中创建一个新模块，命名为“模块一”，并在该模块对象中输入以下代码，执行该模块，观察其运行结果。

```
    Private Sub Firstprograme()
            Dim str1 As String
            str1 = "这是我第一个 VBA 程序！"
MsgBox str1
            End Sub
```

方法及步骤：

（1）打开“JXDB”数据库，在数据库窗口的“信任中心”菜单中，若出现安全警告，禁用了某些内容，单击“选项”按钮，如图 16-1 所示。

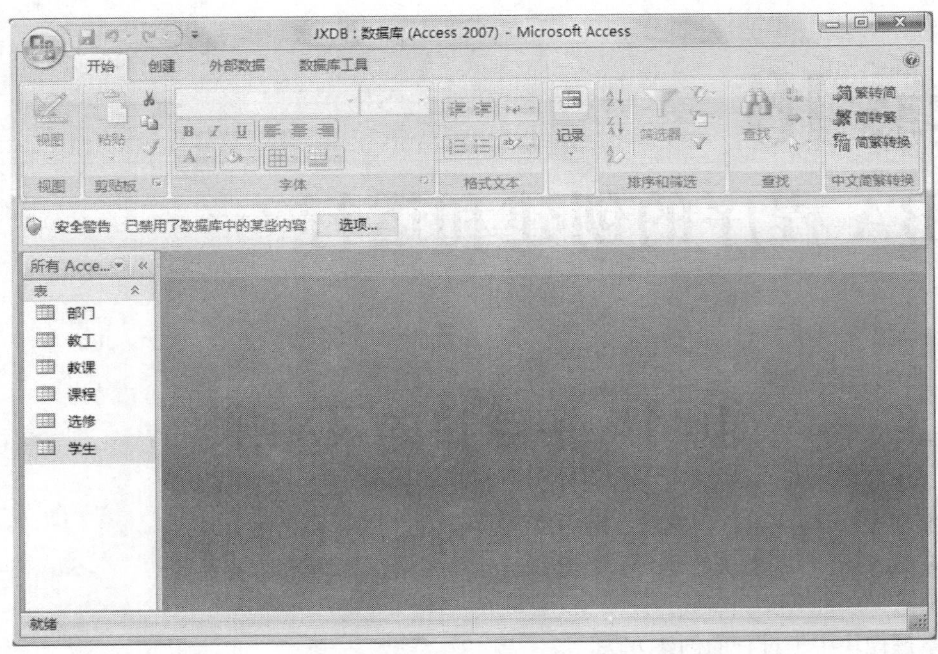

图 16-1 “JXDB”数据库打开窗口

（2）在弹出如图 16-2 所示的禁用 VBA 宏的窗口中，选中“启用此内容”选项。

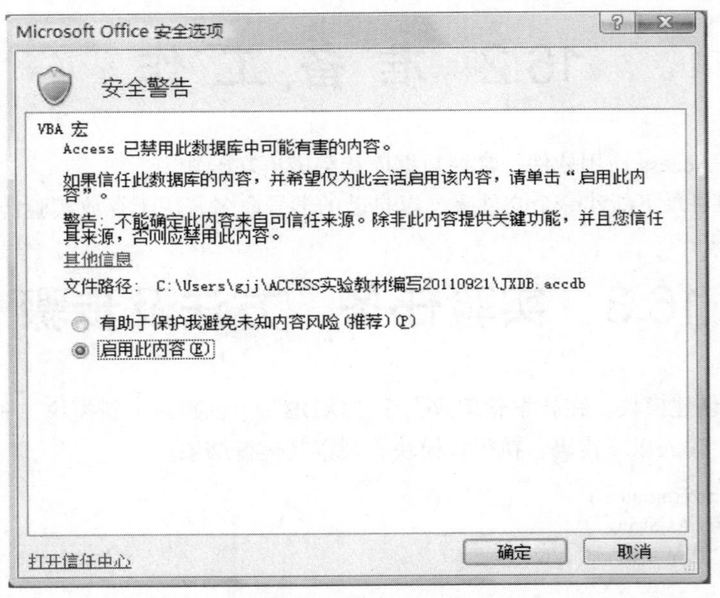

图 16-2 禁用 VBA 宏的窗口的警告窗口

（3）单击数据库窗口菜单中的“创建”命令，切换到“创建”选项页，单击“其他”菜单中“宏”菜单下面的小三角按钮。在弹出的菜单中选择“模块”命令，如图 16-3 所示，打开一个 VBE 窗口，如图 16-4 所示。

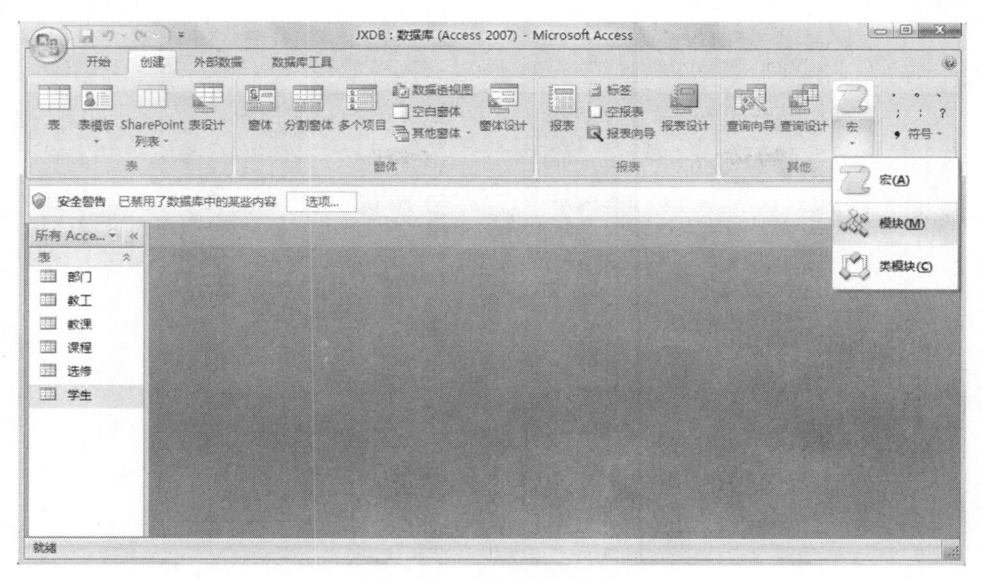

图 16-3　选择“宏”菜单

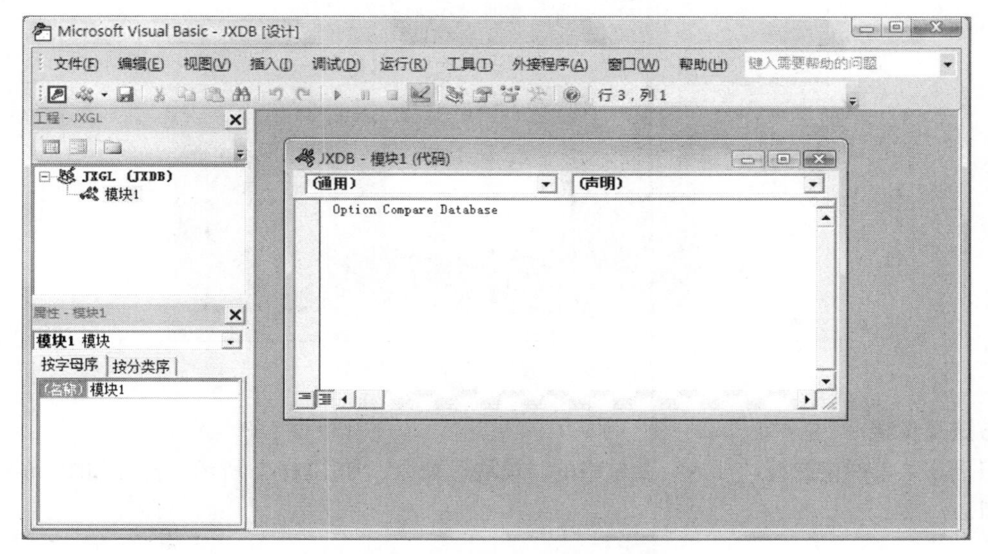

图 16-4　打开“模块 1”代码编写窗口

（4）在代码窗口中输入代码。

（5）代码输入完成后，将光标定位于刚刚输入的代码中的任意位置，然后单击“运行”菜单中的“运行子过程/用户窗体”命令，或按下 F5 快捷键，如图 16-5 所示，运行此程序。

（6）程序运行成功后，如图 16-6 所示。

（7）在弹出窗口中单击“确定”按钮，关闭程序。

（8）单击数据库窗口的“文件”菜单下的“保存”命令，在弹出窗口的“模块名称”文本框中输入“模块 1”，将该程序模块命名为“模块 1”。

2. 任务二：插入模块。在教学管理数据库“JXDB”中插入一个模块，命名为“模块二”，要求该程序弹出“输入框”，提示用户输入姓名，并根据相应输入姓名输出字符串，“祝贺你**同学，你第二个程序完成了。”

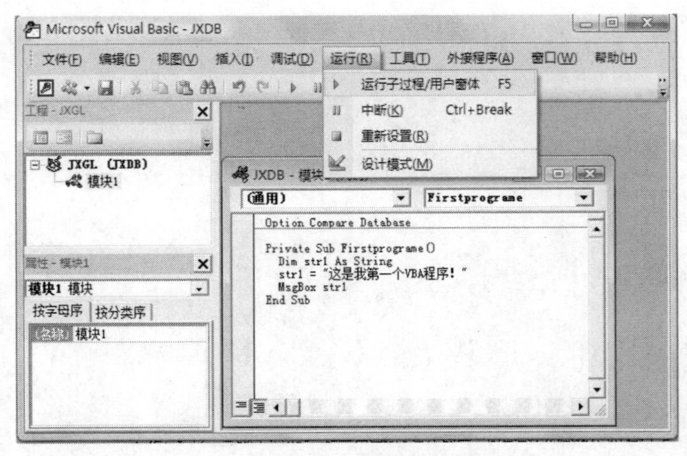

图 16-5 “模块 1”编写完成后的窗口

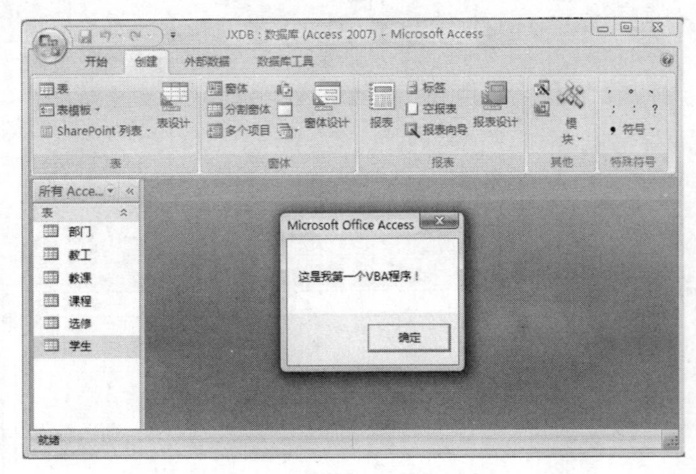

图 16-6 “模块 1”运行后窗口

方法及步骤：

（1）在菜单栏中选择“插入”菜单中的“模块”命令，如图 16-7 所示。打开如图 16-8 所示的窗口。

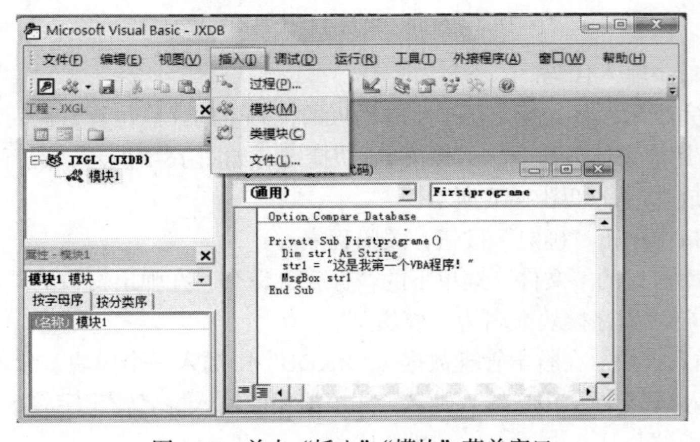

图 16-7 单击“插入”“模块”菜单窗口

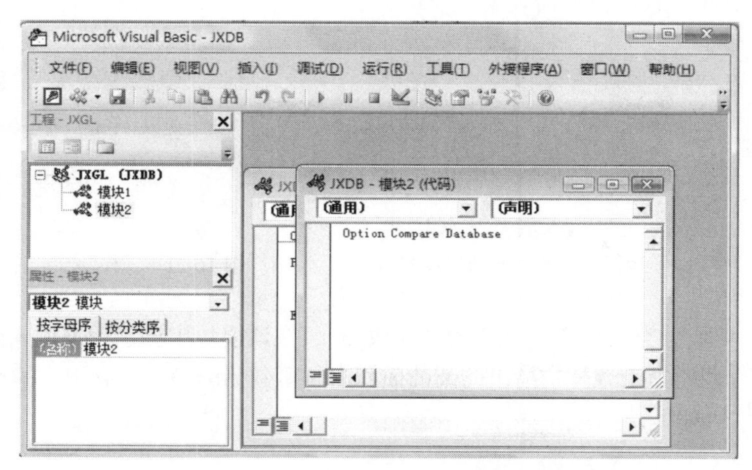

图 16-8　“模块 2”代码编辑窗口

（2）在模块 2 的代码窗口输入如下代码，如图 16-9 所示。

```
Private Sub secondprorame()
        Dim str1 As String
        str1 = InputBox("请输入你的姓名！")
        MsgBox "祝贺" & str1 & "同学,你第二个程序完成了！"
End Sub
```

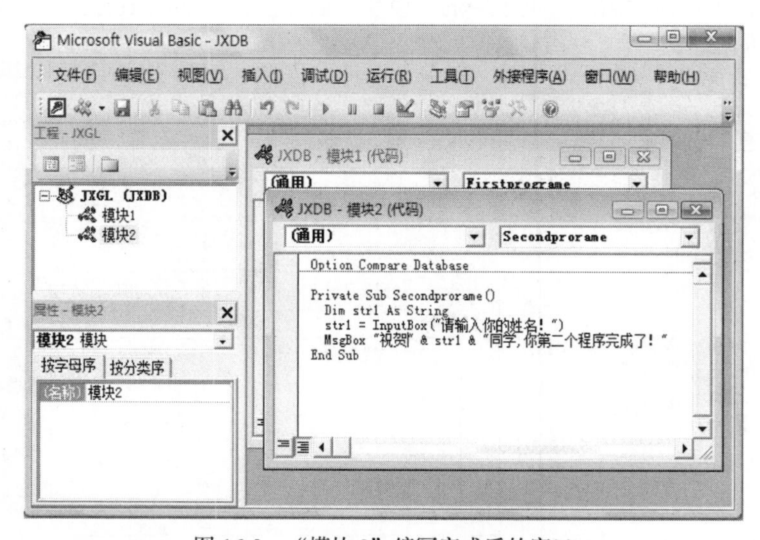

图 16-9　“模块 2”编写完成后的窗口

（3）将光标定位于刚刚输入的代码中的任意位置，然后单击“运行”菜单中的“运行子过程/用户窗体”命令，或按下 F5 快捷键，运行此程序。

（4）程序运行后，在弹出的输入窗口的文本框中输入相应姓名，如图 16-10 所示。

（5）单击“确定”按钮，弹出如图 16-11 所示窗口。

（6）在弹出窗口中单击“确定”按钮，关闭程序。

（7）单击数据库窗口的“文件”菜单下的“保存”命令，在弹出窗口的“模块名称”文本框中输入“模块 2”，将该程序模块命名为“模块 2”。

图 16-10 “模块 2”运行后的姓名输入提示窗口

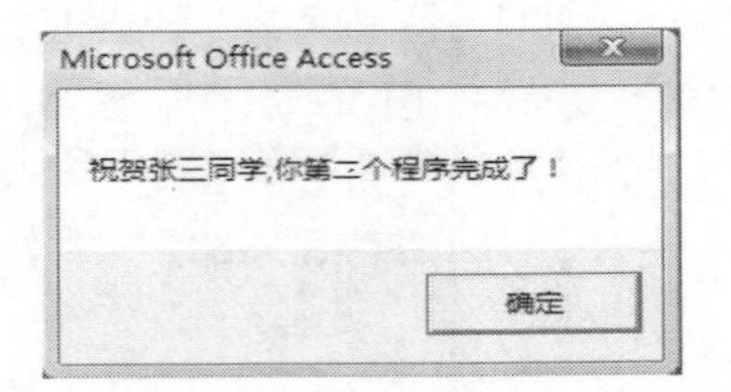

图 16-11 “模块 2”运行成功窗口

3. 任务三：模块分类。创建一个新的“模块 3”，在该模块中提示用户输入圆的半径，并根据用户输入的值，调用理论教材中给出的圆的面积求解函数 Area()，完成相应的计算。

函数 Area()代码如下：

```
Function Area(R As Single) As Single
    If R<=0 Then
        MsgBox “圆的半径必须是正数值！” ,vbCritical, “提示信息”
        Area=0
        Exit Function
    End If
    Area = 3.14*R*R
End function
```

方法及步骤：

（1）在菜单栏中选择“插入”菜单中的“模块”命令。打开如图 16-12 所示的窗口。

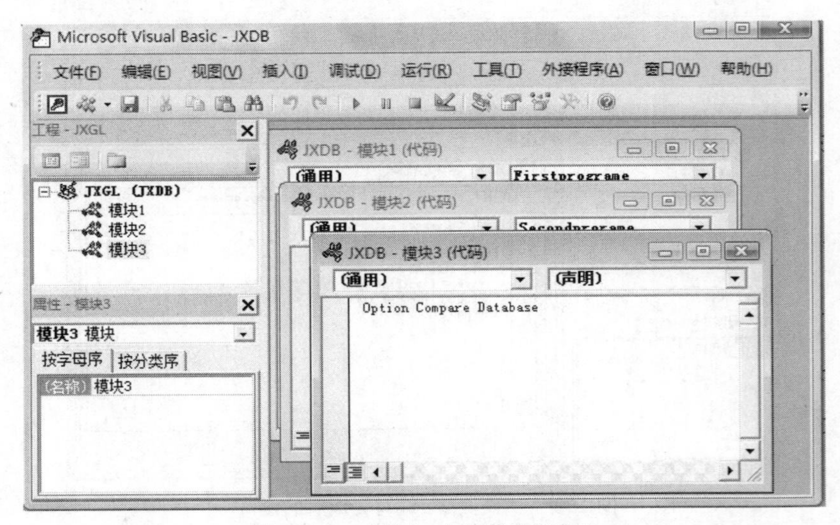

图 16-12 “模块 3”代码编辑窗口

（2）在菜单栏中选择“插入”菜单中的“过程”命令，如图 16-13 所示。打开如图 16-14 所示的“添加过程”窗口。

（3）在“添加过程”窗口中的“名称”栏中输入“Area”，类型中选择“函数”项，范围项中选中“公共”的，如图 16-15 所示。

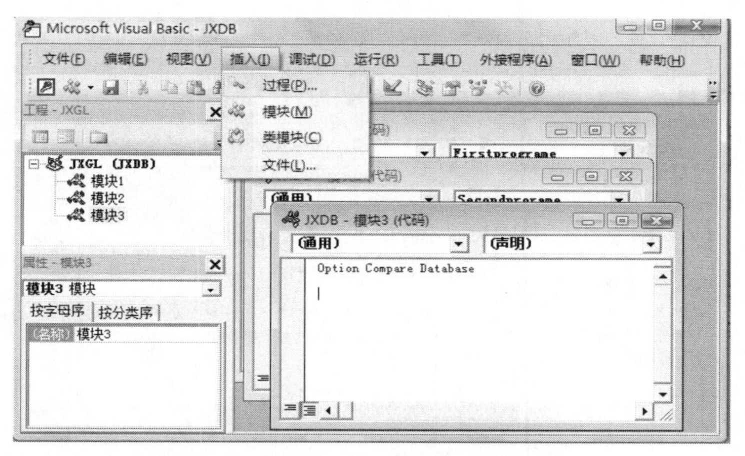

图 16-13　单击“插入”|“过程”菜单窗口

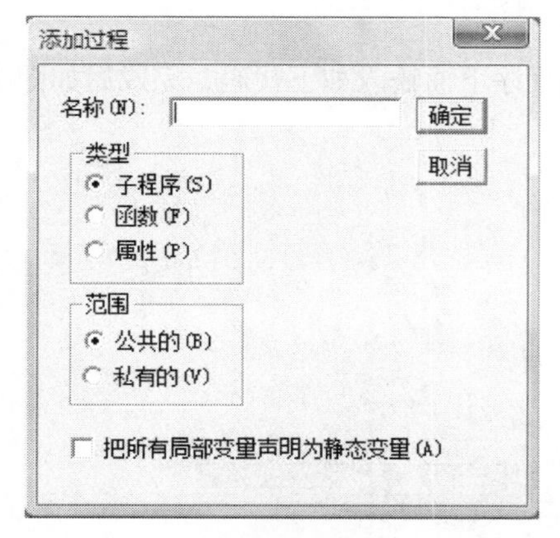

图 16-14　添加“过程”窗口

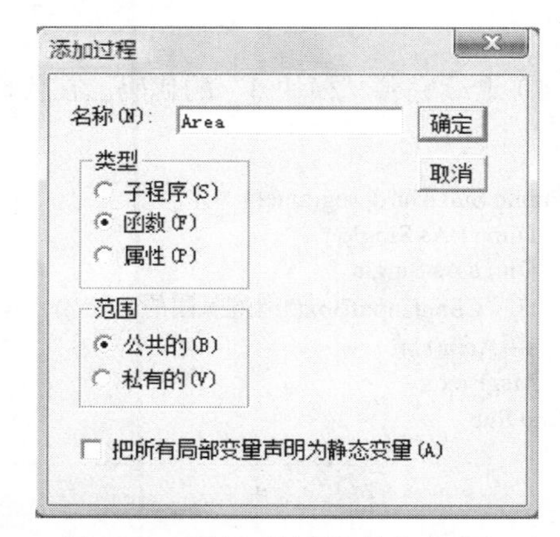

图 16-15　添加“过程”输入完成窗口

（4）输入完成后单击确定按钮。“模块 3”的代码窗口变成如图 16-16 所示。

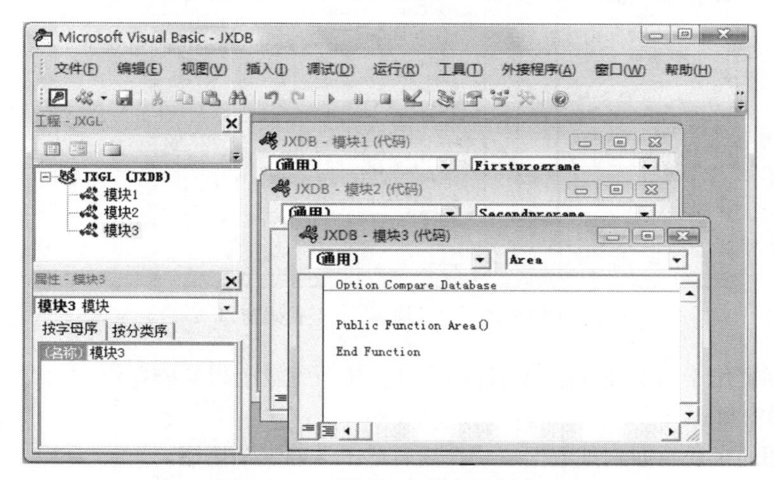

图 16-16　“模块 3”代码编辑窗口

（5）在“模块 3”代码窗口中将 Area()函数的代码补充完整，如图 16-17 所示。

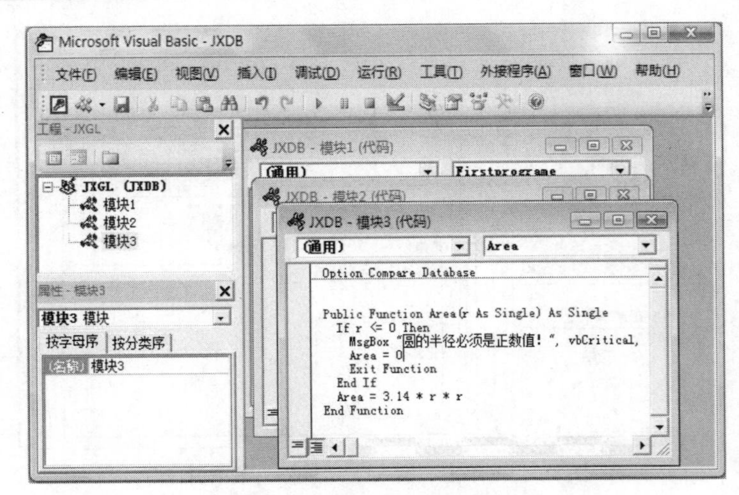

图 16-17　Area 函数的代码窗口

（6）继续完善“模块 3”的代码。在代码区 Area()程序下面输入如下代码，完成后如图 16-18 所示。

```
Public Sub Thirdprograme()
   Dim r1 As Single
   Dim s As Single
   r1 = CSng(InputBox("请输入圆的半径"))
   s = Area(r1)
   MsgBox s
End Sub
```

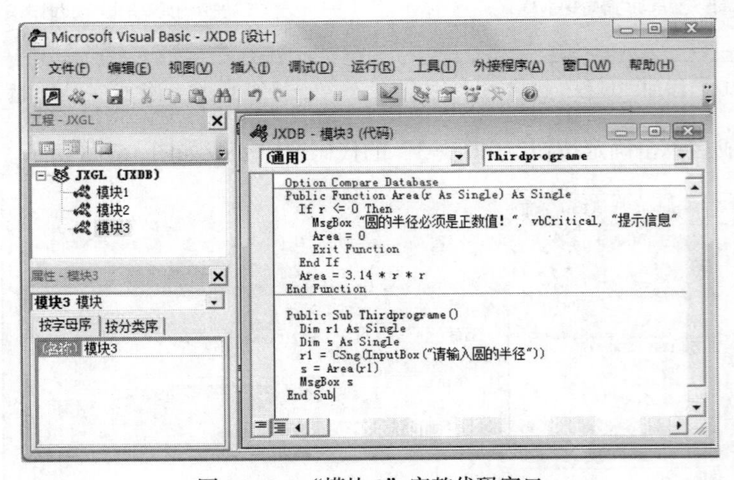

图 16-18　“模块 3”完整代码窗口

（7）将光标定位于 Thirdprogame()程序内部，按下键盘上得“F5”键，运行此程序。弹出如图 16-19 所示的窗口。

（8）输入圆的半径，如测试数据“5”，然后单击“确定”按钮。

（9）弹出如图 16-20 所示窗口。

（10）单击数据库窗口的“文件”菜单下的“保存”命令，在弹出窗口的“模块名称”文本框中输入“模块 3”，将该程序模块命名为“模块 3”。

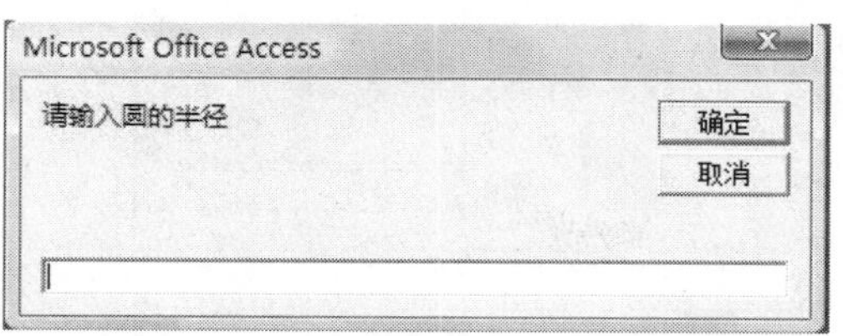

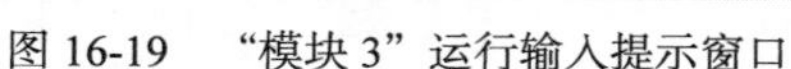
图 16-19　“模块 3”运行输入提示窗口

图 16-20　“模块 3”运行结果输出窗口

4. 任务四：模块运行。利用“单步执行”的方法运行以下程序，观察程序运行结果。程序代码如下：

```
Public Sub add(ByVal a As Integer, ByRef b As Integer)
        a = a + 2
        b = b + 2
        MsgBox "ADD 函数中,a 的值为" & a & ",b 的值为" & b & "。"
End Sub
Public Sub test()
        Dim a, b As Integer
        a = 1
        b = 1
        MsgBox "调用 ADD 函数前,a 的值为" & a & ",b 的值为" & b & "。"
        Call add(a, b)
        MsgBox "调用 ADD 函数后,a 的值为" & a & ",b 的值为" & b & "。"
End Sub
```

方法及步骤：

（1）在菜单栏中选择“插入”菜单中的“模块”命令。打开“模块 4”的代码编辑窗口。

（2）在代码窗口中输入代码程序，如图 16-21 所示。

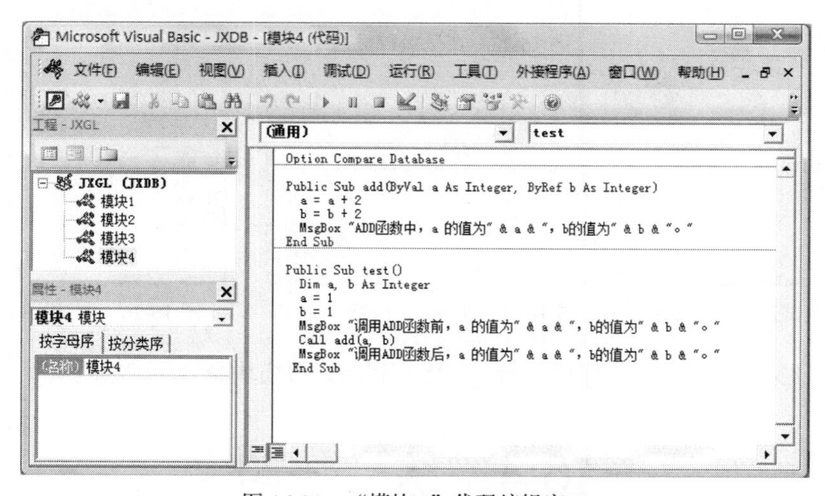

图 16-21　“模块 4”代码编辑窗口

（3）将光标定位于 test()程序内部，单击“调试”菜单下的“逐语句”命令，如图 16-22 所示，或按下 F8 键。

（4）当黄色箭头光标移动到下一行时，再次按下 F8 键，直至程序运行结束，程序运行结果如图 16-23 ~ 图 16-26 所示。

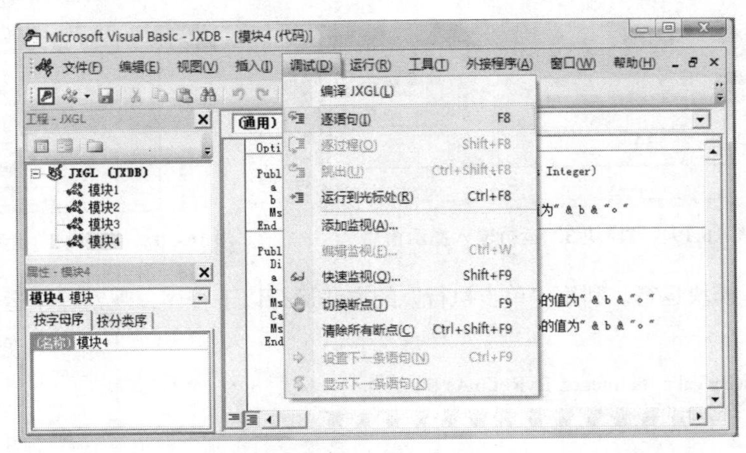

图 16-22　单击“调试”菜单窗口

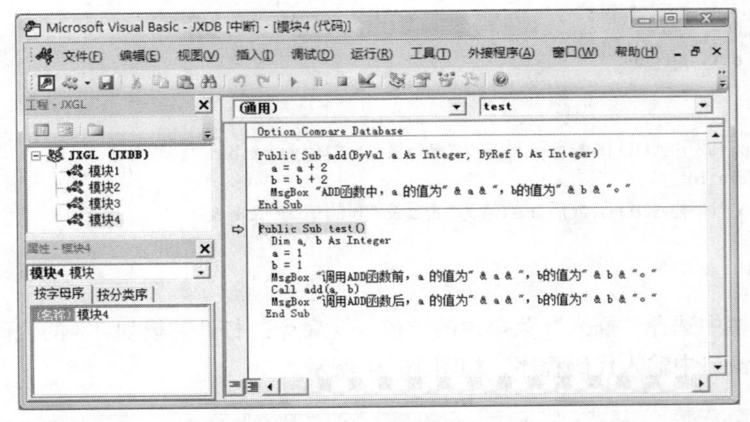

图 16-23　调试运行过程 1 窗口

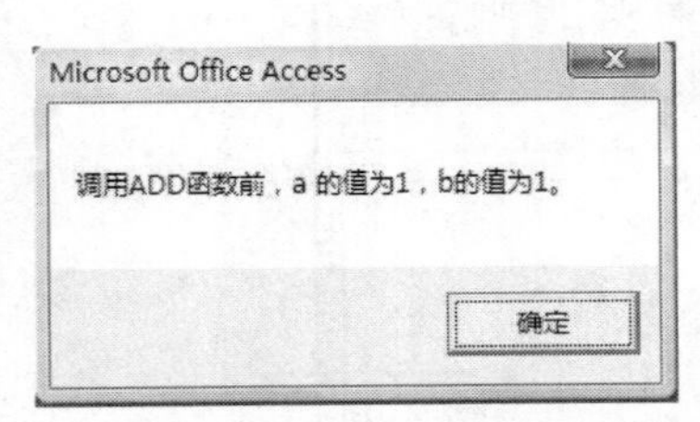

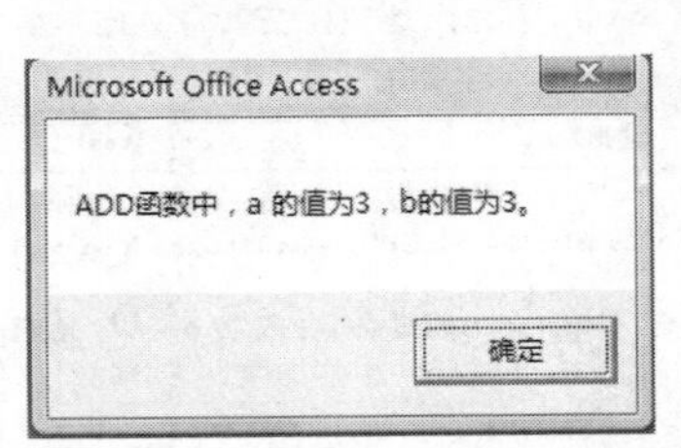

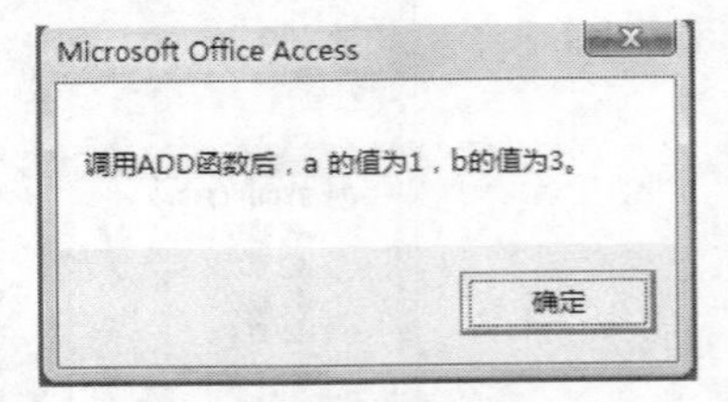

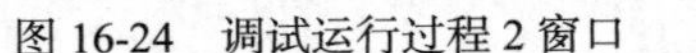

图 16-24　调试运行过程 2 窗口　　图 16-25　调试运行过程 3 窗口　　图 16-26　调试运行过程 4 窗口

（5）单击“文件”菜单的“保存”命令，保存程序。将模块命名为“模块 4”。

16.4 练　　习

1. 模块的创建。
2. 模块的运行。

实验 17 VBA 编程语言的基本语法及设计方法

17.1 实验目的及要求

1. 熟悉 VBA 编程语言的基本语法及设计方法。
2. 掌握条件结构程序设计的方法。
3. 掌握 If 判断语句使用方法。
4. 掌握 Select…Case…语句使用方法。
5. 掌握循环结构程序设计的思想。
6. 掌握 For…Next 语句使用方法。
7. 掌握 Do While…Loop、Do Until…Loop 语句的使用方法。
8. 掌握数组的使用方法。

17.2 准备工作

1. 基本了解 Access 应用软件，掌握数据库相关理论基础知识。
2. 在 D 盘根目录下新建一个自己的文件夹，以自己的学号命名，用于存放实验作业。

17.3 实验任务、方法及步骤

1. 任务一：If…ElseIf…EndIf 条件判断结构。编写程序，完成以下功能，提示用户输入学生成绩，在用户输入后，根据用户输入的数据进行判断，如果学生的成绩大于等于 90 分，弹出信息提示框，显示“成绩优秀，你太棒了!”；如果学生的成绩在 80 和 90 分之间，弹出信息提示框，显示“成绩良好，还要努力哦!”；如果学生的成绩在 60 和 80 分之间，弹出信息提示框，显示“成绩及格，通过考试!”；如果学生的成绩低于 60 分，弹出信息提示框，显示“真不幸，你要参加补考了!”；否则的话，提示用户“成绩数据错误，请输入 0 到 100 之间的正整数”。要求用 IF…then…else…嵌套结构的判断语句语实现。

方法及步骤：

（1）打开“JXDB”数据库，在数据库窗口的“信任中心”菜单中，若出现安全警告，禁用了某些内容，单击“选项”按钮。在弹出“禁用宏”窗口中，选择“启用此内容”。

（2）单击数据库窗口菜单中的“创建”命令，切换到“创建”选项页，单击“其他”菜单中“宏”菜单下面的小三角按钮。在弹出的菜单中选择“模块”命令，打开一个 VBE 编程窗口，如图 17-1 所示。

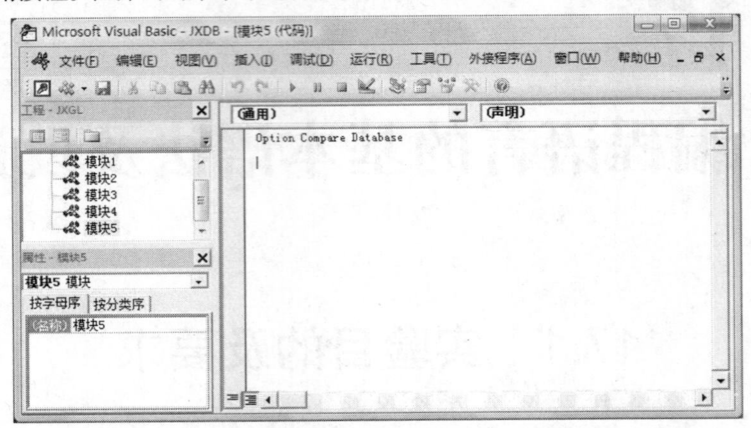

图 17-1 代码编辑窗口

（3）在代码窗口中输入如下代码，如图 17-2 所示。

```
Public Sub Grade1()
  Dim score As Integer
              score = CInt(InputBox("请输入学生的成绩："))
  If score >= 0 And score <= 100 Then
              If score >= 90 Then
        MsgBox "成绩优秀，你太棒了！"
              ElseIf score >= 80 Then
        MsgBox "成绩良好，还要努力哦！"
              ElseIf score >= 60 Then
        MsgBox "成绩及格，通过考试！"
              Else
        MsgBox "真不幸，你要参加补考了！"
              End If
  Else
              MsgBox "成绩数据错误,请输入 0 到 100 之间的正整数！"
  End If
              End Sub
```

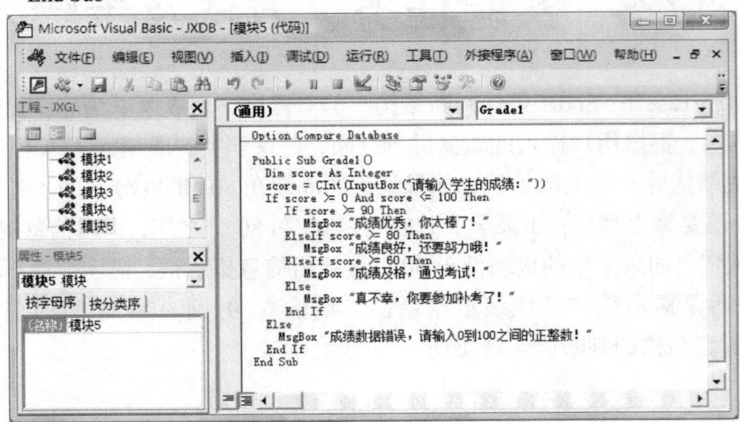

图 17-2 “模块 5”代码输入完成窗口

（4）单击“F5”按钮运行程序。

（5）单击“保存”按钮保存程序，将模块命名为“模块 5”。

2．任务二：Select…Case…语句的使用方法。要求在上道题目的基础上进行修改，要求用 select…case…多分支结构语句实现相同功能。

方法及步骤：

（1）选择“插入”菜单下的“模块”命令，打开“模块 6”的编程窗口。

（2）在代码窗口中输入如下代码，如图 17-3 所示。

```
Public Sub Grade2()
    Dim score As Integer
    score = CInt(InputBox("请输入学生的成绩："))
    Select Case score
        Case 90 To 100
            MsgBox "成绩优秀，你太棒了！"
        Case Is >= 80
            MsgBox "成绩良好，还要努力哦！"
        Case Is >= 60
            MsgBox "成绩及格，通过考试！"
        Case 0 To 59
            MsgBox "真不幸，你要参加补考了！"
        Case Else
          MsgBox "成绩数据错误，请输入 0 到 100 之间的正整数！"
    End Select
End Sub
```

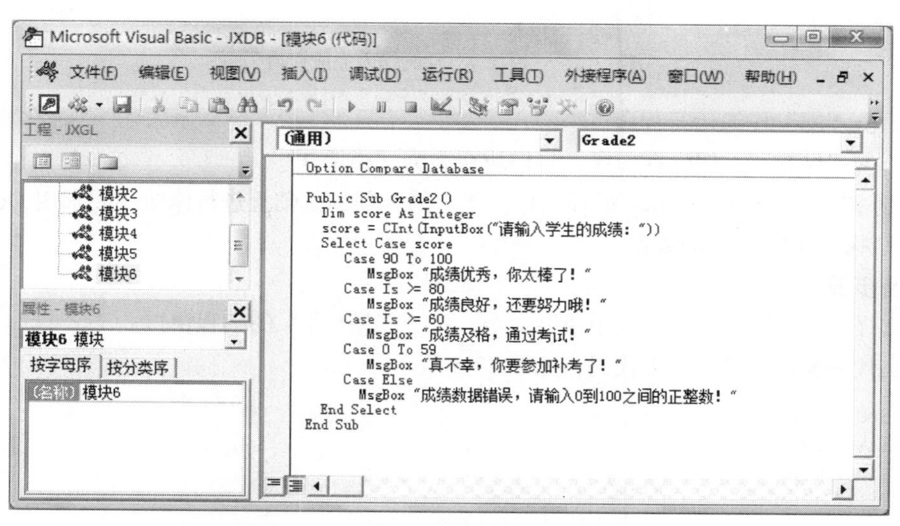

图 17-3　“模块 6”代码输入完成窗口

（3）单击“F5”按钮运行程序。

（4）单击“保存”按钮保存程序，将模块命名为“模块 6”。

3．任务三：For…Next 循环结构。在“JXDB”数据库中，创建“求和”模块，计算 1 到 10 之间的所有奇数的和。要求采用 For…Next 循环语句实现。计算结果用消息框显示。

方法及步骤：

（1）选择“插入”菜单下的“模块”命令，打开“模块 7”的编程窗口。

（2）在代码窗口中输入如下代码，如图 17-4 所示。

```
Public Sub Sum1()
  Dim s As Integer
  Dim i As Integer
  s = 0
  For i = 1 To 10 Step 2
    s = s + i
  Next
  MsgBox s
End Sub
```

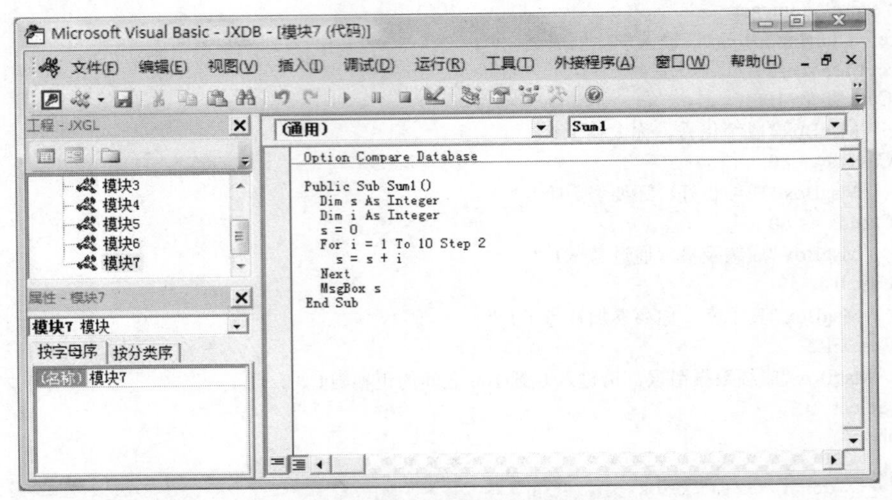

图 17-4 “模块 7”代码输入完成窗口

（3）单击“F5”按钮运行程序。

（4）单击“保存”按钮保存程序，将模块命名为“模块 7”。

4. 任务四：Do While…Loop 循环结构。要求第 3 题的基础上进行修改，要求用 Do While…Loop 循环结构语句实现相同功能。

方法及步骤：

（1）选择“插入”菜单下的“模块”命令，打开“模块 8”的编程窗口。

（2）在代码窗口中输入如下代码，如图 17-5 所示。

```
Public Sub Sum2()
  Dim s As Integer
  Dim i As Integer
  s = 0
  i = 1
  Do While i <= 10
    s = s + i
    i = i + 2
  Loop
  MsgBox s
End Sub
```

（3）单击“F5”按钮运行程序。

（4）单击“保存”按钮保存程序，将模块命名为“模块 8”。

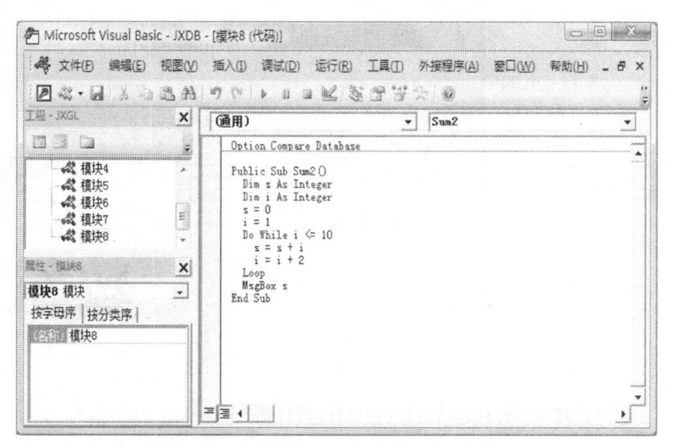

图 17-5　“模块 8”代码输入完成窗口

5. 任务五：Do Until…Loop 循环结构。要求第 3 题的基础上进行修改，要求用 Do Until…Loop 循环结构语句实现相同功能。

方法及步骤：

（1）选择“插入”菜单下的“模块”命令，打开“模块 9”的编程窗口。

（2）在代码窗口中输入如下代码，如图 17-6 所示。

```
Public Sub Sum3()
    Dim s As Integer
    Dim i As Integer
    s = 0
    i = 1
    Do Until i > 10
        s = s + i
        i = i + 2
    Loop
    MsgBox s
End Sub
```

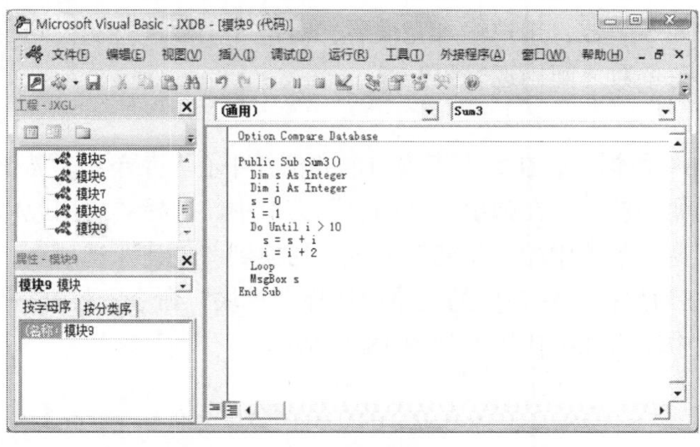

图 17-6　“模块 9”代码输入完成窗口

（3）单击“F5”按钮运行程序。

（4）单击“保存”按钮保存程序，将模块命名为“模块 9”。

实验18 数组的应用

18.1 实验目的及要求

1. 掌握数组类型变量的使用方法。

18.2 准备工作

1. 基本了解 Access 应用软件，掌握数据库相关理论基础知识。
2. 在 D 盘根目录下新建一个自己的文件夹，以自己的学号命名，用于存放实验作业；

18.3 实验任务、方法及步骤

任务：数组的使用。在“JXDB”数据库中，创建“排序”模块，要求完成以下功能：弹出提示窗口，要求用户输入 5 个数，用户输入完成后，对这 5 个数进行从大到小排序，并将排序后的结果用消息框显示，每个数之间用逗号隔开。

方法及步骤：

（1）打开“JXDB”数据库，在数据库窗口的“信任中心”菜单中，若出现安全警告，禁用了某些内容，单击“选项”按钮。在弹出“禁用宏”窗口中，选择“启用此内容”。

（2）单击数据库窗口菜单中的“创建”命令，切换到“创建”选项页，单击“其他”菜单中“宏”菜单下面的小三角按钮。在弹出的菜单中选择“模块”命令，打开一个 VBE 编程窗口。

（3）在代码窗口中输入如下代码，如图 18-1 所示。

```
Public Sub Sort()
    Dim i, j As Integer
    Dim temp As Single
    Dim data(1 To 5) As Single
    Dim str As String
    For i = 1 To 5
        data(i) = InputBox("请输入第" & i & "个数据：", "排序数据")
    Next i
```

```
    For i = 1 To 4
        min = i
        For j = i + 1 To 5
            If data(j) < data(min) Then
                min = j
            End If
            If i <> min Then
                temp = data(min)
                data(min) = data(i)
                data(i) = temp
            End If
        Next j
    Next i
    str = "排序后的结果为："
    For i = 1 To 4
      str = str & CStr(data(i)) & ","
    Next
    str = str & CStr(data(5))
    MsgBox str
End Sub
```

图 18-1　“模块 10”代码输入完成窗口

（4）单击“F5”按钮运行程序。

（5）单击“保存”按钮保存程序，将模块命名为“模块 10”。

实验 19 VBA 常用对象属性和事件

19.1 实验目的及要求

1. 掌握 VBA 的对象模型的概念。
2. 掌握 VBA 中修改对象属性的方法。
3. 掌握 DoCmd 对象的使用方法。
4. 熟悉 VBA 中的常见事件及其处理方法。

19.2 准备工作

1. 基本了解 Access 应用软件，掌握数据库相关理论基础知识。
2. 在 D 盘根目录下新建一个自己的文件夹，以自己的学号命名，用于存放实验作业。

19.3 实验任务、方法及步骤

1. 任务一：修改常用对象属性。在“JXDB”数据库中，首先创建一个“VBA 编程实验窗体 1”窗体，在这个窗体上绘制一个标签控件“Label0”，使该标签显示字符串“修改 VBA 常用对象属性实验”。然后在窗体中添加一个“修改属性”按钮，单击此按钮后将“标签 1”中的字符串改为“修改 VBA 标签对象属性成功”，并将该字符串的颜色设置为“红色”显示，字体设置为“20”号。

方法及步骤：

（1）打开 JXDB 数据库，在数据库窗口的“信任中心”菜单中，若出现安全警告，禁用了某些内容，单击“选项”按钮。

（2）在弹出的禁用 VBA 宏的窗口中，选中“启用此内容”选项。

（3）选择“创建”菜单中的“窗体设计”命令，如图 19-1 所示，打开“窗体 1”的设计视图，如图 19-2 所示。

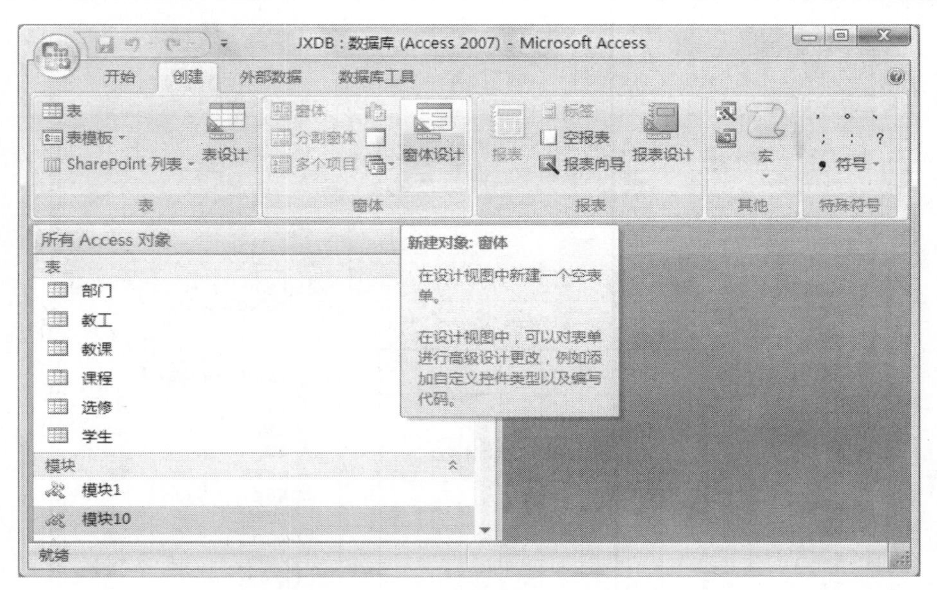

图 19-1　单击“窗体设计”菜单窗口

图 19-2　“窗体 1”设计视图窗口

（4）选中“设计”菜单中的“标签”控件“Aa”图标，并在“窗体 1”上拖动鼠标，使其绘制出一个矩形“标签”控件，在该“标签”控件中输入字符串“修改 VBA 常用对象属性实验”，如图 19-3 所示。

（5）选中“设计”菜单中的“按钮”控件，并在“窗体 1”上拖动鼠标，使其绘制出一个矩形“按钮”控件，在该“按钮”控件中输入字符串“修改属性”，并在该“按钮”控件的属性窗口中将其命名为“Command1”，如图 19-4 所示。

图 19-3 “标签”控件创建完成窗口

图 19-4 “Command1”控件创建完成窗口

（6）单击“Command1”控件，选中该控件，在该控件的属性窗口中，单击“事件”选项页，用鼠标单击“单击”这一行中的省略号按钮，打开“选择生成器”窗口，在该窗口中“代码生成器”命令，并单击“确定按钮”，如图 19-5 所示。

图 19-5　“选择生成器”窗口

（7）打开代码编辑窗口。如图 19-6 所示。

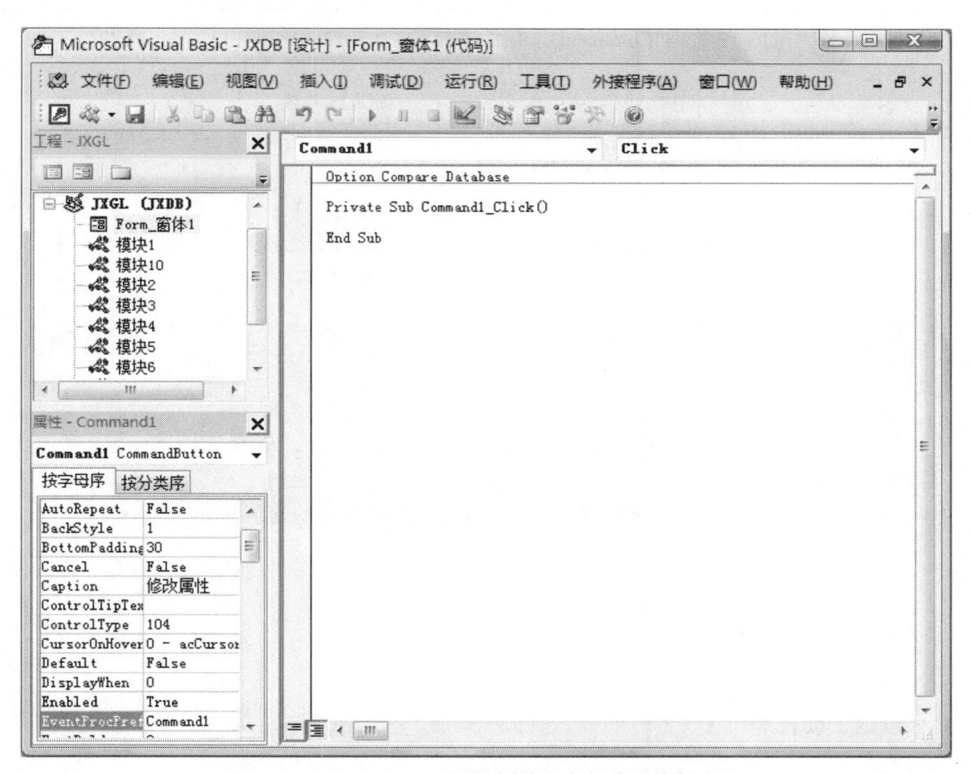

图 19-6　“Command1”控件单击事件代码编辑窗口

（8）在代码窗口中将代码补充完整，代码如下，如图 19-7 所示。

（9）单击“保存”按钮，弹出“另存为”对话框，在该窗口中将窗体命名为“VBA 编程实验窗体 1”，并单击“确定”按钮。如图 19-8 所示。

（10）关闭 VBE 编程窗口。

（11）在 Access“对象”窗口中，双击窗体“VBA 编程实验窗体 1”。打开该窗体的窗体视图。如图 19-9 所示。

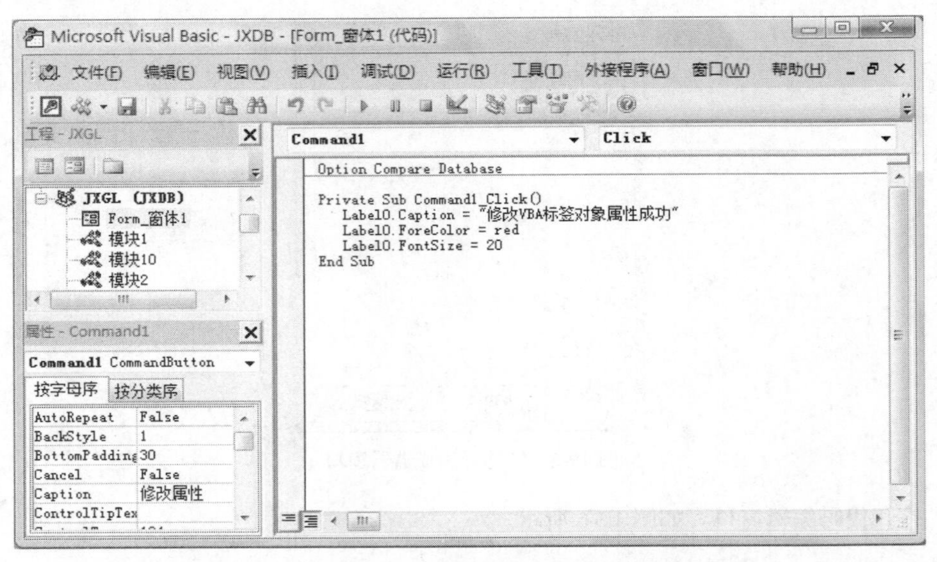

图 19-7 “Command1”控件单击事件代码输入完成窗口

图 19-8 “另存为”对话框窗口

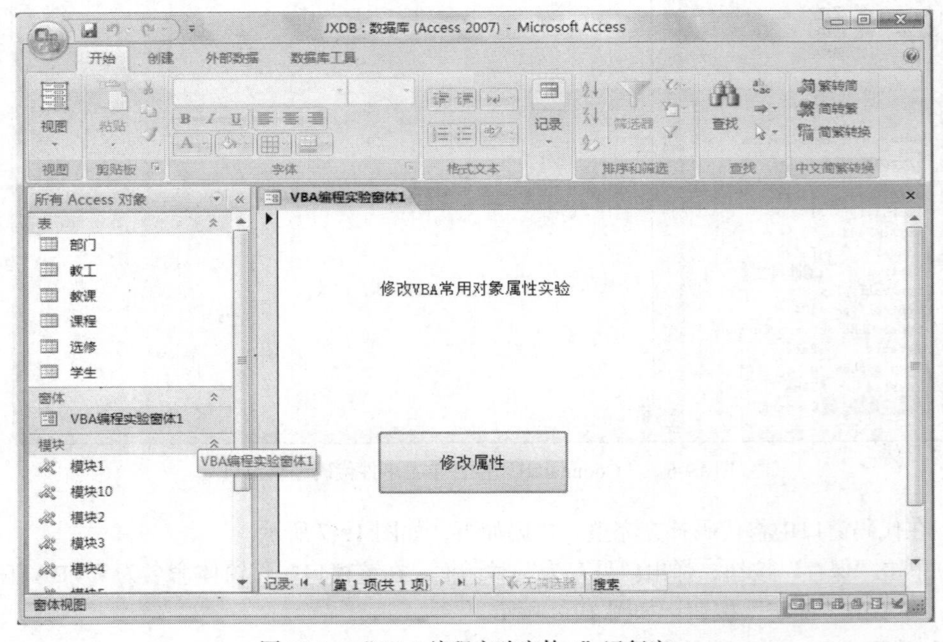

图 19-9 “VBA 编程实验窗体 1”运行窗口

（12）单击“修改属性”按钮，窗体变成如图 9-10 所示。

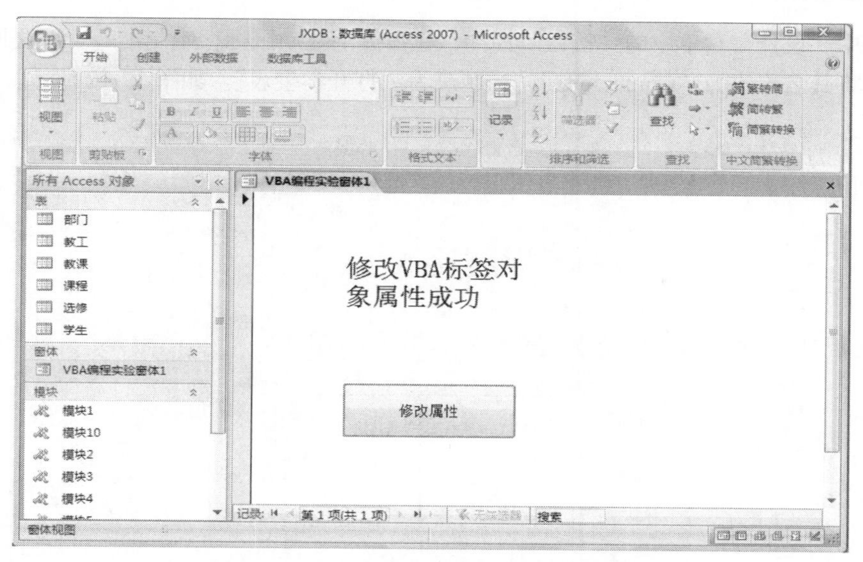

图 19-10 “VBA 编程实验窗体 1”修改属性成功后窗口

2. 任务二：DoCmd 对象的方法。在上题的“VBA 编程实验窗体 1”上添加一个按钮“打开学生表”按钮，将控件命名“Command2”，单击该按钮可打开“学生”表对象。使用 DoCmd 的 OpenTable 方法实现。

方法及步骤：

（1）打开“JXDB”数据库。在“对象窗口”双击窗体“VBA 编程实验窗体 1”。打开该窗体的窗体视图。

（2）选择“开始”菜单中的“视图”菜单中的“设计视图”命令，如图 19-11 所示。打开窗体的设计视图。

图 19-11 单击“设计视图”菜单窗口

（3）选中“设计”菜单中的“按钮”控件，在窗体上拖动鼠标，绘制出一个按钮控件，并在属性窗口中将其名称改为“Command2”，标题改为“打开学生表”。如图 19-12 所示。

图 19-12　“Command2”控件添加完成窗口

（4）单击“Command2”控件，选中该控件，在该控件的属性窗口中，单击“事件”选项页，用鼠标单击“单击”这一行中的省略号按钮，打开“选择生成器”窗口，在该窗口中“代码生成器”命令，并单击“确定按钮”，打开代码编辑窗口。

（5）在 Command2_Click()函数中将代码补充完整，代码如下，如图 19-13 所示。

```
Private Sub Command2_Click()
  DoCmd.OpenTable "学生"
End Sub
```

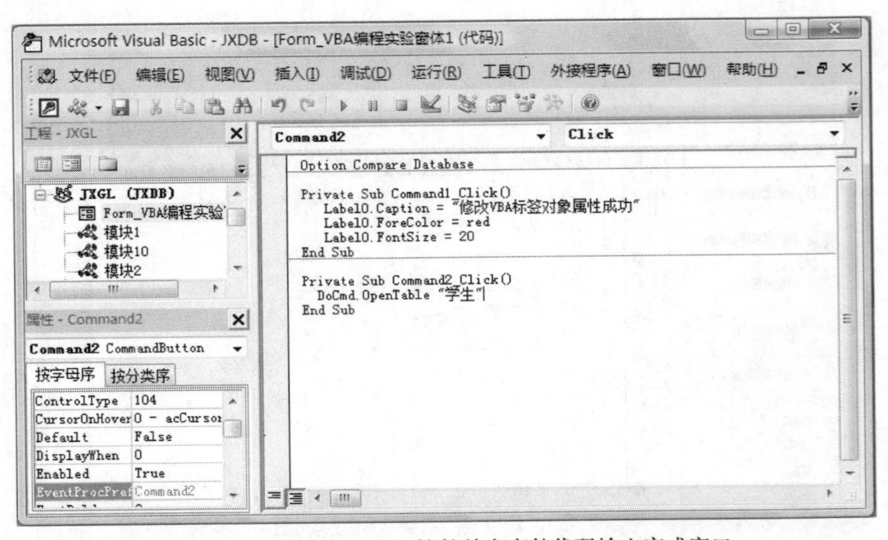

图 19-13　“Command2”控件单击事件代码输入完成窗口

（6）单击“保存”按钮，并关闭 VBE 代码编辑窗口。

（7）在 Access“对象”窗口中，双击窗体“VBA 编程实验窗体 1”。打开该窗体的窗体视图。在该窗体上单击“打开学生表”按钮，打开“学生”表，如图 19-14 所示。

图 19-14　单击“Command2”控件运行后窗口

3. 任务三：VBA 中的常见的事件及其处理。在“JXDB”数据库中，创建一个“VBA 编程实验窗体 2”窗体，在这个窗体上绘制一个文本框控件，命名为“Text0”，将该文本框的标签按钮控件“Label1”的标题属性改为“输入框:”，在该窗体上还绘制一个按钮控件，命名为“Command1”，将该按钮的标题属性改为“激活输入框”。当该“VBA 编程实验窗体 2”加载时，使“输入框”处于“非可用”状态，单击“激活输入框”按钮后，“输入框”被激活，处于“可用”状态。

方法及步骤：

（1）打开“JXDB”数据库，在数据库窗口的“信任中心”菜单中，若出现安全警告，禁用了某些内容，单击“选项”按钮。

（2）在弹出的禁用 VBA 宏的窗口中，选中“启用此内容”选项。

（3）选择“创建”菜单中的“窗体设计”命令，打开“窗体 1”的设计视图。

（4）选择“设计”菜单下的“文本框”控件图标，在窗体设计视图上拖动鼠标，绘制出一个文本框后松开鼠标。

（5）鼠标单击选中该文本框，在窗体右侧的属性表中，将控件名称改为“Text0”。如图 19-15 所示。

（6）单击选中该文本框的标签，在属性表中将该控件的名称改为“输入框:”。如图 19-16 所示。

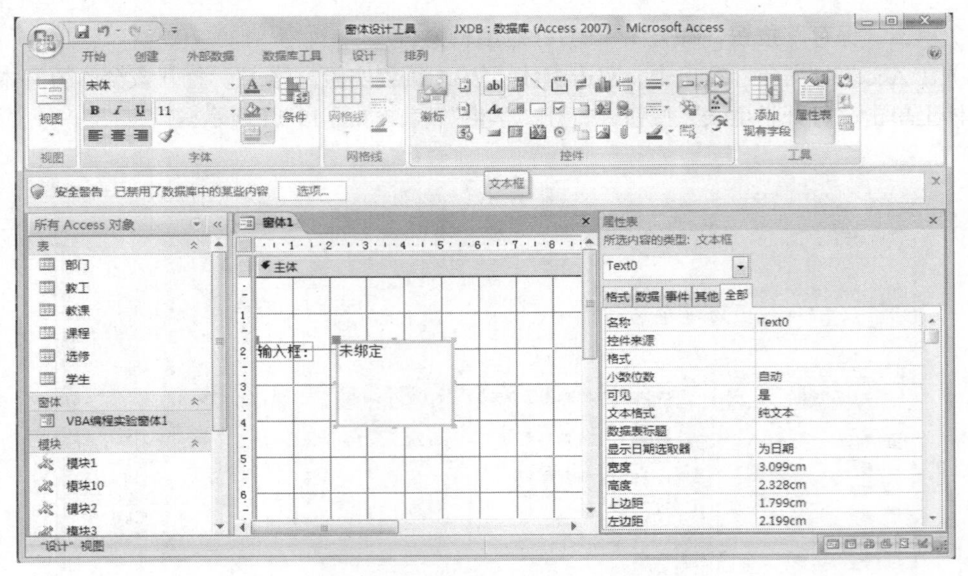

图 19-15 “文本框”控件添加完成窗口

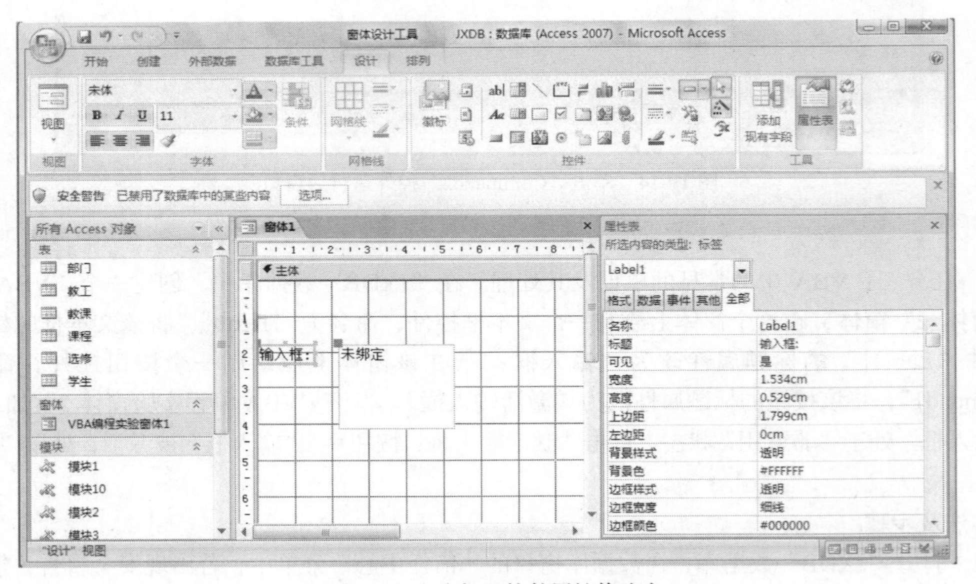

图 19-16 “文本框”控件属性修改窗口

（7）选择“设计”菜单下的“按钮”控件图标，在窗体设计视图上拖动鼠标，绘制出一个按钮后松开鼠标。在弹出“命令按钮向导”对话框中，单击“取消”按钮。

（8）选中该按钮控件，在属性表中将该按钮的“名称”改为“Command1”，标题改为“激活输入框”。如图 19-17 所示。

（9）选中“Command1”控件，在该按钮的属性表中，选择“事件”属性页，选择“单击”属性行的省略号图标，在弹出“选择生成器”窗口中，选中“代码生成器”后，单击“确定”按钮。如图 19-18 所示。

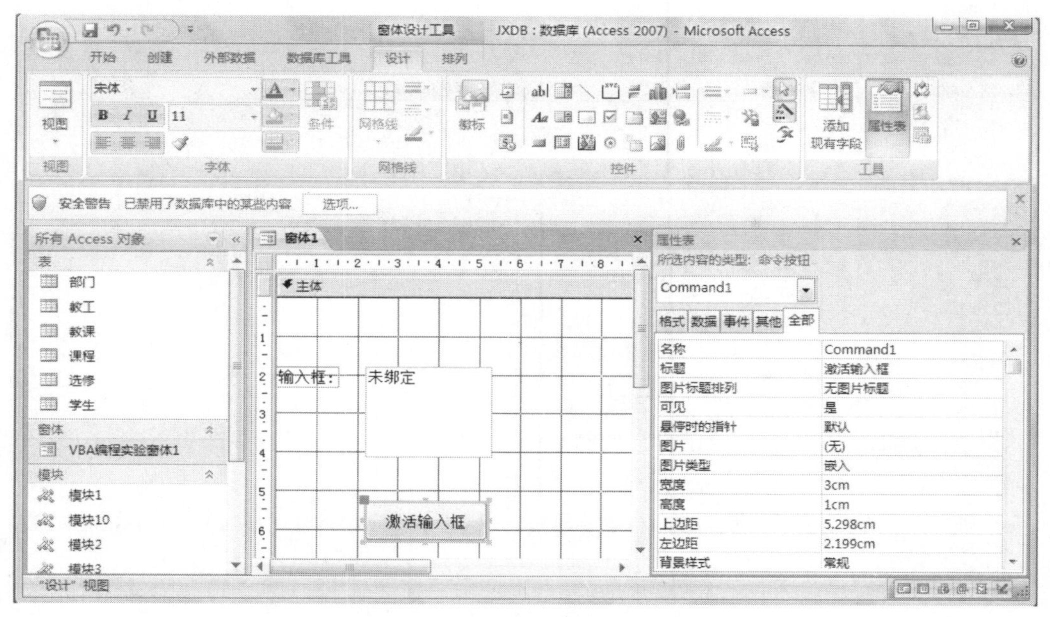

图 19-17　“按钮”控件添加完成窗口

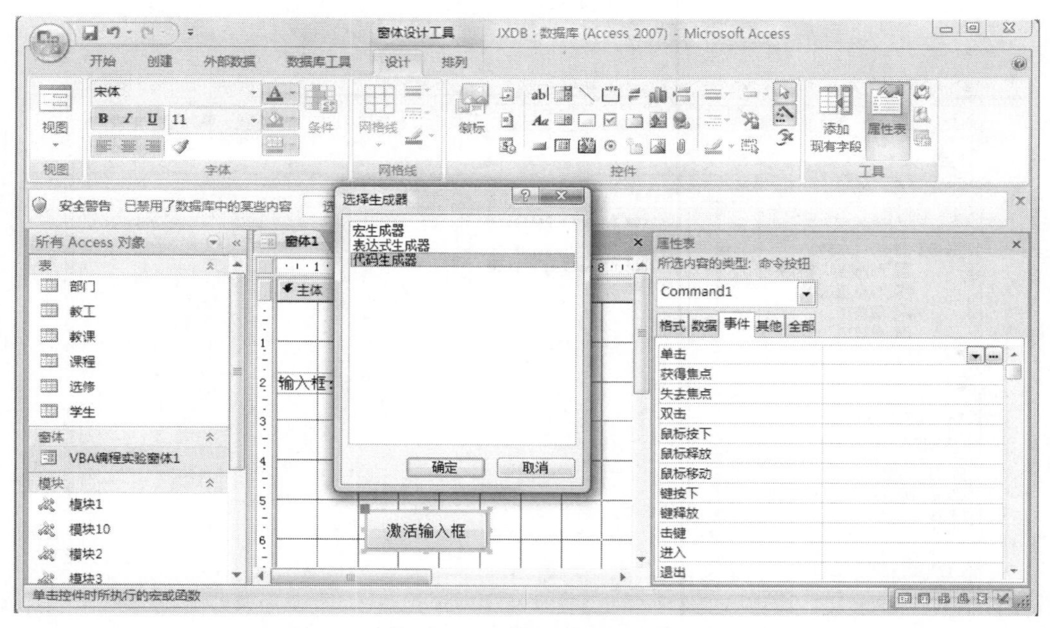

图 19-18　“选择生成器”窗口

（10）弹出的代码编辑窗口，如图 19-19 所示。

（11）在 Command1_Click()函数中将代码补充完整。如图 19-20 所示。代码如下：

```
Private Sub Command1_Click()
Text0.Enabled = True
End Sub
```

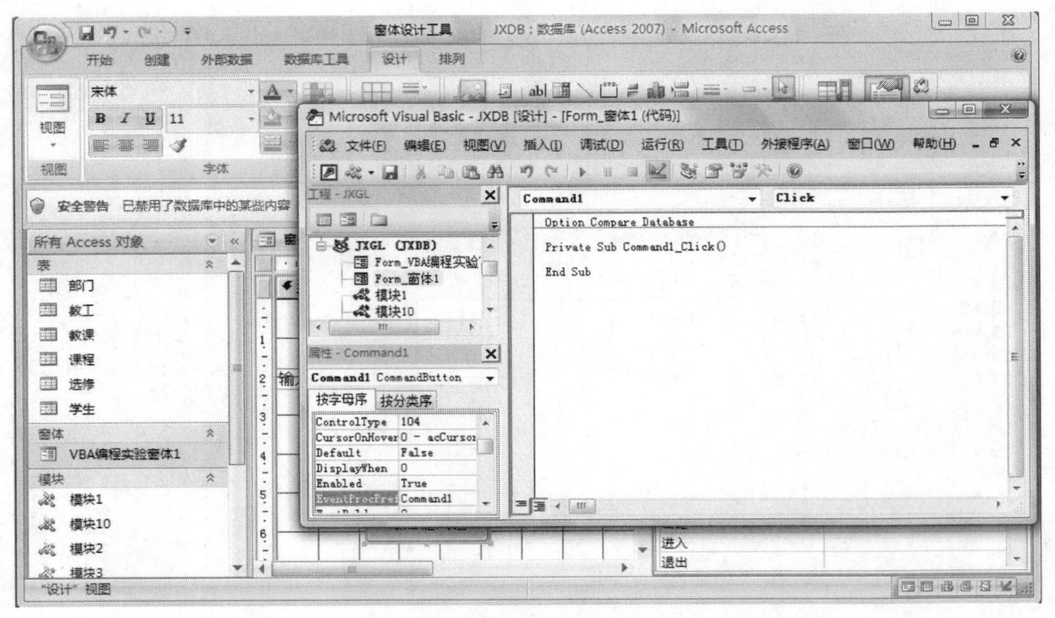

图 19-19 “Command1”控件单击事件代码编辑窗口

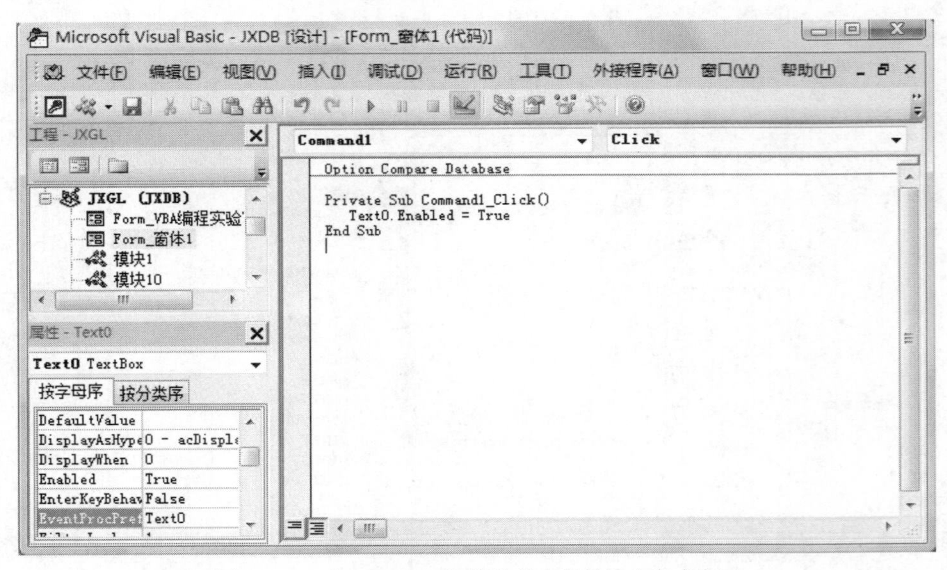

图 19-20 “Command1”控件单击事件输入完成窗口

（12）在代码编辑窗口的“对象选择框”中，选中“Form”，如图 19-21 所示。

（13）在代码编辑窗口的“事件选择框”中，选中“Load”，如图 19-22 所示。

（14）在 Form_Load()函数中将代码补充完整。如图 19-23 所示。代码如下：

```
Private Sub Form_Load()
    Text0.Enabled = False
End Sub
```

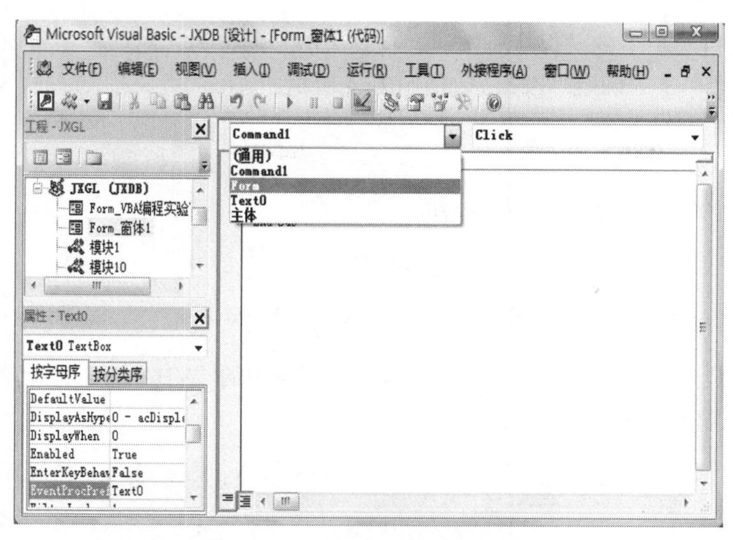

图 19-21　选中“Form”对象窗口

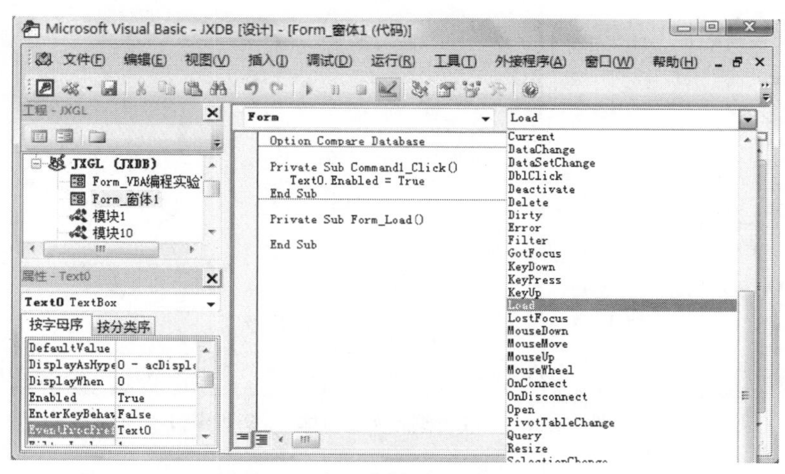

图 19-22　选中“Load”事件窗口

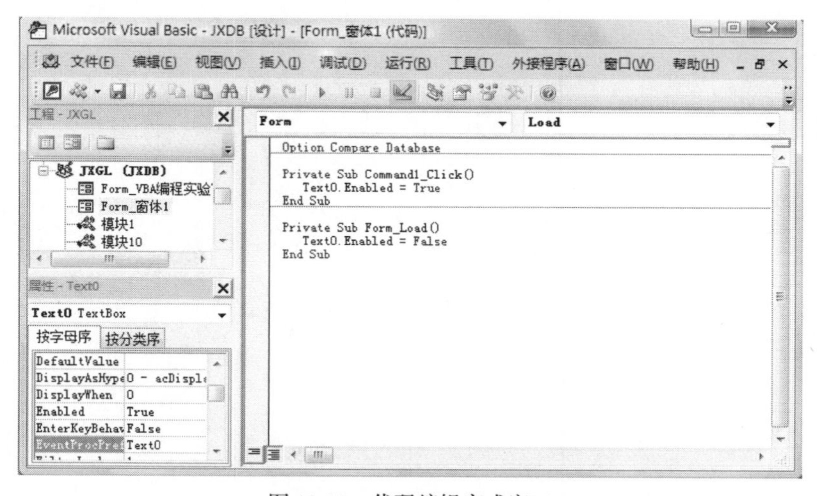

图 19-23　代码编辑完成窗口

（15）单击文件菜单下的“保存”按钮，在弹出的“另存为”对话框中将窗体命名为“VBA编程实验窗体 2”。单击“确定”按钮。如图 19-24 所示。

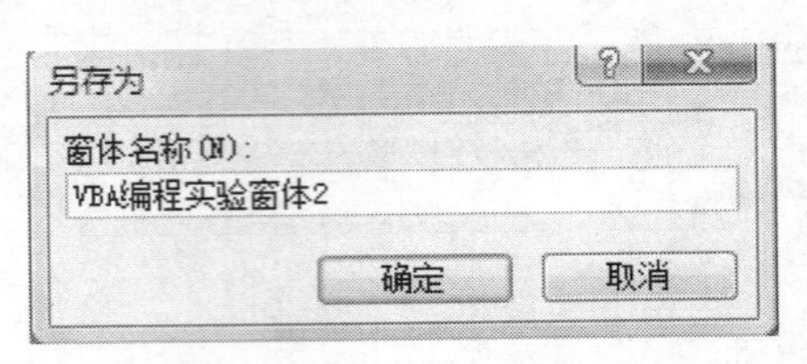

图 19-24 “另存为”对话框窗口

（16）关闭“代码”编辑窗口。双击 Access 对象菜单中的“VBA 编程实验窗体 2”，弹出如图 19-25 所示窗体。输入框为灰色，不能输入。

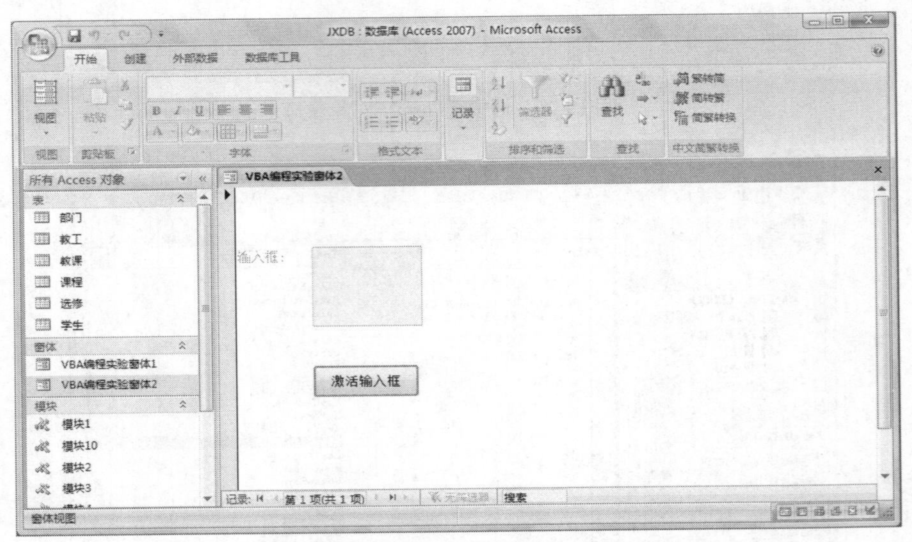

图 19-25 “VBA 编程实验窗体 2”运行窗口

（17）单击“激活输入框”按钮，输入框被激活，鼠标可以进入该文本框，变成可以输入状态。

实验20 VBA数据库编程

20.1 实验目的及要求

掌握 VBA 数据库对象的建立和使用方法。

20.2 准备工作

1. 基本了解 Access 应用软件，掌握数据库相关理论基础知识。
2. 在 D 盘根目录下新建一个自己的文件夹，以自己的学号命名，用于存放实验作业。

20.3 实验任务、方法及步骤

任务：使用 ADO 操作数据库。在“JXDB”数据库中创建一个“用户登录窗体”，在该窗体上绘制一个“学号”输入文本框，命名为“TxtID”，一个“姓名”输入文本框，命名为“TxtName”，一个“登录”按钮“CmdLogin”，一个取消按钮“CmdClose”。要求用户在窗体界面输入：“姓名”，“学号”，单击“登录”按钮，如果和数据库中记录匹配成功，则提示用户登录成功，否则提示用户登录失败。

方法及步骤：

（1）双击打开“JXDB”数据库，在数据库窗口的“信任中心”菜单中，若出现安全警告，禁用了某些内容，单击“选项”按钮。

（2）在弹出的禁用 VBA 宏的窗口中，选中“启用此内容”选项。

（3）选择“创建”菜单中的“窗体设计”命令，打开“窗体 1”的设计视图。

（4）选择“保存”按钮，在“另存为”对话框中将窗体命名为“用户登录窗体”，单击“确定”按钮。

（5）选择“设计”菜单下的“文本框”控件图标，在窗体设计视图上拖动鼠标，绘制出一个文本框后松开鼠标。

（6）鼠标单击选中该文本框，将该文本框标题改为“学号”，在窗体右侧的属性表中，将控件名称改为“TxtID”。

（7）选择“设计”菜单下的“文本框”控件图标，在窗体设计视图上拖动鼠标，绘制出一个文本框后松开鼠标。

（8）鼠标单击选中该文本框，将该文本框标题改为“姓名”，在窗体右侧的属性表中，将控件名称改为“TxtName”。

（9）选择“设计”菜单下的“按钮”控件图标，在窗体设计视图上拖动鼠标，绘制出一个按钮后松开鼠标。

（10）鼠标单击选中该按钮，在窗体右侧的属性表中，将控件名称改为“CmdLogin”。

（11）选择“设计”菜单下的“按钮”控件图标，在窗体设计视图上拖动鼠标，绘制出一个按钮后松开鼠标。

（12）鼠标单击选中该按钮，在窗体右侧的属性表中，将控件名称改为“CmdClose”。

（13）选中“CmdLogin”控件，在该按钮的属性表中，选择“事件”属性页，选择“单击”属性行的省略号图标，在弹出“选择生成器”窗口中，选中“代码生成器”后，单击“确定”按钮。打开代码编辑窗口。

（14）选择“工具”菜单下的“引用”菜单，打开“引用”窗口，在该窗口中选中“Microsoft ActiveX Data Objects 2.8 Library”，然后单击“确定”按钮。如图 20-1 所示。

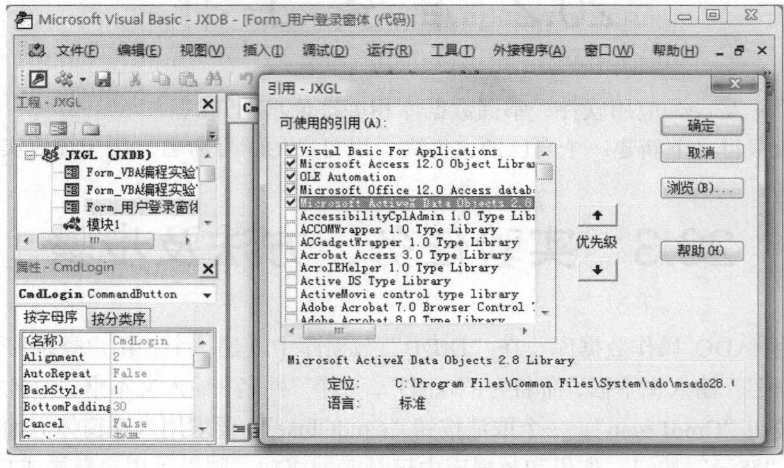

图 20-1 引用对象窗口

（15）在代码编辑窗口，将 CmdLogin_Click()函数补充完整。代码如下，如图 20-2 所示。

```
Private Sub CmdLogin_Click()
 '创建 ADO 的 Connection 对象
  Dim MyADOcnn As New ADODB.Connection
  '使用 Connection 对象的 Open 方法，建立与数据库的连接
  MyADOcnn.Open "Provider=Microsoft.ACE.OLEDB.12.0；Data Source=" & "C:\Sample\JXDB.accdb；"
  '定义四个字符串变量，取出窗体上用户输入的值
  Dim strName As String
  Dim strID As String
   '如果用户输入的学号为空,则提示学号不能为空
  If Form_用户登录窗体.TxtID.Value <> "" Then
    strID = Form_用户登录窗体.TxtID.Value
  Else
```

```
        MsgBox "学号不能为空！"
        Exit Sub
    End If
    strID = Form_用户登录窗体.TxtID.Value
    strName = Form_用户登录窗体.TxtName.Value
     '定义一个 Command，通过 Command 对象的实例，可将一条 SQL 语句的所有属性和行为封装在一个对象中
    Set cmd = New ADODB.Command
    With cmd
            .ActiveConnection = MyADOcnn
            '查询数据库中的用户表，看用户输入的姓名学号是否正确
            .CommandText = "select * from 学生 where 学号='" & strID & "' and 姓名='" &strName & "'"
             .Execute
    End With
    '定义一个 Recordset 记录集对象，以便在建立与数据源的连接之后处理数据
    Set rsUser = New ADODB.Recordset
    rsUser.CursorType = adOpenStatic
    rsUser.LockType = adLockReadOnly
    rsUser.Open cmd
    If rsUser.EOF <> True Then
        MsgBox "用户登录成功"
        Form_用户登录窗体.TxtID.SetFocus
        Form_用户登录窗体.TxtID.Text = ""
        Form_用户登录窗体.TxtName.SetFocus
        Form_用户登录窗体.TxtName.Text = ""
        Exit Sub
    End If
    '关闭记录集
    rsUser.Close
  '关闭数据库连接
  MyADOcnn.Close
End Sub
```

图 20-2　CmdLogin_Click 代码输入完成窗口

（16）单击“保存”按钮。

（17）关闭代码编辑窗口。关闭数据库窗口。在电脑 C 盘建立文件夹 SAMPLE，将数据库文件 JXDB.accdb，复制到该文件夹下。或在程序代码中更改相应数据库文件存放位置。

（18）双击该数据库文件打开 JXDB 数据库，在“安全警告”的“选项”窗口中，选择“启用此内容”。

（19）在 Access 对象窗口中，双击“用户登录窗体”。打开如图 20-3 所示窗体。

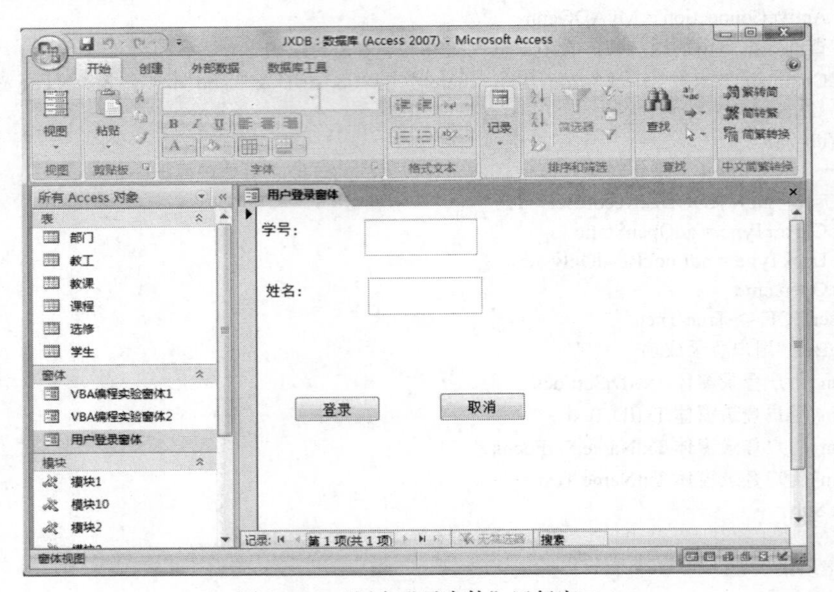

图 20-3　“用户登录窗体”运行窗口

（20）在学号栏输入“11002”，姓名栏输入“王思”，单击“登录”按钮。如图 20-4 所示。

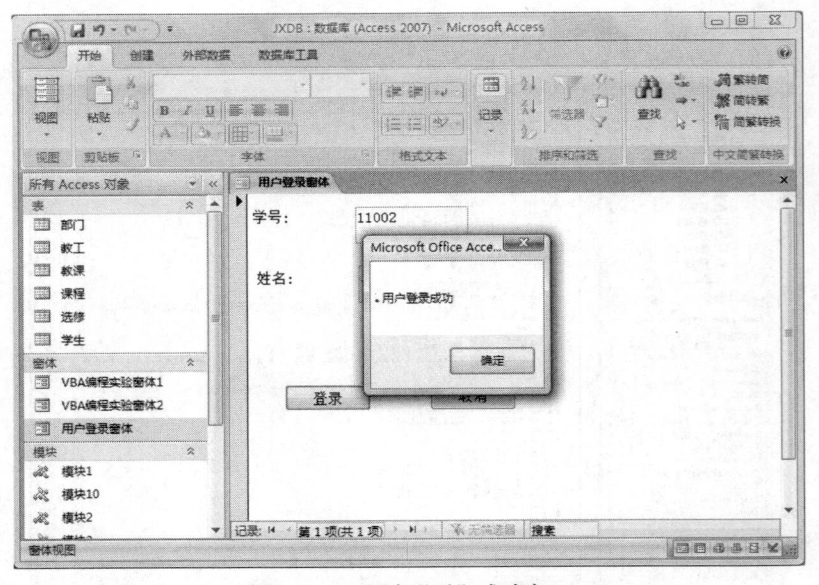

图 20-4　“用户登录”成功窗口

实验21 综合实验

21.1 实验目的及要求

高校教学管理系统是学校教学管理工作的重点，实现教学管理的计算机化，可以简化烦琐的工作模式，提高教学管理的工作效率，工作质量和管理水平。

1. 利用前面学习的制作表、查询、窗体、报表、宏的技巧，开发完整的应用程序。
2. 掌握系统开发的一般步骤和具体过程。
3. 培养和提高开发综合性使用程序的能力。

21.2 准 备 工 作

1. 创建表。
2. 创建关系。
3. 为基础表都输入一些原始数据。
4. 完成教学管理系统整体和详细设计工作，编写出能初步管理学校教学过程中的学生、教师、课程以及相应的教学数据，并实现查询、报表输出等功能。

21.3 实验任务、方法及步骤

1. 任务一：创建表。

（1）创建一个空白数据库“teachmanage”。

（2）创建“班级表”，设计视图如图21-1所示。

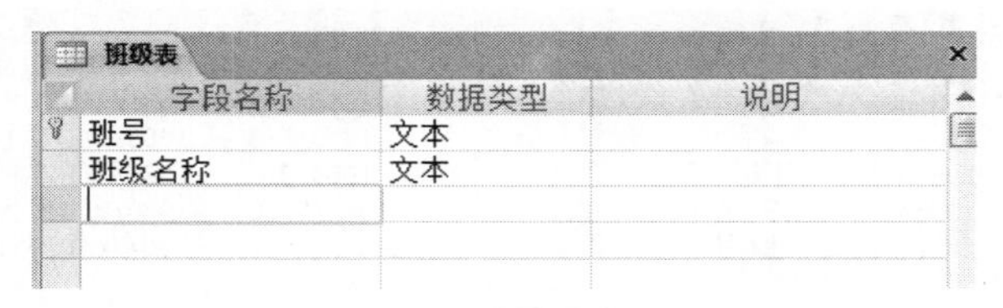

图21-1　班级表字段设置

（3）创建“班级学生表”，设计视图如图 21-2 所示。

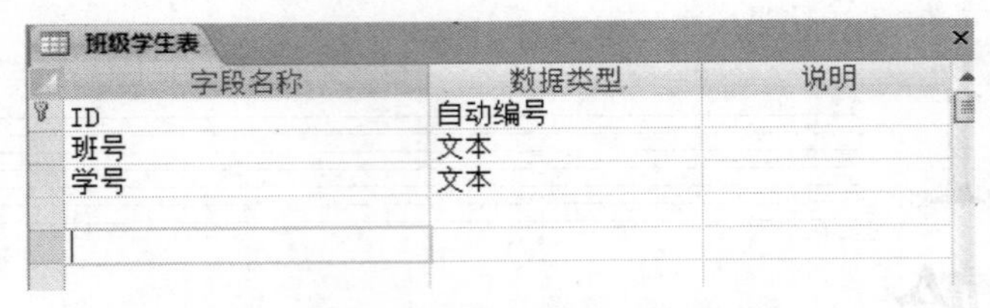

班级学生表

字段名称	数据类型	说明
ID	自动编号	
班号	文本	
学号	文本	

图 21-2　班级学生表字段设置

（4）创建“学生表”，设计视图如图 21-3 所示。

学生表

字段名称	数据类型	说明
学号	文本	
姓名	文本	
性别	文本	
出生日期	日期/时间	
专业	文本	
是否党员	是/否	
简历	备注	

图 21-3　学生表字段设置

（5）创建“课程表”，设计视图如图 21-4 所示。

课程表

字段名称	数据类型	说明
课程号	文本	
课程名	文本	
学分	数字	

图 21-4　课程表字段设置

（6）创建“选课表”，设计视图如图 21-5 所示。

选课表

字段名称	数据类型	说明
序号	自动编号	
学号	文本	
课程号	文本	
选课学期	文本	
成绩	数字	

图 21-5　选课表字段设置

（7）创建“教工表”，表视图如图 21-6 所示。

教工表

职工号	姓名	性别	出生日期	工作日期	学
1981001	王伟华	男	1958/8/9	1981/7/1	大专
1983002	陈平	女	1970/5/6	1983/7/1	硕士
1983003	丁钢	男	1959/2/8	1983/7/1	本科
1985001	陈小兰	女	1963/3/18	1985/9/1	专科
2007001	汪和平	男	1984/10/12	2007/7/1	本科

图 21-6　教工表字段设置

（8）创建“教师任课表”，设计视图如图 21-7 所示。

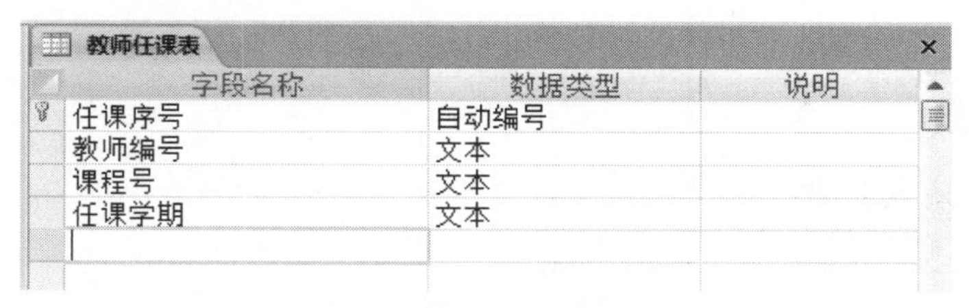

字段名称	数据类型	说明
任课序号	自动编号	
教师编号	文本	
课程号	文本	
任课学期	文本	

图 21-7　教师任课表字段设置

2．任务二：创建表之间的关系。创建表之间关系后如图 21-8 所示。

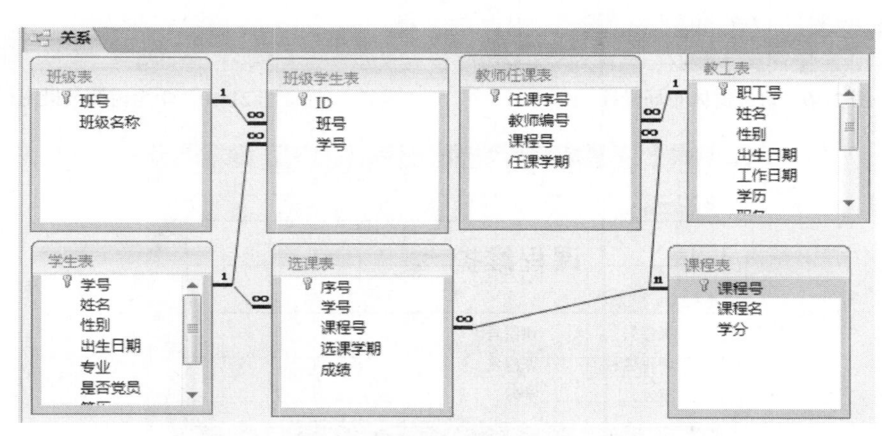

图 21-8　表与表之间关系视图

3．任务三：为基础表都输入一些原始数据。为 7 个基础表输入一些原始数据，此过程操作很简单，过程省略。

4．任务四：创建总功能窗体：高校信息管理系统。

（1）在设计视图下创建一个空白窗体，并命名为“高校信息管理系统”。

（2）在窗体最上面放置一个标签控件，并添加文字为：“高校教学管理系统”，并对格式进行相应设置（宋体、22 号大小、加粗）。

5．任务五：在主窗体“高校信息管理系统”下部创建“基本数据管理”模块。

（1）在该模块内部放置 4 个命令按钮，分别为“班级”、“学生”、“课程”和“教师”。

（2）用设计视图创建一个“班级”窗体，并在窗体页眉中添加一个“班级维护”标签（并设置格式）。

（3）在“班级”窗体设计视图中添加“班级”表的所有字段。

（4）取消掉“班级”窗体的“导航按钮”。

（5）在“班级”窗体的窗体页脚添加记录导航的“下一条”、“上一条”按钮，添加记录操作的“删除”、“保存记录”和“添加记录”，其结果如图 21-9 所示。

（6）用同样的方法创建“学生”窗体，其结果如图 21-10 所示。

（7）用同样的方法创建“课程”窗体，其结果如图 21-11 所示。

（8）用同样的方法创建“教师”窗体，其结果如图 21-12 所示。

图 21-9　班级窗体布局设计

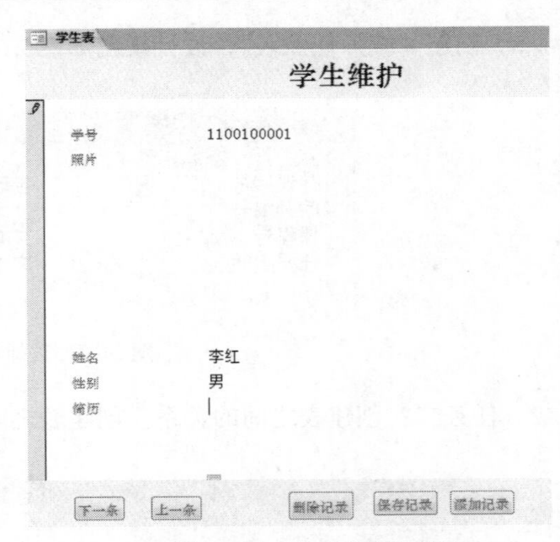

图 21-10　学生窗体效果图

图 21-11　课程维护窗体设置

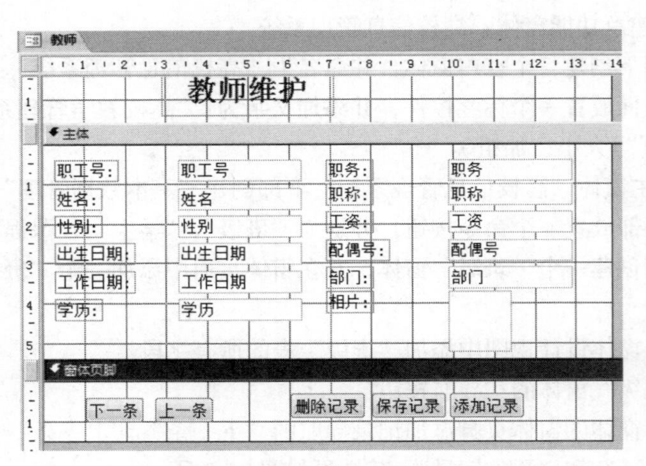

图 21-12　教师窗体维护布局设计

（9）对“基本数据管理”模块下的“班级”、“学生”、“课程”和“教师”4 个命令按钮设置单击事件为“事件过程”，分别为：DoCmd.OpenForm “班级”、DoCmd.OpenForm “学生”、DoCmd.OpenForm “课程”和 DoCmd.OpenForm “教师”。

6. 任务六：在主窗体“高校信息管理系统”下部创建“关联数据管理”模块。

（1）创建一个“班级学生”窗体，取消其导航属性为否，并在下部添加相应的命令按钮，其设计视图如图 21-13 所示。

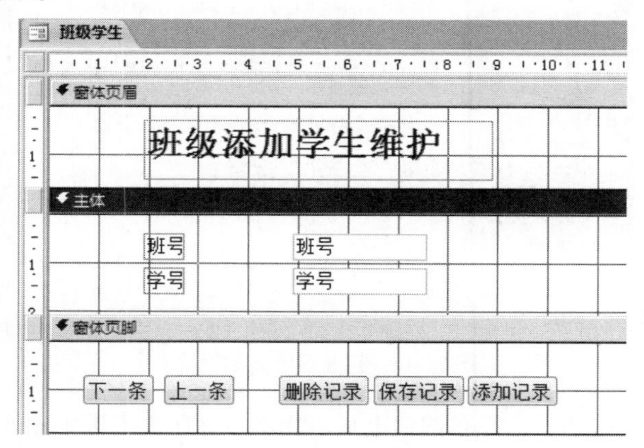

图 21-13　班级添加学生窗体

（2）打开主窗体“高校信息管理系统”的设计视图，在“关联数据管理”模块下创建一个“班级添加学生”的命令按钮，利用命令向导将命令类别设置为“窗体操作”，在“操作”选项中选择“打开窗体”，如图 21-14 所示。

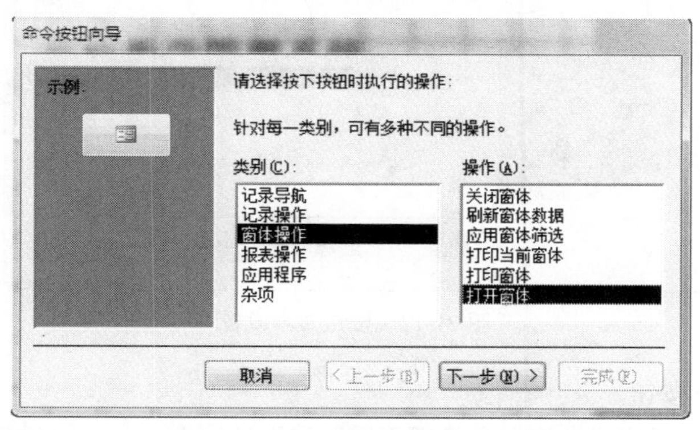

图 21-14　按钮功能设置

（3）单击“下一步”按钮，确定命令按钮打开的窗体为“班级学生”窗体，如图 21-15 所示。

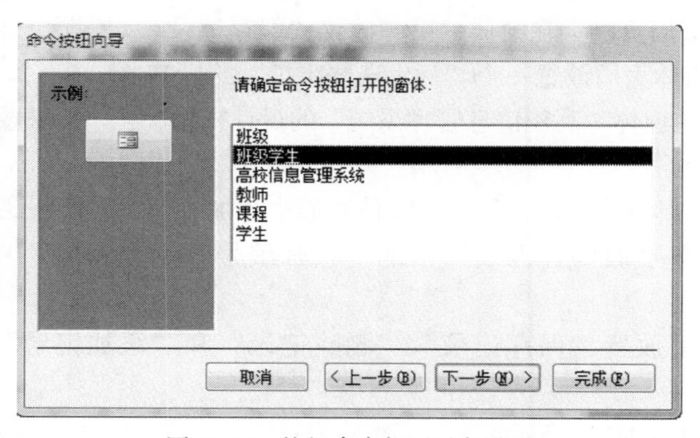

图 21-15　按钮命令打开对象设置

（4）单击“下一步”按钮，选择“打开窗体并显示所有记录”，如图 21-16 所示。

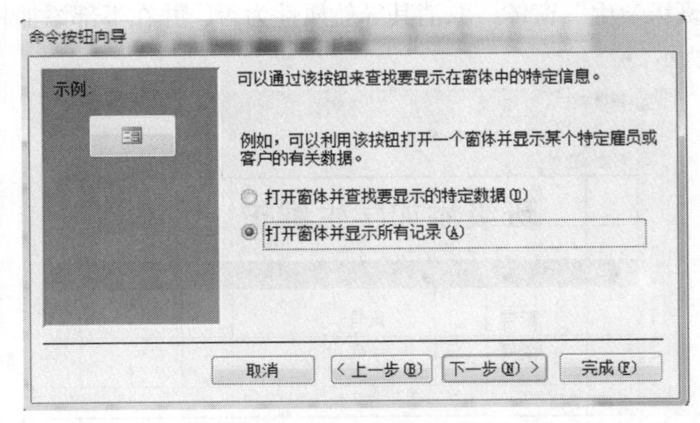

图 21-16　打开窗体显示设置

（5）单击“下一步”按钮，选择在按钮上显示文本，并在文本框中输入“班级添加学生”，如图 21-17 所示。

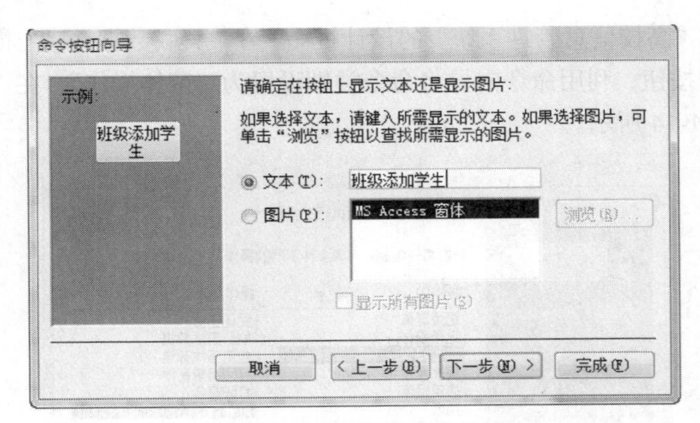

图 21-17　按钮文本设置

（6）单击“完成”按钮。

7. 任务七：打开主窗体“高校信息管理系统”的设计视图，在“关联数据管理”模块下创建一个“学生选修课程”命令。

（1）创建一个“学生选课”的窗体，其设计视图如图 21-18 所示。

（2）打开窗体的页眉页脚，在窗体的页脚放置“保存记录”、“删除记录”和“添加记录”3 个记录操作按钮，在窗体页眉放置一个“学生选修维护”的标签。

8. 任务八：打开主窗体“高校信息管理系统”的设计视图，在“关联数据管理”模块下创建一个“教师任课”命令。

（1）创建一个“教师任课”的窗体，在窗体页眉中添加一个“教师任课管理”的标签。

（2）在主体中放置“教师任课表”中的“教师编号”、“课程号”和“任课学期”3 个字段。

（3）在窗体页脚下放置“保存记录”、“删除记录”和“添加记录”3 个记录操作命令按钮。

（4）其设计视图如图 21-19 所示。

图 21-18　选课窗体设计视图

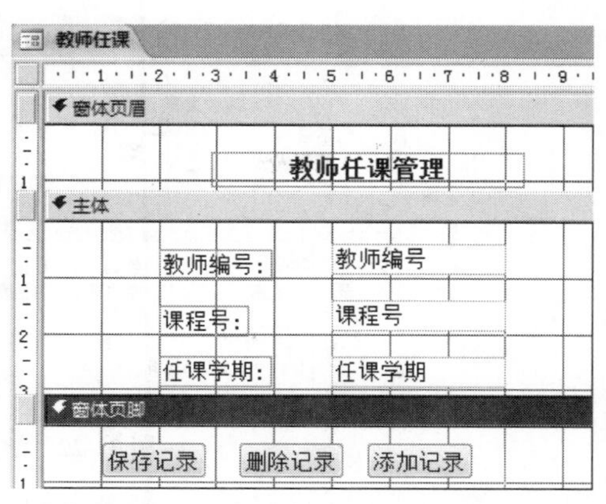

图 21-19　教师任课窗体设计视图

9. 任务九：在“高校信息管理系统”下创建“学生成绩管理”模块。

创建“成绩录入”功能：

（1）在设计视图下创建一个“成绩录入”窗体。

（2）将“选课表”的“学号”、“课程号”、“选课学期”和“成绩”4 个字段拖放到“主体”中。

（3）在“窗体页脚”下添加一个“保存记录”的记录操作按钮，其设计视图如图 21-20 所示。

10. 任务十：创建“成绩查询”功能：

（1）在设计视图下创建一个“成绩查询”窗体，其设计视图如图 21-21 所示。

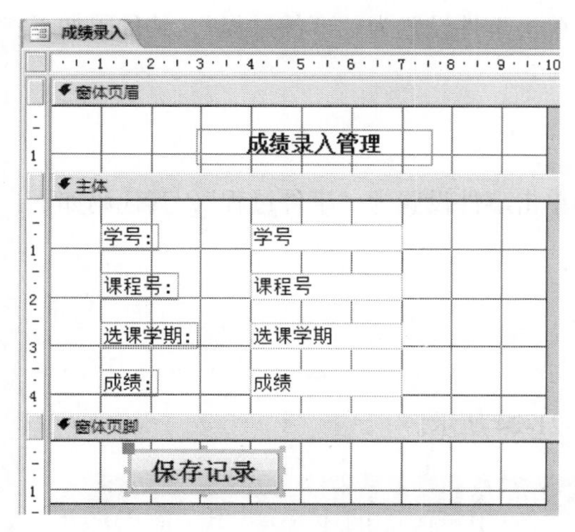

图 21-20　成绩录入管理窗体设计视图

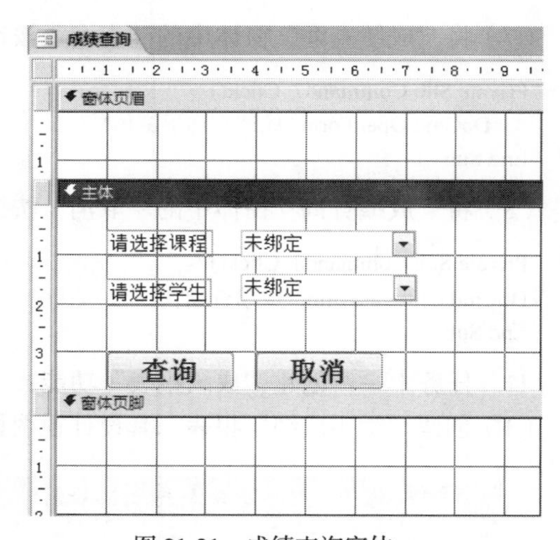

图 21-21　成绩查询窗体

（2）在“主体”中创建两个“组合框”控件，分别用来选择“课程”和“学生”。

（3）创建一个“学生选课查询”，其设计视图如图 21-22 所示：

（4）查询的设计视图中，添加“学号”、“姓名”、“专业”、“课程号”和“课程名”字段。

（5）在“学号”字段下设置条件为“=[Forms]![成绩查询]![Combo0]”，在“课程号”字段下设置条件为“=[Forms]![成绩查询]![Combo2]”，其中 Combo0 和 Combo2 分别为“成绩查询”窗体中的两个组合框控件的名称。

（6）创建一个“成绩查询子窗体”，其数据源为刚创建的“学生选课查询”，如图 21-23 所示。

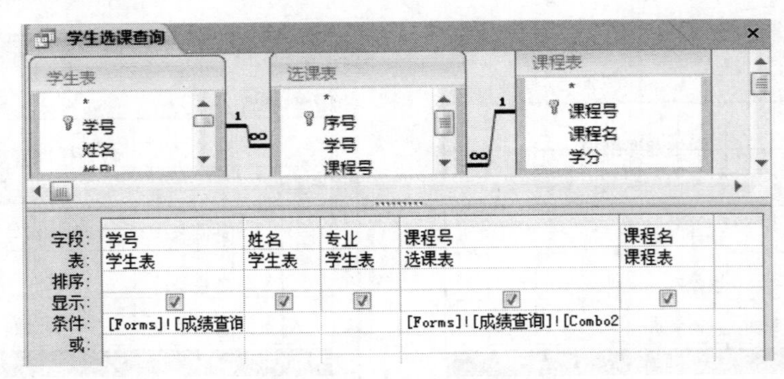

图 21-22　学生选课查询的设计

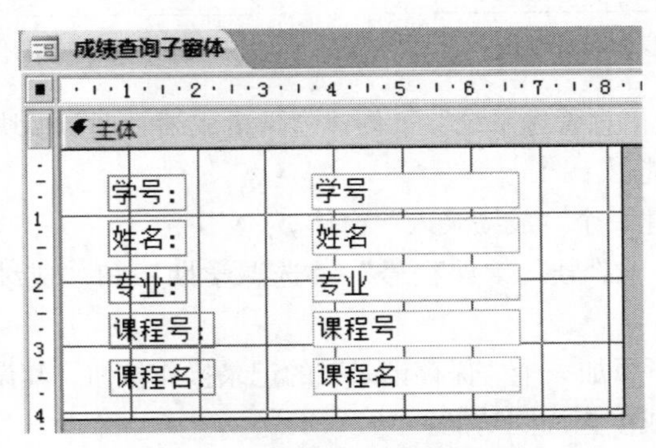

图 21-23　成绩查询子窗体的设计

（7）将“成绩查询”窗体中的“查询”按钮的单击事件设置为“事件过程”，其代码如下：

```
Private Sub Command7_Click()
    DoCmd.OpenForm "成绩查询子窗体"
End Sub
```

（8）将“成绩查询”窗体中的“取消”按钮的单击事件设置为“事件过程”，其代码如下：

```
Private Sub Command8_Click()
DoCmd.Close acForm, "成绩查询"
End Sub
```

11．任务十一：创建“成绩报表”功能：

（1）创建“学生成绩”报表，其设计视图如图 21-24 所示。

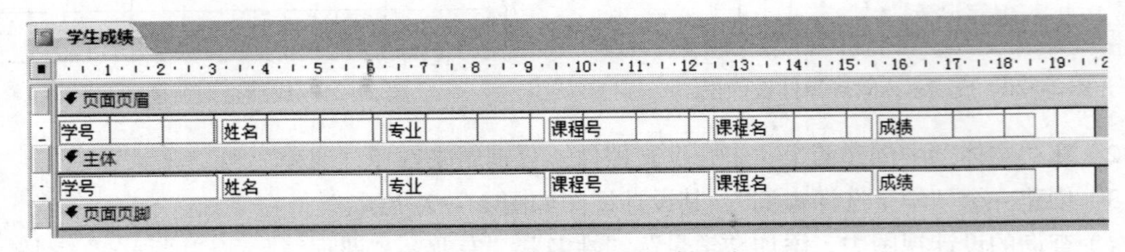

图 21-24　成绩报表的设计视图

（2）将“高校信息管理系统”下的“成绩报表”按钮设置为打开“学生成绩”报表。

第二部分 习题与解答

- 第 1 章　数据库系统概述
- 第 2 章　关系数据库
- 第 3 章　创建数据库
- 第 4 章　表
- 第 5 章　查询
- 第 6 章　窗体
- 第 7 章　报表
- 第 8 章　宏
- 第 9 章　Sharepoint 网站
- 第 10 章　VBA 编程基础
- 第 11 章　VBA 高级编程

第1章 数据库系统概述

1. **选择题**

（1）下列有关数据库的描述，正确的是（　　）。

A. 数据库是一个DBF文件　　B. 数据库是一个关系

C. 数据库是一个结构化的数据集合　　D. 数据库是一组文件

（2）数据库系统的核心是（　　）。

A. 数据库管理员　　B. 数据库管理系统

C. 数据库　　D. 文件

（3）数据库管理系统（DBMS）的组成不包括（　　）。

A. 数据定义语言及其翻译处理程序　　B. 数据库运行控制程序

C. 数据库应用程序　　D. 实用程序

（4）以下不属于数据库系统（DBS）的组成部分是（　　）。

A. 数据库集合　　B. 用户

C. 数据库管理系统及相关软件　　D. 操作系统

（5）以下不属于数据库系统（DBS）的组成部分的是（　　）。

A. 硬件系统　　B. 数据库管理系统及相关软件

C. 文件系统　　D. 数据库管理员

（6）下列所示的数据模型属于（　　）。

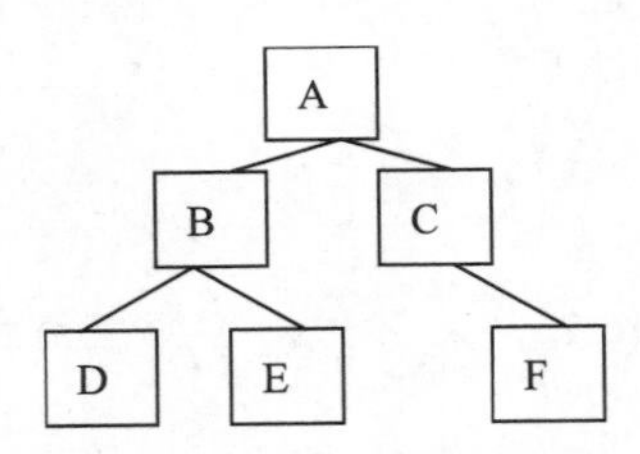

A. 关系模型　　B. 层次模型

C. 网状模型　　D. 以上皆非

（7）用二维表来表示实体及实体之间联系的数据模型是（　　）。

A. 关系模型　　B. 层次模型

C. 网状模型　　D. 实体-联系模型

（8）关系型数据库中所谓的"关系"是指（　　）。

A. 各个记录中的数据彼此间有一定的关联关系

B. 数据模型符合满足一定条件的二维表格式

C. 某两个数据库文件之间有一定的关系

D. 表中的两个字段有一定的关系

（9）构成关系模型中的一组相互联系的“关系”一般是指（　　）。

A. 满足一定规范化的二维表　　B. 二维表中的一行

C. 二维表中的一列　　D. 二维表中的一个数字项

（10）关系模型中最普遍的联系是（　　）。

A. 一对一联系　　B. 多对多联系

C. 一对一联系　　D. 多对一联系

（11）数据库系统 4 要素中，（　　）是数据库系统的核心和管理对象？

A. 硬件　　B. 软件

C. 数据库　　D. 人

（12）DBMS 对数据库数据的检索，插入，修改和删除操作的功能称为（　　）。

A. 数据操纵　　B. 数据控制

C. 数据管理　　D. 数据定义

（13）Access 数据库的设计一般由 5 个步骤组成，以下步骤的排序正确的是（　　）。

a. 确定数据库中的表　　b. 确定表中的字段

c. 确定主关键字　　d. 分析建立数据库的目的

e. 确定表之间的关系

A. dabec　　B. dabce　　C. cdabe　　D. cdaeb

（14）数据库技术的主要目的是能有效的（　　）。

A. 管理和存取大量的数据资源　　B. 进行数据的科学计算

C. 利用数据满足业务需求　　D. 通过网络更好的共享数据

（15）下列有关数据库的描述，正确的是（　　）。

A. 数据处理是将信息转化为数据的过程

B. 数据的物理独立性是指当数据的逻辑结构改变时，数据的存储结构不变

C. 关系中的每一列称为元组，一个元组就是一个字段

D. 如果一个关系中的属性或属性组并非该关系的关键字，但它是另一个关系的关键字，则称其为本关系的外关键字

2. 填空题

（1）在关系运算中，________运算是在指定的关系中选取所有满足给定条件的元组，构成一个新的关系，而这个新的关系是原关系的一个子集。

（2）在关系模型中，把数据看成一个二维表，每一个二维表称为一个________。

（3）为了把多对多的联系分解成两个一对多的联系，需要建立一个“纽带表”该“纽带表”包含两个表的________。

（4）一个项目具有一个项目主管，一个项目主管可以管理多个项目，则实体集“项目主管”与实体集“项目”的联系属于________联系。

解析

1. 选择题

（1）答案：C。数据库（简称 DB）是数据库的集合，具有统一的结构形式并存放于统一的存储介质中，是多种应用数据的集合，并可被各种应用程序所共享。数据库中的数据具有“集成”

和“共享”的特点。

（2）答案：B。数据库系统由 5 部分组成：硬件系统，数据库集合，数据库管理系统及相关软件，数据库管理员，用户。其中数据库管理系统是核心。

（3）答案：C。解析：数据库管理系统的组成包括：数据定义语言及其翻译处理程序，数据操纵语言及其编译程序，数据库运行控制程序，实用程序。而 C 项数据库应用程序是 DBMS 的外层应用。

（4）答案：D。数据库系统由 5 部分组成：硬件系统，数据库集合，数据库管理系统及相关软件，数据库管理员，用户。

（5）答案：C。DBS 由硬件系统，数据库集合，数据库管理系统及相关软件，数据库管理员，用户等组成。

（6）答案：B。层次数据模型的特点是有且只有只有一个结点无双亲，这个结点称为“根结点”；其他结点有且只有一个双亲。网状数据模型的特点是允许一个以上结点无双亲；一个结点可以有多于一个的双亲。关系数据模型是以二维表的形式来表示的。

（7）答案：A。

（8）答案：B。Access 中，一个表就是一个关系，每一个关系都是一个二维表。

（9）答案：A。在 Access 中，一个表就是一个关系，每一个关系都是一个二维表。

（10）答案：A。在 Access 数据库中表之间的关系一般为一对多型。

（11）答案：C。数据库是存放数据的地方，是数据库系统的核心。

（12）答案：A。数据的检索，插入，修改和删除操作都是数据操纵语言拥有的功能。

（13）答案：B。Access 数据库的设计一般由 5 个步骤组成，分析建立数据库的目的，确定数据库中的表，确定表中的字段，确定主关键字，确定表之间的关系。

（14）答案：A。数据库技术的主要目的是能有效的管理和存取大量的数据资源。B，C，D 选项都是数据库的扩展应用，数据库技术也不是这些应用的核心。

（15）答案：D。数据处理是指将数据转换成信息的过程，故选项 A 错误。数据的物理独立性是指数据的物理结构的改变，不会影响数据库的逻辑结构，故选项 B 错误。关系中的行称为元组，对应存储文件中的记录，关系中的列称为属性，对应存储文件中的字段，故选项 C 错误。

2. 填空题

（1）答案：选择。在关系运算中，选择运算是在指定的关系中选取所有满足给定条件的元组，构成一个新的关系，而这个新的关系是原关系的一个子键。

（2）答案：关系。在关系模型中，把数据看成一个二维表，每一个二维表称为一个关系。

（3）答案：主键。为了避免数据的重复存储，又要保持两个表之间的多对多联系，方法是创建第三个表，把多对多的联系分解成两个一对多的联系，所创建的第 3 个表应包含两个表的主关键字，在两表之间起“纽带”的作用，称为“纽带表”。

（4）答案：一对多。实体集“项目主管”与实体集“项目”的联系属于一对多的联系。

第 2 章 关系数据库

1. 选择题

（1）设有如下图所示的关系 R，经操作 $\pi_{A,\ 6}(\sigma_{B="\ b"})$)运算的结果是（　　）。

R.

A	B	C
a	b	c
d	a	f
c	b	d

A.

A	B	C
a	b	c
c	b	d

B.

A	B
a	b
d	a

C.

A	B
a	b
c	b

D.

A	B
d	a
c	b

（2）有三个关系 R、S 和 T 如下：

R.

A	B	C
a	1	2
b	2	1
c	3	1

S.

A	D
c	4

T.

A	B	C	D
c	3	1	4

则由关系 R 和 S 得到关系 T 的操作是（　　）。

A. 自然连接　　B. 交　　C. 投影　　D. 并

（3）根据关系模式的完整性规则，一个关系中的“主键”（　　）。

A. 不能有两个　　B. 不能成为另外一个关系的外码

C. 不允许为空　　D. 可以取值

（4）在关系 R（R#，RN，S#）和 S（S#，SN，SD）中，R 的主码是 R#，S 的主码是 S#，则 S#在 R 中称为（　　）。

A. 外键　　B. 候选键　　C. 主键　　D. 超键

（5）关系模型中，一个键是（　　）。

A. 可由多个任意属性组成

B. 至多由一个属性组成

C. 可由一个或多个其值能唯一标识该关系模式中任意元组的属性组成

D. 以上都不是

（6）一个关系数据库文件中的各条记录（　　）。

A. 前后顺序不能任意颠倒，一定要按照输入的顺序排列

B. 前后顺序可以任意颠倒，不影响库中的数据关系

C. 前后顺序可以任意颠倒，但排列顺序不同，统计处理的结果可能不同

D. 前后顺序不能任意颠倒，一定要按照码段的顺序排列

（7）同一个关系模型的任意两个元组值（　　）。

A. 不能全同　　B. 可全同

C. 必须全同　　D. 以上都不是

（8）当关系 R 和 S 自然连接时，能够把 R 和 S 原该舍弃的元组放到结果关系中的操作是（　　）。

A. 左外连接　　B. 右外连接　　C. 外部并　　D. 外连接

（9）自然连接是构成新关系的有效方法。一般情况下，当对关系 R 和 S 使用自然连接时，要求 R 和 S 含有一个或多个共有的（　　）。

A. 元组　　B. 行　　C. 记录　　D. 属性

（10）设 W = R⋈S，且 W、R、S 的属性个数分别为 w、r 和 s，那么三者之间应满足（　　）。

A. $w \leqslant r+s$　　B. $w<r+s$　　C. $w \geqslant r+s$　　D. $w>r+s$

（11）设有关系 R(A, B, C)和关系 S(B, C, D)，那么与 R⋈S 等价的关系代数表达式是（　　）。

A. $\pi_{1,2,3,4}(\sigma_{2=1 \wedge 3=2}(R \times S))$　　B. $\pi_{1,2,3,6}(\sigma_{2=1 \wedge 3=2}(R \times S))$

C. $\pi_{1,2,3,6}(\sigma_{2=4 \wedge 3=5}(R \times S))$　　D. $\pi_{1,2,3,4}(\sigma_{2=4 \wedge 3=5}(R \times S))$

（12）设关系 R 和 S 的结构相同，分别有 *m* 和 *n* 个元组，那么 R-S 操作的结果中元组个数为（　　）。

A. 为 $m-n$　　B. 为 m　　C. 小于等于 m　　D. 小于等于（$m-n$）

（13）设关系 R(A,B,C)和 S(B,C,D)，下列各关系代数表达式不成立的是（　　）。

A. $\Pi_A(R) \bowtie \Pi_D(S)$　　B. $R \cup S$

C. $\Pi_B(R) \cap \Pi_B(S)$　　D. $R \bowtie S$

（14）设有关系 R，按条件 f 对关系 R 进行选择，正确的是（　　）。

A. $R \times R$　　B. $R \bowtie_f R$　　C. $\sigma_f(R)$　　D. $\Pi_f(R)$

（15）设有属性 A，B，C，D，以下表示中不是关系的是（　　）。

A. R(A)　　B. R(A,B,C,D)

C. R(A*B*C*D)　　D. R(A,B)

2. 填空题

（1）关系操作的特点是________操作。

（2）一个关系模式的定义格式为________。

（3）一个关系模式的定义主要包括________、________、________、________和________。

（4）关系数据库中可命名的最小数据单位是________。

（5）关系模式是关系的________，相当于________。

（6）在一个实体表示的信息中，称________为主码。

（7）关系代数运算中，传统的集合运算有________、________、________和________。

（8）关系代数运算中，基本的运算是________、________、________、________和________。

（9）关系代数运算中，专门的关系运算有________、________和________。

（10）关系数据库中基于数学上两类运算是________和________。

解析

1. 选择题

（1）答案：C。考查关系运算中的选择与投影运算，选作 B=“b”的选择运算，再进行取 A

和 B 属性的投影运算，所以答案 C 符合题意。

（2）答案：A。考查关系运算。在关系运算中，分为集合运算和专门关系运算两种。集合运算由并、交和差等，要求两个关系必须具有相同的结构。专门关系运算由选择、投影和连接构成。选择、投影都是针对一个关系运算的；选择，找出满足逻辑条件的元组操作；投影，找出满足逻辑条件的属性操作。连接对两个关系及以上关系运算的，而不注重结构，进行连接。于是 A 项符合题意。

（3）答案：C。考查关系模式的完整性规则中主键属性。

（4）答案：A。考查的外键的定义，一个属性在一个表中是主键，在另一表中不是主键，则是该表的外键。

（5）答案：C。考查键的定义，主键由一个属性构成，复合主键多个属性组合而成，共同特性是能唯一标识元组。

（6）答案：B。考参关系元组属性，二维关系中元组不能重复，但顺序可以颠倒，不影响数据统计。

（7）答案：D。考参关系元组属性，二维关系中元组不能重复，但顺序可以颠倒。

（8）答案：D。考查外连接概念，外连接会在自然连接的基础之上，将条件不成立而舍弃的元组保存在结果中，而在其他属性上填空值（NULL）。

（9）答案：D。考查的自然连接运算规则，在两个关系进行自然连接时，要有公共属性，否则等同于迪尔积运算。

（10）答案：A。考查的自然连接运算规则。自然连接两个运算对象属性集取并运算。

（11）答案：B。考查的自然连接运算规则。自然连接可以看是迪卡尔积的基础之上做选择投影运算。

（12）答案：C。考查集合的差运算。

（13）答案：B。考查关系表达式的运算目。在做并交运算是，运算目的结构要求一致，而做连接运算可以不相同。

（14）答案：C。考查选择运算。选择选算的符号表达为：σ_f（R），f 表示条件，R 为操作表。

（15）答案：C。关系的表达形式一般为：关系名（属性名 1，属性名 2，…，属性名 n）。

2. 填空题

（1）答案：集合。

（2）答案：关系名（属性名 1，属性名 2，…，属性名 n）。

（3）答案：①关系名②属性名③属性类型④属性长度⑤主码。

（4）答案：属性名。

（5）答案：①框架②记录格式。

（6）答案：能惟一标识实体的属性或属性组。

（7）答案：①笛卡尔积②并③交④差。

（8）答案：①并②差③笛卡尔积④投影⑤选择。

（9）答案：①选择②投影③连接。

（10）答案：①关系代数②关系演算。

第3章 创建数据库

1. 选择题

（1）利用 Access 2007 创建的数据库文件，其扩展名为（　　）。

A. ADP　　B. DBF　　C. ACCDB　　D. MDB

（2）Access 数据库具有很多特点，下列叙述中，不是 Access 特点的是（　　）。

A. Access 数据库可以保存多种数据类型，包括多媒体数据

B. Access 可以通过编写应用程序来操作数据库中的数据

C. Access 可以支持 Internet/Intranet 应用

D. Access 作为网状数据库模型支持客户机/服务器应用系统

（3）不属于 Access 对象的是（　　）。

A. 表　　B. 文件夹　　C. 窗体　　D. 查询

（4）在 Access 数据库对象中，体现数据库设计目的的对象是（　　）。

A. 报表　　B. 模块　　C. 查询　　D. 表

（5）下列属于数据库查询功能的是（　　）。

A. 在班级中填写家庭情况登记表

B. 用电子邮件发送国外大学入学申请表

C. 到中华铁路网检索某次列车到站时间

D. 用 Excel 处理学生成绩统计表

解析

（1）答案：C。Access 2007 数据库扩展名为：.accdb，Access 2003 数据库扩展名为：.mdb。

（2）答案：D。Access 数据库为关系数据库，D 选项与其相违背。

（3）答案：B。Access 对象分别为：表、查询、窗体、报表、宏、页和模块。

（4）答案：D。Access 所有操作都是；围绕表进行的，数据库设计目的的对象为表。

（5）答案：C。查询最常用的功能是从表中检索出满足指定条件的数据。与 C 选项表述意思相符。

第4章 表

1. **选择题**

（1）查询课程名称以“Access”开头的记录应使用的准则是（　　）。

A. “Access*”　B. =“Access”　C. like“Access*”　D. in(“Access*”)

（2）以下字符串符合Access字段名规则的是（　　）。

A.！name!　B. %name%　C. [name]　D. ..name..

（3）使用表设计器定义表中字段时，不是必须设置的内容是（　　）。

A. 字段名称　B. 数据类型　C. 说明　D. 字段属性

（4）以下字符串不符合Access字段命名规则的是（　　）。

A. school　B. 生日快乐　C. hello.c　D. //注释

（5）在Access表中，可以定义3种主关键字，它们是（　　）。

A. 单字段、双字段和多字段　B. 单字段、双字段和自动编号

C. 单字段、多字段和自动编号　D. 双字段、多字段和自动编号

（6）对数据表进行筛选操作，结果是（　　）。

A. 只显示满足条件的记录，将不满足条件的记录从表中删除

B. 显示满足条件的记录，并将这些记录保存在一个新表中

C. 只显示满足条件的记录，不满足条件的记录被隐藏

D. 将满足条件的记录和不满足条件的记录分为两个表进行显示

（7）如果某数据库的表中要添加一张图片，则应该采用的字段类型是（　　）。

A. OLE对象数据类型　B. 超级链接数据类新高

C. 查阅向导数据类型　D. 自动编号数据类型

（8）假设某用户想把歌手的音乐存入Access数据库，那么他该采用的数据类型是（　　）。

A. 查询向导　B. 自动编号　C. OLE对象　D. 备注

（9）某数据库的表中要添加一个word文档，则应改用的字段类型是（　　）。

A. OLE对象数据类型　B. 超级链接数据类型

C. 查阅向导数据类型　D. 自动编号数据类型

（10）要求主表中没有相关记录时就不能将记录添加到相关表中，则应该在表关系中设置（　　）。

A. 参照完整性　B. 有效性规则

C. 输入掩码　D. 级联更新相关字段

（11）可以选择输入数据或空格的输入掩码是（　　）。

A. 0　　B. <　　C. >　　D. 9

（12）在 Access 的数据表中删除一条记录，被删除的记录是（　　）。

A. 可以恢复到原来位置　　B. 被恢复为最后一条记录

C. 被恢复为第一条记录　　D. 不能恢复

（13）在 Access 中，可以选择输入任何字符或一个空格的输入掩码是（　　）。

A. A　　B. a　　C. C　　D. &

（14）某文本型字段的值只能为字母且不允许超过 6 个，则可将该字段的输入掩码属性定义为（　　）。

A. AAAAA　　B. LLLLLL　　C. CCCCCC　　D. 999999

（15）必须输入数字 0～9 的输入掩码是（　　）。

A. >　　B. <　　C. 0　　D. A

2. 填空题

设有文本型字段的取值依次为：6，8，46，123，则按升序排序后的结果为________。

解析

1. 选择题

（1）答案：C。特殊运算符 LIKE 用于指定查找文本字段的字符模式，其中*表示该位置可匹配多个字符。

（2）答案：B。字段的命名规则为长度 1～64 个字符；不可以包含字母，汉字，数字，空格和其他字符；不能包括句号感叹号，方括号和重音符号。

（3）答案：C。设计表时，需填写字段名，字段数据类型以及修改相关字段格式、掩码等属性，其说明可以不必给出。

（4）答案：C。字段命名规则为长度 1～64 个字符；可以包含字母，汉字，数字，空格和其他字符；不能包括句号，感叹号，方括号和重音符号。

（5）答案：C。Access 表的主键有 3 种：主键、复合主键和自动编号，分别与 C 选项的单字段、多字段和自动编号相对应。

（6）答案：C。考查筛选操作的实际意义。Access 中的筛选操作仅是对满足条件的记录进行显示，而非满足条件的记录进行隐藏，在取消筛选操作中可以将全部记录再次显示出来。

（7）答案：A。OLE 对象指的是其他使用 OLE 协议程序创建的对象，例如：Word 文档、Excel 电子表格、图像、声音和其他二进制数据。

（8）答案：C。OLE 对象指的是其他使用 OLE 协议程序创建的对象，例如：Word 文档，Excel 电子表格，图像，声音和其他二进制数据。

（9）答案：A。OLE 对象指的是其他使用 OLE 协议程序创建的对象，例如：Word 文档，Excel 电子表格，图像，声音和其他二进制数据。

（10）答案：A。参表的关系的考查，表的关系有 3 个层次：参照完整性要求主表中没有相关记录时就不能将记录添加到相关表中；级联更新要求主表相关记录字段发生改变，从表相关记录一起发生改变；级联删除要求主表删除相关记录，从表相关记录一关删除。

（11）答案：D。A 选项指必须输入数字（0～9），B 项指将所有字符转换为小写，C 项指将所有字符转换为大写。

（12）答案：D。在 Access 中记录的删除是物理删除，不能恢复。

（13）答案：C。在输入掩码属性所使用的字符中，字符“A”表示必须输入字母或数字；字符“a”表示可以选择输入字母或数字；字符“&”表示必须输入任何字符或一个空格；字符“C”表示可以选择输入任何字符或一个空格。

（14）答案：B。A 选项必须输入 6 个字母或数字；C 选项可以输入任意 6 个字符；D 选项可以选择输入 6 个数据或空格。只有 B 选项符合题意。

（15）答案：C。A 项指将所有字符转换为大写，B 项指将所有字符转换为小写；C 项指必须输入数字；D 项指必须输入字母或数字。

2. 填空题

答案：123，46，6，8。对于文本型字段，如果其取值有数字，Access 将把数字视为字符串，因为排序时按照 ASCII 码值的大小来进行，而不是按照数字本身的大小来进行。

第5章 查询

1. 选择题

（1）Access 中，（　　）不属于查询操作方式。

A. 选择查询　　B. 参数查询

C. 准则查询　　D. 操作查询

（2）在一个操作中可以更改多条记录的查询是（　　）。

A. 参数查询　　B. 操作查询

C. SQL 查询　　D. 选择查询

（3）对"将信息系 99 年以前参加工作的教师的职称改为副教授"，合适的查询为（　　）。

A. 生成表查询　　B. 更新查询

C. 删除查询　　D. 追加查询

（4）SQL 语言又称为（　　）。

A. 结构化定义语言　　B. 结构化控制语言

C. 结构化查询语言　　D. 结构化操纵语言

（5）下面查询不是操作查询的是（　　）。

A. 删除查询　　B. 更新查询

C. 参数查询　　D. 生成表查询

（6）（　　）是直接将命令发送给 ODBC 数据，它使用服务器能接受的命令，利用它可以检索和更改记录。

A. 联合查询　　B. 传递查询

C. 数据定义查询　　D. 子查询

（7）"A or B"准则表达式表示的意思是（　　）。

A. 表示查询表中的记录必须同时满足 Or 两端的准则 A 和 B，才能进入查询结果集

B. 表示查询表中的记录只需满足由 Or 两端的准则 A 和 B 中的一个，即可进入查询结果集

C. 表示查询表中的记录的数据介于 A、B 之间的记录才能进入查询结果集

D. 表示查询表中的记录当满足由 Or 两端的准则 A 和 B 不相等时即进入查询结果集

（8）查询功能的编辑记录主要包括（　　）。

①添加记录②修改记录③删除记录④追加记录

A. ①②③　　B. ②③④　　C. ③④①　　D. ①②④

（9）在 Access 的 5 个最主要的查询中，能从一个或多个表中检索数据，在一定的限制条件下，还可以通过此查询方式来更改相关表中记录的是（　　）。

A. 选择查询　B. 参数查询　C. 操作查询　D. SQL 查询

（10）（　　）包含另一个选择或操作查询中的 SQL SELECT 语句，可以在查询设计网格的“字段”行输入这些语句来定义新字段，或在“准则”行来定义字段的准则？

A. 联合查询　B. 传递查询　C. 数据定义查询　D. 子查询

（11）下列不属于查询的三种视图的是（　　）。

A. 设计视图　B. 模板视图　C. 数据表视图　D. SQL 视图

（12）在查询设计视图中（　　）。

A. 可以添加数据库表　B. 只能添加数据库表

C. 只能添加查询　D. 以上两者都不能添加

（13）下列关于查询的描述中正确的是（　　）。

A. 只能根据已建查询创建查询

B. 只能根据数据库表创建查询

C. 可以根据数据库表创建查询，但不能根据已建查询创建查询

D. 可以根据数据库表和已建查询创建查询

（14）（　　）将一个或多个表，一个或多个查询的字段组合作为查询结果中的一个字段，执行此查询时，将返回所包含的表或查询中对应字段的记录？

A. 联合查询　B. 传递查询

C. 选择查询　D. 字查询

（15）检索价格在 30～60 万元的产品，可以设置条件为（　　）。

A. “>30Not<60”　B. “>30Or<60”

C. “>30And<60”　D. “>30Like<60”

2. 填空题

（1）利用查询可以建立一个新表，这样的查询称为________。

（2）使用向导创建交叉表查询时，行标题最多可以选择________个。

解析

1. 选择题

（1）答案：C。查询有选择查询、交叉表查询、参数查询、操作查询和 SQL 查询，准则查询不存在。

（2）答案：B。操作查询的定义。

（3）答案：B。在建立和维护数据库的过程中，常常需要对表中的记录进行更新和修改，而最简单有效的方法就是利用更新查询。

（4）答案：C。结构化查询语言（简称 SQL）是集数据查询，数据定义，数据操纵和数据控制功能于一体的数据库语言。

（5）答案：C。参数查询跟操作查询并列，而操作查询有 4 种：生成表查询、删除查询、更新查询和追加查询。

（6）答案：B。传递查询的定义。

（7）答案：B。Or 是“或”运算符，表示两端准则满足其一即可。

（8）答案：A。查询功能的编辑包括添加、修改和删除，追加不包括在编辑记录内。

（9）答案：A。选择查询能够根据指定的查询准则，从一个或多个表中获取数据并显示结果，也可以使用选择查询对记录进行分组，并且对记录进行总结，计数，平均以及其他类型的计算；

参数查询是一种利用对话框来提示用户输入准则的查询；操作查询与选择查询相似，但不通的是操作查询是在一次的操作中对所得的结果进行编辑等操作；SQL 查询就是用户用 SQL 语句来创建的一种查询。

（10）答案：D。子查询的定义。联合、传递、数据定义和子查询都是属于 SQL 查询。

（11）答案：B。查询的视图包括设计、数据表和 SQL 视图。

（12）答案：A。在查询设计视图中既可以添加数据表也可以添加查询。

（13）答案：D。查询可以根据已建查询和数据库表创建查询。

（14）答案：A。联合查询的定义。

（15）答案：C。查询“价格在 30～60 万元”要使用 And 语句来表示“与”。

2. 填空题

（1）答案：生成表查询。生成表查询是利用一个或多个表中的全部或部分数据建立新表，其主要应用于创建表的备份，创建从指定时间显示数据的报表，创建包含旧记录的历史表等。

（2）答案：3。使用向导创建交叉表查询时，行标题最多可以选择 3 个字段，而列标题只能选择 1 个字段。

第 6 章 窗体

1. 选择题

（1）下列（　　）不是窗体的组成部分。

A. 窗体页眉　B. 窗体页脚　C. 主体　D. 窗体设计器

（2）自动创建的窗体不包括（　　）。

A. 纵栏式　B. 新奇式　C. 表格式　D. 数据表

（3）创建一个可以将数据进行分组的窗体，用以下（　　）操作最合适。

A. 图表向导　B. 窗体向导

C. 自动创建窗体：纵栏式　D. 自动创建窗体：表格式

（4）下面关于窗体的叙述中错误的是（　　）。

A. 可以接收用户输入的数据或命令

B. 可以编辑、显示数据库中的数据

C. 可以构造方便、美观的输入/输出界面

D. 直接存储数据

（5）Access 窗体由多个部分组成，每个部分称为一个（　　）。

A. 件　B. 窗体　C. 节　D. 页

（6）数据库中可以定义自己的“窗体”，它的主要功能是（　　）、数据显示与打印、控制程序的执行。

A. 查看数据　B. 数据的输入　C. 数据的输出　D. 数据的比较

（7）（　　）不是窗体的控件。

A. 表　B. 签　C. 文本框　D. 组合框

（8）用自动创建窗体方法创建的窗体能使用（　　）张表中的数据。

A. 仅一　B. 两　C. 仅三　D. 多

（9）纵栏式窗体同一时刻（或同一屏幕）可以显示（　　）。

A. 一条记录　B. 两条记录　C. 三条记录　D. 多条记录

（10）下列不属于窗体类型的是（　　）。

A. 纵栏式窗体　B. 表格式窗体　C. 模块式窗体　D. 数据表式窗体

（11）用于创建窗体或修改窗体的窗口是窗体的（　　）。

A. 设计视图　B. 窗体视图　C. 数据表视图　D. 透视表视图

（12）可以作为窗体记录源的是（　　）。

A. 表　B. 查询　C. Select 语句　D. 表、查询或 Select 语句

（13）下面关于列表框和组合框的叙述正确的是（　　）。

A. 列表框和组合框可以包含一列或几列数据

B. 可以在列表框中输入新值，而组合框不能

C. 可以在组合框中输入新值，而列表框不能

D. 在列表框和组合框中均可以输入新值

（14）窗口事件是指操作窗口时所引发的事件，下列不属于窗口事件的是（　　）。

A. 打开　B. 关闭　C. 加载　D. 取消

（15）为窗体上的控件设置 Tab 键的顺序，应选择属性表中的（　　）。

A. 格式选项卡　B. 数据选项卡　C. 事件选项卡　D. 其他选项卡

（16）“特殊效果”属性值用于设定控件的显示效果，下列不属于“特殊效果”属性值的是（　　）。

A. 平面　B. 凸起　C. 蚀刻　D. 透明

（17）在显示具有（　　）关系的表或查询中的数据时，子窗体特别有效。

A. 一对一　B. 多对多　C. 一对多　D. 复杂

（18）有效性规则主要用于（　　）。

A. 限定数据的类型　B. 限定数据的格式

C. 设置数据是否有效　D. 限定数据取值范围

（19）表格式窗体同一时刻能显示（　　）。

A. 1 条记录　B. 2 条记录　C. 3 条记录　D. 多条记录

（20）属于交互式控件的是（　　）。

A. 标签控件　B. 文本框控件　C. 命令按钮控件　D. 图像控件

（21）不是窗体文本框控件的格式属性选项的是（　　）。

A. 标题　B. 可见性　C. 前景颜色　D. 背景颜色

（22）为窗口中的命令按钮设置单击鼠标时发生的动作，应选择设置其属性对话框的（　　）。

A. 格式选项卡　B. 事件选项卡

C. 方法选项卡　D. 数据选项卡

（23）要改变窗体上文本框控件的数据源，应设置的属性是（　　）。

A. 记录源　B. 控件来源

C. 筛选查询　D. 默认值

（24）Access 的控件对象可以设置某个属性来控制对象是否可用（不可用时显示为灰色状态）。需要设置的属性是（　　）。

A. Default　B. Cancel　C. Enabled　D. Visible

2. 填空题

（1）窗体中的数据来源主要包括表和________。

（2）纵栏式窗体将窗体中的一个显示记录按列分隔，每列的左边显示________，右边显示字段内容。

（3）组合框和列表框的主要区别是：是否可以在框中________。

（4）计算型控件用________作为数据源。

（5）窗体可分为多页窗体、________和子窗体等 3 种类型。

（6）窗体通常由页眉、页脚及________3 部分组成。

（7）Access 数据库中，如果在窗体上输入的数据总是取自表或查询中的字段数据，或者取自某固定内容的数据，可以使用________控件来完成。

解析

1. 选择题

（1）答案：D。本题考察窗体组成部分的知识。

（2）答案：B。本题考察自动创建窗体的几种方式，显然 B 选项没有“新奇式”，故答案选 B。

（3）答案：B。本题考察窗体中的排序与分组，显然 B 选项“窗体向导”最合适，其中就有这项功能，故答案选 B。

（4）答案：D。本题考察窗体的使用及基本概念，其中 D 选项“直接存储数据”说法不正确，窗体只可以显示数据，不可以直接存储数据，故答案选 D。

（5）答案：C。本题考察窗体的基本概念。

（6）答案：B。本题考察窗体的基本概念。

（7）答案：A。本题考察窗体的基本概念。

（8）答案：A。本题考察窗体的基本概念。

（9）答案：A。本题考察纵栏式窗体的一些基本特性。

（10）答案：C。本题考察窗体的类型。

（11）答案：A。本题考察几类窗体设计视图的一些基本特性。

（12）答案：D。本题考作为窗体记录源的几种类型，表、查询或 Select 语句都可以作为记录源。

（13）答案：C。本题考察列表框和组合框的区别，即可以在组合框中输入新值，而列表框不能。

（14）答案：D。本题考察窗体的事件，取消是一个操作，不是事件。

（15）答案：D。本题考察窗体控件属性的设置。

（16）答案：D。本题考察窗体控件属性“特殊效果”属性值。

（17）答案：C。

（18）答案：D。本题考察有效性规则的作用。

（19）答案：D。本题考察表格式窗体的显示特性。

（20）答案：B。本题考察各类控件的特性，其中只有文本框控件是交互式控件。

（21）答案：A。本题考察窗体文本框的格式属性，没有“标题”属性。

（22）答案：B。本题考察命令按钮单击事件的属性设置。

（23）答案：B。本题考察文本框控件的数据源属性设置，应该设置控件来源。

（24）答案：C。本题考察文本框控制对象是否可用属性设置，应该设置 Enabled 属性。

2. 填空题

（1）答案：查询。

（2）答案：字段名称。

（3）答案：输入数据值。

（4）答案：表达式。

（5）答案：连续窗体。

（6）答案：主体。

（7）答案：组合框。

第7章 报表

1. 选择题

（1）要设置在报表每一页底部都输出的信息，需要设置（　　）。

A. 报表页眉　　B. 报表页脚　　C. 页面页脚　　D. 页面页眉

（2）不是报表视图的是（　　）。

A. “设计”视图　　B. “页面”视图

C. “打印预览”视图　　D. “版面预览”视图

（3）以下关于报表的叙述，正确的是（　　）。

A. 报表只能输入数据　　B. 报表只能输出数据

C. 报表可以输入和输出数据　　D. 报表不能输入和输出数据

（4）将表中的数据打印成统计表，用以下（　　）向导最合适。

A. 表向导　　B. 数据库向导

C. 查询向导　　D. 报表向导

（5）要设置只在报表最后一页的主体内容之后输入的信息，需要设置（　　）。

A. 报表页眉　　B. 报表页脚　　C. 页面页眉　　D. 页面页脚

（6）报表页眉主要用来显示（　　）。

A. 标题　　B. 数据　　C. 分组名称　　D. 汇总说明

（7）要显示格式为“页码/总页数”的页码，应当设置文本框的控件来源属性值为（　　）。

A. [Page]/[Pages]　　B. =[Page]/[Pages]

C. [Page]&”/”&[Pages]　　D. =[Page]&”/”&[Pages]

（8）下列有关报表的叙述，（　　）是不正确的。

A. 报表是输出检索到的信息的常用格式，可以显示或打印。

B. 报表可以包括计算（如统计、求和等）、图表、图形及其他特性。

C. 报表可用于进行数据的输入、显示及应用程序的执行控制。

D. 报表可以基于数据表或查询结果集。

（9）如果设置报表上的某个文本框的控件来源为“=2*3+1”，则打开报表视图时，该文本框的显示信息是（　　）。

A. 未绑定　　B. 7　　C. 2*3+1　　D. 出错

（10）在设置报表格式时，若想设置多个控件格式，可以按下（　　）键，并单击这些控件。

A. Ctrl 键　　B. Shift 键　　C. Enter 键　　D. Tab 键

（11）Access 中创建报表的方式有（　　）。

A. 使用“自动报表”功能　　B. 使用向导功能
C. 使用设计视图　　D. 以上都是

（12）用于实现报表的分组统计数据的操作区间的是（　　）。
A. 报表的主体区域　　B. 页面页眉或页面页脚区域
C. 报表页眉或报表页脚区域　　D. 组页眉或组页脚区域

（13）关于报表数据源设置，以下说法正确的是（　　）。
A. 可以是任意对象　　B. 只能是表对象
C. 只能是查询对象　　D. 只能是表对象或查询对象

（14）在报表设计中，以下可以做绑定控件显示字段数据的是（　　）。
A. 文本框　　B. 标签　　C. 命令按钮　　D. 图像

（15）要在文本框中显示当前日期和时间，应当设置文本框的控件来源属性为（　　）。
A. =Date()　　B. =Time()　　C. =Now()　　D. =Year()

（16）计算控件的控件来源属性计算表达式设置一般为开头的（　　）。
A. 双引号　　B. 等号　　C. 括号　　D. 字母

（17）报表可以对数据源中的数据所做的操作为（　　）。
A. 修改　　B. 显示　　C. 编辑　　D. 删除

（18）一个报表最多可以对个字段或表达式进行分组（　　）。
A. 6　　B. 8　　C. 10　　D. 16

（19）主报表是基于（　　）创建的报表。
A. 表　　B. 查询　　C. 具有主键的表　　D. 对集

（20）如果要设置整个报表的格式，应单击相应的（　　）。
A. 报表选定器　　B. 报表设计器
C. 节选定器　　D. 报表设计器或报表背景

（21）如果将窗体背景图片存在到数据库文件中，则在“图片类型”属性框中应指定方式（　　）。
A. 嵌入　　B. 链接　　C. 嵌入或链接　　D. 任意

（22）如果想按实际大小显示报表背景图片，则在报表属性中“图片绽放模式”属性应设置为创建的报表（　　）。
A. 拉伸　　B. 剪裁　　C. 绽放　　D. 平铺

（23）在报表设计的工具栏中，用于修饰版面以达到更好显示效果的控件是（　　）。
A. 直线和矩形　B. 直线和圆形　　C. 直线和多边形　　D. 矩形和圆形

2. 填空题

（1）可以建立多层的组页眉及组页脚，但层次不能太多，一不超过________层。

（2）完整报表设计通常由报表页眉、页面页眉、页面页脚、________、组页眉和组页脚 7 个部分组成。

（3）报表页眉的内容只在报表的________打印输出。

（4）目前比较流行的报表有 4 种，它们是纵栏报表、表格式报表、________和标签报表。

（5）报表数据输出不可缺少的内容是________的内容。

（6）Access 中，“自动创建报表”向导分为纵栏式和________两种。

（7）报表不能对数据源中的数据________。

（8）按照需要可以将报表以________方式命名保存在数据库中。

（9）在报表设计中，可以通过添加________控件来控制另起一页输出显示。

解析

1. 选择题

（1）答案：C。本题考察报表页面页脚的功能。

（2）答案：B。本题考察报表有哪几类设计视图。

（3）答案：B。本题考察报表的主要功能，即报表只能输出数据。

（4）答案：D。本题考察报表的主要功能，适合与统计打印。

（5）答案：B。本题考察报表的报表页脚的功能。

（6）答案：A。本题考察报表的报表页眉的功能。

（7）答案：D。本题考察在文本框中写显示页码的表达式，表达式必须以“=”开头，并且根据题意，页码和总页码都是变化的值，只能通过系统提供的[Page]和[Pages]来实现，中间还有一“/”字符，故必须用“&”字符串连接运算符连接，故答案选 D。

（8）答案：C。本题考察报表的一些基本概念，其中 C 选项报表不可以用来进行数据的输入。

（9）答案：B。本题考察表达式的运算，由题意知在文本框的控件来源中输入“=2*3+1”，在运行此报表时，将会在文本框显示表达式的计算结果，应该显示 7，故答案选 C。

（10）答案：A。本题考察如何将多个控件。

（11）答案：D。本题考察创建报表的方式。

（12）答案：D。本题考察报表中，组页眉或组页脚的主要功能，即实现报表的分组统计数据。

（13）答案：D。本题考察报表数据源设置，只能是表对象或查询对象。

（14）答案：A。本题考察控件的特性，文本框可以做绑定控件显示字段数据，其他的不能。

（15）答案：C。本题考察几个系统函数的功能，Date()函数用来显示系统的日期，Time()函数用来显示系统的时间，Now()函数用来显示系统的日期和时间，而 Year()函数用来显示系统的年份，故答案选 C。

（16）答案：B。本题考察计算控件表达式的书写格式，文一般以“=”为开头。

（17）答案：B。

（18）答案：B。本题考察报表进行分组是的限制。

（19）答案：C。本题考察主报表的特性。

（20）答案：D。本题考察报表属性如何设置。

（21）答案：A。本题考察“图片类型”属性的设置，若存起来，就必须选“嵌入”。

（22）答案：B。本题考察“图片绽放模式”属性的设置，若按实际大小显示报表背景图片，就必须选“剪裁”。

（23）答案：B。

2. 填空题

（1）答案：3～6。

（2）答案：主体。

（3）答案：第一页的顶部。

（4）答案：图表报表。

（5）答案：主体节。

（6）答案：表格式。

（7）答案：编辑修改。

（8）答案：对象。

（9）答案：分页符。

第8章 宏

1. 选择题

（1）以下关于宏的说法不正确的是（　　）。

A. 宏能够一次完成多个操作

B. 每一个宏命令都是由动作名和操作参数组成

C. 宏可以是很多宏命令组成在一起的宏

D. 宏是用编程的方法来实现的

（2）要限制宏命令的操作范围，可以在创建宏时定义（　　）。

A. 宏操作对象　　B. 宏条件表达式

C. 窗体或报表控件属性　　D. 宏操作目标

（3）用于显示消息框的宏命令是（　　）。

A. SetWarnings　B. SetValue　C. MsgBox　D. Beep

（4）以下哪个数据库对象可以一次执行多个操作？

A. 数据访问页　B. 菜单　C. 宏　D. 报表

（5）在模块中执行宏“macro1”的格式为是（　　）。

A. Function.RunMacro MacroName

B. DoCmd.RunMacro macro1

C. Sub.RunMacro macro1

D. RunMacro macro1

（6）在条件宏设计时，对于连续重复的条件，可以代替的符号是（　　）。

A. …　B. =　C. ,　D. ;

（7）在一个宏的操作序列中，如果既包含带条件的操作，又包含无条件的操作。则带条件的操作是否执行取决于条件式的真假，而没有指定条件的操作则会（　　）。

A. 无条件执行　B. 有条件执行　C. 不执行　D. 出错

（8）为窗体或报表上的控件设置属性值的正确宏操作命令是（　　）。

A. Set　B. SetData　C. SetWarnings　D. SetValue

（9）宏是指一个或多个（　　）的集合。

A. 命令　B. 操作　C. 对象　D. 条件表达式

（10）使用（　　）可以决定在某些情况下运行宏时，某个操作是否进行。

A. 函数　B. 表达式　C. 条件表达式　D. if...then 语句

（11）用于打开查询的宏操作命令是（　　）。

A. OpenForm　B. OpenReport　C. OpenQuery　D. OpenTable

（12）下图为新建的一个宏组，以下描述错误的是（　　）。

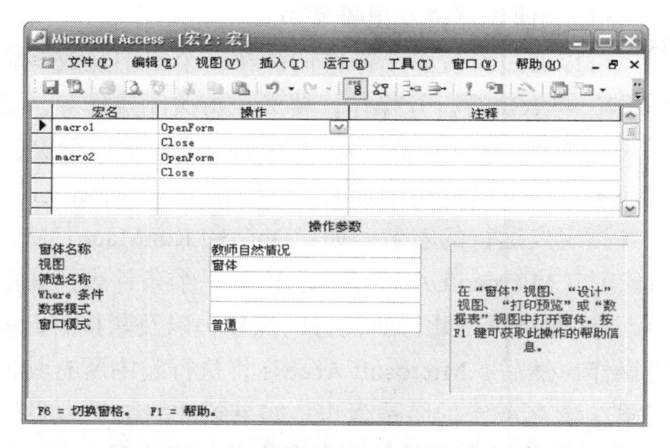

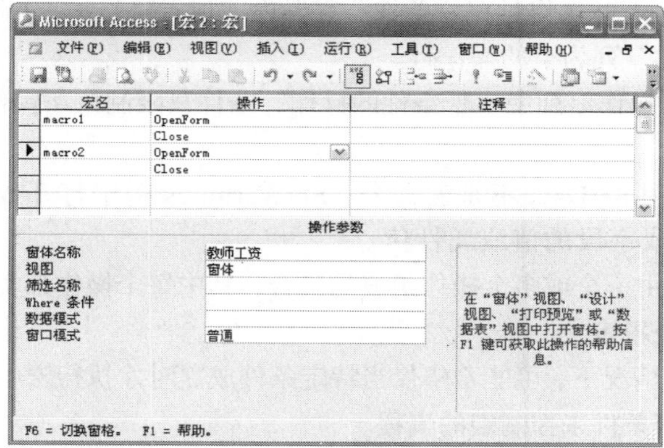

A. 该宏组由和 macro2 两个宏组成

B. 宏 macor1 由两个操作步骤（打开窗体、关闭窗体）组成

C. 宏 macro1 中 OpenForm 命令打开的是教师自然情况窗体

D. 宏 macro2 中 Close 命令关闭了“教师自然情况”和“教师工资”两个窗体

2. 填空题

（1）如果要引用宏组中的宏，语法是________。

（2）Access 为很多对象提供了创建的向导工具，但在其支持的 6 种对象中________和模块的创建没有向导工具。

（3）要使数据库打开时自动打开某一窗体，可以建立一个自动宏来打开这个窗体，该宏名为________。

（4）宏的设计视图默认时分为________、________两列。通常情况下隐藏了________、________两列。

（5）有多个操作构成的宏，执行时是按________执行的。

解析

1. 选择题

（1）答案：D。在创建宏时，可以通过宏的设计窗口，在该窗口的操作列选择动作名，在属性窗口输入操作参数，在条件列编辑条件，在宏名列输入宏名等实现宏的设计和创建，不需要编程。

（2）答案：B。在宏条件表达式限制了该宏命令的操作范围。

（3）答案：C。SetWarnings 操作可以打开或关闭系统消息，防止在出现模式警告和消息框时停止宏的运行，不能输入任意的消息。SetValue 命令用于设置控件或字段的值或属性，MsgBox 命令用于弹出消息框，Beep 用于使计算机发出嘟嘟声。

（4）答案：C。宏对象可以通过设置多个操作命令在一个宏中完成多个操作。数据访问页、报表一次只能执行一个操作，要么执行打开操作，要么执行关闭操作等。菜单不是数据库对象。

（5）答案：B。从另一个宏或 Microsoft Visual Basic 过程中运行宏，要向宏或过程中添加 RunMacro 操作，而且在 Visual Basic 过程中添加 RunMacro 操作，必须在过程中添加 DoCmd 对象并调用 RunMacro 方法，并指定要运行的宏名。如：DoCmd.RunMacro "My Macro"。

（6）答案：A。运行宏时，Microsoft Access 将求出第一个条件表达式的结果。如果这个条件的结果为真，Microsoft Access 就会执行此行所设置的操作，以及紧接着此操作且在“条件”列内前加省略号（...）的所有操作。然后，Microsoft Access 将执行宏中所有其他“条件”列为空的操作，直到到达另一个表达式、宏名或宏的结尾为止。如果条件的结果为假，Microsoft Access 则会忽略相应的操作以及紧接着此操作且在“条件”字段内前加省略号（...）的操作，并且移到下一个包含其他条件或“条件”列为空的操作行。

（7）答案：A。宏的操作序列中，带条件的操作，条件只限制该条操作本身，其他行的操作序列不受该条件的影响。

（8）答案：D。Set 和 SetData 不是宏命令，SetWarnings 用于打开或关闭系统消息，只有 SetValue 用于设置控件或字段的值或属性值。

（9）答案：B。宏是由一个或多个操作组成的集合，其中每个操作都实现特定的功能，例如，打开某个窗体或打印某个报表。

（10）答案：C。某些情况下，可能希望仅当特定条件成立时才执行宏中的一个或一系列操作。在这种情况下，可以使用条件来控制宏的流程。

（11）答案：C。OpenForm 命令用于打开“窗体”，OpenReport 命令用于打开“报表”，OpenTable 命令用于打开“表”，OpenQuery 用于打开“查询”。

（12）答案：D。Close 命令用于关闭指定的窗口，如果无指定的窗口则关闭当前被激活的对象，macro2 中 Close 命令指关闭“教师工资”窗体。

2. 填空题

（1）答案：宏组.宏名。保存宏组时，指定的名称是宏组的名称。每当引用宏组中的宏时，使用“宏组名.宏名”的引用方法。

（2）答案：宏。Access 中包含表，查询，窗体，报表，页，宏和模块 6 种对象，除了宏和模块不能用向导创建之外，其他四种对象 Access 都提供了创建的向导工具。

（3）答案：AUTOEXEC。Access 中将宏命名为“AutoExec”，则该宏就可以在打开数据库并完成数据库已设置的“启动”选项之后自动运行。在打开数据库时，按下“忽略”键（Shift），就可以避免“AutoExec”宏的自动运行。

（4）答案：操作，注释，宏名，条件。单击“新建”按钮，打开宏默认的设计视图窗口，可以看到该窗口只能看到“操作”列和“注释”，其他列默认都被隐藏了。如果想添加“宏名”，“条件”必须单击主菜单栏上的“视图”|“宏名”项或“视图”|“条件”项，将“宏名”列或“条件”列显示出来。

（5）答案：列表上的顺序。如果一个宏中包含多个操作，Microsoft Access 将按照列表上的顺序执行操作。

第 9 章 SharePoint 网站

1. **选择题**

（1）下列有关 SharePoint 说法不正确的是（　　）。

A. SharePoint Services 技术提供了一个基础结构，允话在 Intranet 上共享信息

B. SharePoint 主要安装在 Intranet，实现网络上共享信息

C. SharePoint 服务器端一定存在一个 Access 数据库，供客户端使用

D. SharePoint Services 技术在 SharePoint 数据源和使用该数据的应用程序之间提供一个接口

（2）Access 2007 允许使用 SharePoint 列表默认的类型有（　　）。

A. 联系人　　B. 任务　　C. 事件　　D. 订单数

2. **填空题**

SharePoint Service 和 Access 安装之间的连接可以建立在________连接上，可以给 Access 提供________。

解析

1. **选择题**

（1）答案 C 解析：SharePoint 服务器端一定存在一个数据库，供客户端使用，但不一定是 Access 数据库。

（2）答案 D 解析：Access 2007 允许使用 SharePoint 列表默认的类型有联系人、任务、问题和事件。

2. **填空题**

TCP/IP 外部数据源　解析：这是对 SharePoint 基本原理的理解。

第10章 VBA编程基础

1. 选择题

（1）表达式 IsNULL([名字])的含义是（　　）。

A. 没有“名字”字段　　B. “名字”字段值是空值

C. “名字”字段值是空字符串　　D. 检查“名字”字段名的有效性

答案：B

（2）用于获得字符串 Str 从左边数第 2 个字符开始的 3 个字符的函数是（　　）。

A. Mid(Str, 2, 3)　　B. Middle(Str, 2, 3)

C. Right(Str, 2, 3)　　D. Left(Str, 2, 3)

（3）有如下程序段：

```
Dim str As String*10
Dim i
Str1="abcdefg"
i=12
len1=Len(i)
str2=Right(str1, 4)
```

执行后，len1 和 str2 的返回值分别是（　　）。

A. 12，abcd　　B. 10，bcde

C. 2，defg　　D. 0，cdef

（4）假定有以下循环结构

```
Do  Until  条件
    循环体
Loop
```

则正确的叙述是（　　）。

A. 如果“条件”值为“假”，则一次循环体也不执行

B. 如果“条件”值为“假”，则至少执行一次循环体

C. 如果“条件”值不为“假”，则至少执行一次循环体

D. 不论“条件”是否为“假”，至少要执行一次循环体

（5）假定有以下程序段

```
n=0
for i=1 to 3
    for j=-4 to-1
    n=n+1
```

```
    next j
  next i
```

运行完毕后，n 的值是（　　）。

A. 0　　B. 3　　C. 4　　D. 12

（6）以下关于类模块的说法不正确的是（　　）。

A. 窗体模块和报表模块都属于类模块，它们从属于各自的窗体或报表

B. 窗口模块和报表模块具有局部特性，其作用范围局限在所属窗体或报表内部

C. 窗体模块和报表模块中的过程可以调用标准模块中已经定义好的过程

D. 窗口模块和报表模块生命周期是伴随着应用程序的打开而开始、关闭而结束

2. 填空题

（1）函数 Now()返回值的含义是________。

（2）建立了一个窗体，窗体中有一命令按钮，单击此按钮，将打开一个查询，查询名为“qT”，如果采用 VBA 代码完成，应使用的语句是________。

（3）三维数组 Array(3, 3, 3)的元素个数为________。

（4）设有以下窗体单击事件过程：

```
  Private Sub Form_Click()
  a=1
  For i=1 To 3
    Select Case i
    Case 1，3
      a=a +1
    Case 2，4
      a=a +2
    End Select
    Next i
    MsgBox a
End Sub
```

打开窗体运行后，单击窗体，则消息框的输出内容是________。

（5）在窗体上添加一个命令按钮（名为 Command1）和一个文本框（名为 text1），然后编写如下事件过程：

```
  Private Sub Command1_Click()
  Dim a As Integer, y As Integer, z As Integer
        x=5 : y = 7 : z = 0
        Me!Text1 =””
        Call p1(x, y, z)
        Me!Text1 =z
  End Sub
  Sub p1(a As Integer, b As Integer, c As Integer)
        c = a + b
  End Sub
```

打开窗体运行后，单击命令按钮，文本框中显示的内容是________。

（6）以下是一个竞赛评分程序。5 位评委，去掉个最高分和一个最低分，计算平均分（设满分为 10 分）。请填空补充完整。

```
  Private Sub Form_Click()
      Dim Max as Integer，Min as Integer
```

```
    Dimi as Integer，x as Integer，s as Integer
    Dim p as Single
    Max=0
    Min=10
    Fori=1 T0 5
      x=Val（InputBox（“请输入分数：”）
       If ________Then Max=x
       lf ________Then Min=x
       s=s+x
     Next i
     s=________
     p=s/6
     MsgBox“最后得分：” & p
   EndSub
```

解析

1. 选择题

（1）答案：B

解析：IsNULL()函数，返回一个 Boolean 值，该值指示括号内的表达式是否包含无效数据的 Null 数据，即是否为空。

（2）答案：B

解析：Mid(Str, 2, 3)用于返回 Str 字符串中从第二个字符开始，连续的 3 个字符所组成的新字符串的值。Middle(Str, 2, 3)不是 VBA 中的合法函数。Right(Str, 2, 3)函数用于返回 Str 字符串中从字符串右侧第 2 个字符算起，连续的 3 个字符所组成的新字符串的值。Left(Str, 2, 3)函数用于返回 Str 字符串中从字符串左侧第 2 个字符算起，连续的 3 个字符所组成的新字符串的值。

（3）答案：C

解析：Right(string, length)函数返回从字符串右侧算起的指定数量的字符。Right(str1, 4)表示取字符串 str1 中从右侧第一个字符算起，连续 4 个字符所组成的新字符串。

（4）答案：B

解析：Do…Until…Loop，该结构是条件式值为假时，立即执行循环，直至条件式值为真，结束循环。

（5）答案：D

解析：当 i=1 时，j=−4 时，n=n+1 即 n=0+1=1，当 i=1 时，j=−3 时，n=n+1 即 n=1+1=2，当 i=1 时，j=−2 时，n=n+1 即 n=2+1=3，当 i=1 时，j=−1 时，n=n+1 即 n=3+1=4，此时 j=−1 内层 for 循环执行完毕继续往下执行，即执行“next i”语句，i 的值加 1，i 等于 2，小于 3，所以执行外层 for 循环中循环体的语句，即又重新执行内层 for 循环语句。当 i=2 时，j=−4 时，n=n+1 即 n=4+1=5，当 i=12 时，j=−3 时，n=n+1 即 n=5+1=6，当 i=2 时，j=−2 时，n=n+1 即 n=6+1=7，当 i=2 时，j=−1 时，n=n+1 即 n=7+1=8，此时 j=−1 内层 for 循环执行完毕继续往下执行，即执行“next i”语句。i 的值加 1，i 等于 3，又重新执行内层 for 循环语句，内层 for 循环又执行了 4 次，执行完后，n 的值为 12，此时 i 的值加 1，等于 4，大于 3，外层 for 循环也执行完毕。

（6）答案：D

解析：窗体模块和报表模块都属于类模块，他们从属于各自的窗体或报表，所以它们的生命周期也从属于各自的窗体或报表，和应用程序无关。

2. 填空题

（1）答案：系统日期与时间。解析：Now()返回根据计算机系统日期和时间所指定的当前日期和时间值。需要注意一下的是，Time()函数返回的是当前的系统的时间值，Date() 函数返回的是当前系统的日期值。

（2）答案：Docmd.OpenQuery qT。解析：使用 OpenQuery 操作，可以在“数据表”视图、“设计”视图或“打印预览”中打开选择查询或交叉表查询。该操作将运行一个操作查询。可以为查询选择数据输入方式。若要在 Microsoft Visual Basic 中运行 OpenQuery 操作，必须使用 DoCmd 对象的 OpenQuery 方法。OpenQuery 操作只在 Microsoft Access 数据库环境（.mdb）下才可用。

（3）答案：64。解析：三维数组 Array(3, 3, 3)，第一个下标的范围是 0～3，第二个下标的范围是 0～3，第三个下标的范围是 0～3，若只改变第一个坐标，第二个坐标和第三个坐标都为 0，则包含元素 Array(0, 0, 0)，Array(1, 0, 0)，Array(2, 0, 0)，Array(3, 0, 0)，有 4 个元素。所以三维数组 Array(3, 3, 3)总共包含的元素个数为 4*4*4=64。

（4）答案：5。解析：a 的初始值为 1，当 for 循环总共执行三次，当 i=1 时，for 执行第一次，此时执行第一条 case 语句，a=a +1=1+1=2，当 i=2 时，for 执行第二次，此时执行第二条 case 语句，a=a +2=2+2=4，当 i=3 时，for 执行第三次，此时又执行第一条 case 语句，a=a +1=4+1=5。

（5）答案：12。解析：单击命令按钮 Command1 后，执行过程 Command1_Click()，在该过程中 x=5，y = 7，z = 0，并调用过程 p1，p1 过程所完成的功能是将 x 和 y 的值相加后的和赋值给 z，最后将文本框 text1 的值设置为 z。

（6）答案：第一个空：x> Max， 第二个空：x< Min， 第三个空：s- Max- Mi。解析：第一个空，表示如果输入的分数值大于最大值，则将最大值修改为当前输入的分数值，第二个空，表示如果输入的分数值小于最小值，则将最小值修改为当前输入的分数值，第三个空，表示将八位评委的总分数减去最高分和最低分。

第11章 VBA高级编程

1. 选择题

（1）确定一个控件在窗体或报表上的位置的属性是（　　）。

A. Width 或 Height　　B. Width 和 Height

C. Top 或 Left　　D. Top 和 Left

（2）假定窗体的名称为 finTest，则把窗体的标题设置为“AccessTest”的语句是（　　）。

A. Me = “AccessTest”　　B. Me.Caption = “AccessTest”

C. Me.Text = “AccessTest”　　D. Me.Name = “AccessTest”

（3）以下程序段运行后，消息框的输出结果是（　　）。

```
a=sqr(3)
b=sqr(2)
c=a>b
Msgbox    c+2
```

A. −1　　B. 1

C. 2　　D. 出错

（4）执行语句：MsgBox "AAAA", vbOKCancel + vbQuestion, "BBBB"、之后，弹出的信息框外观样式是（　　）。

A.

B.

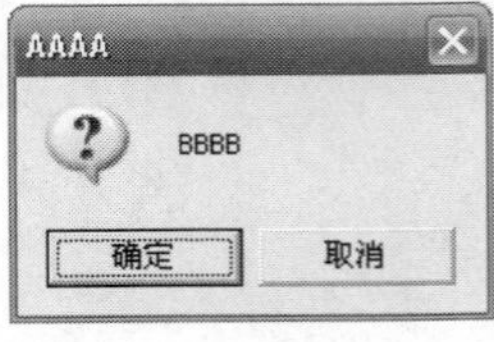

C.

D.

（5）窗体上添加有 3 个命令按钮，分别命名为 Command1、Command2 和 Command3。编写 Command1 的单击事件过程，完成的功能为：当单击按钮 Command1 时，按钮 Command2 可用，

按钮 Command3 不可见。以下正确的程序代码是（　　）。

A.
```
Private Sub Command1_Click()
  Command2.Visible=True
  Command3.Visible=False
End Sub
```

B.
```
Private Sub Command1_Click()
  Command2.Enabled=True
  Command3.Enabled=False
End Sub
```

C.
```
Private Sub Command1_Click()
  Command2. Enabled =True
  Command3.Visible=False
End Sub
```

D.
```
Private Sub Command1_Click()
  Command2.Visible =True
  Command3.Enabled=False
End Sub
```

（6）如下图所示窗体，窗体中有一个标签和一个命令按钮，名称分别为 Label1 和 bChange。在“窗体视图”显示该窗体时，要求在单击命令按钮后标签上显示的文字颜色变为红色，以下能实现该操作的语句是（　　）。

A. Label1.ForeColor=255　　B. bChange.ForeColor=255

C. Label1.ForeColor=”255”　　D. bChange.ForeColor=”255”

2. **填空题**

类是一个支持集成的抽象数据类型，而对象是类的________。

答案：实例

解析

1. **选择题**

（1）答案：D。解析：确定一个控件在窗体或报表上的位置的属性是左边距和上边距，即距窗体或报表窗口左顶点的 x 轴和 y 轴的距离。

（2）答案：B。解析：A 选项肯定不对因为它没有带属性值，C 选项不对，因为窗体没有 Text 属性，D 选项不对，因为窗体的 Name 为只读，只有 B 选项正确。

（3）答案：B。解析：a 的值为 3 的平方，b 的值为 2 的平方，c 的值为逻辑值，如果 a>b，则 c 的值为 TRUE，否则 c 的值为 FALSE，TRUE 转换成数字为−1，FALSE 转换成数字为 0，所以，c+2= −1+2=1。

（4）答案：A。解析：MsgBox 的语法为：MsgBox(prompt[, buttons] [, title] [, helpfile, context])，prompt 为在对话框中作为消息显示的字符串表达式，buttons 为按钮的样式，title 为在对话框的标题栏中显示的字符串表达式，若省略，将把应用程序名放在标题栏中，helpfile，标识帮助文件的字符串表达式，帮助文件用于提供对话框的上下文相关帮助。如果提供了 helpfile，还必须提供 context。context 表示帮助的上下文编号的数值表达式，此数字由帮助的作者分配给适当的帮助主题。vbOKCancel 表示显示“确定”和“取消”按钮。vbQuestion 表示显示警告查询图标。vbYesNo 才表示显示“是”和“否”按钮。

（5）答案：C。解析：Visible 属性表示控件是否可见，Enabled 属性表示控件是否可用。

（6）答案：A。解析：Label1 为标签控件，bChange 为按钮控件，颜色值不需要加双引号。

2. 填空题

答案：实例。解析：类是某种抽象数据的集合，对象是类的一个实例。

第三部分

机试模拟题及解析

- 第 1 套　机试模拟题
- 第 2 套　机试模拟题
- 第 3 套　机试模拟题
- 第 4 套　机试模拟题
- 第 5 套　机试模拟题
- 第 6 套　机试模拟题
- 第 7 套　机试模拟题
- 第 8 套　机试模拟题

第1套 机试模拟题

1. 基本操作题

在素材\上机题库\1 文件夹下，“samp1.accdb”数据库文件中已建立表对象“tNorm”。试按以下操作要求，完成表的编辑：

（1）设置“产品代码”字段为主键；

（2）将“单位”字段的默认值设置为“只”，字段大小属性改为1；

（3）删除“规格”字段值为“220V-4W”的记录；

（4）删除“备注”字段；

（5）将“最高储备”字段大小改为长整型，“最低储备”字段大小改为整型；

（6）将“出厂价”字段的格式属性设置为货币显示形式。

答案提示

本题考查考生对 Access 中表的基本操作。

（1）这一步考查设置主键的操作具体步骤如下：

① 打开“samp1.accdb”，鼠标右键单击“tNorm”表对象，在弹出菜单中选中“设计视图”，打开“tNorm”表的设计视图，如图 1-1 所示。

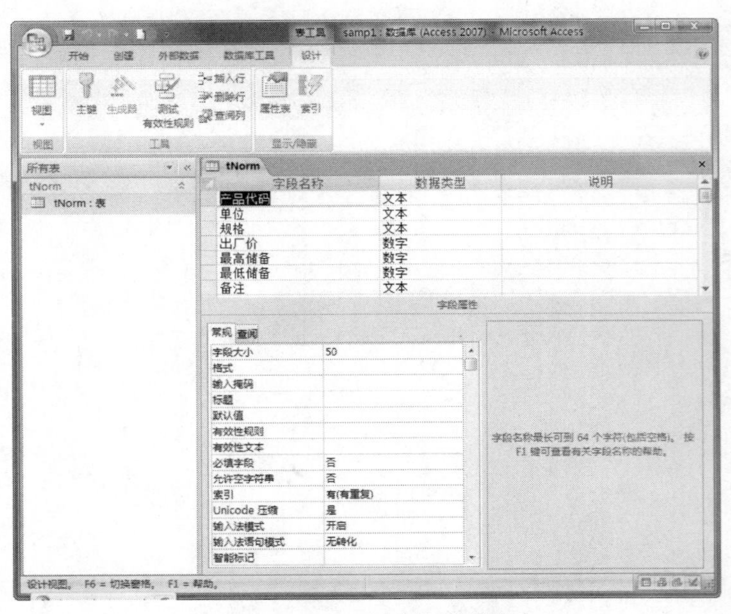

图 1-1 “tNorm”表的设计视图

② 用鼠标选中“产品代码”字段，然后在主菜单中选中“钥匙”图标，或者右键单击“产品代码”字段，在弹出菜单中选中“主键”菜单；

③ 单击工具栏上的保存按钮保存表的修改。

（2）这一步考查设置属性的操作，具体步骤如下：

①打开“tNorm”表的设计视图；

②单击“单位”字段，在“字段属性”区中单击“默认值”属性框，输入“只”；单击“字段大小”属性框，输入“1”。如图 1-2 所示窗口：

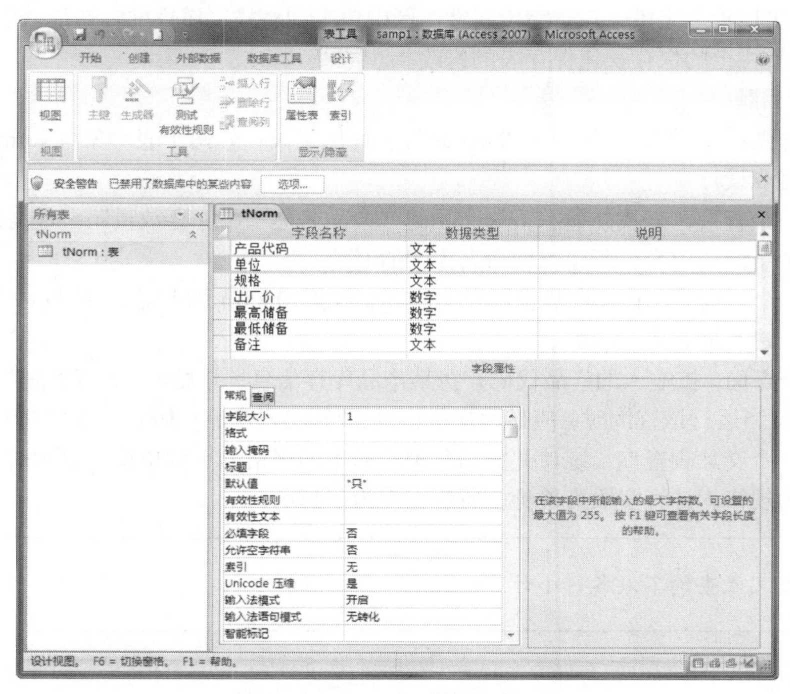

图 1-2 “tNorm”表的设计视图

③ 单击工具拦上的保存按钮保存表的修改。

（3）这一步考查删除记录的操作，具体步骤如下：

① 在“设计”选项页中单击“视图”菜单下的小三角，选中“数据表视图”，打开“tNorm”表的数据表视图；

② 单击“规格”字段为“220V-4W”的记录所在行中的任意位置，单击“记录”菜单，在弹出的菜单中选中“删除记录”命令，这时屏幕上显示删除记录提示框；

③ 单击提示框中的“是”按钮，则删除了该记录；

④单击工具拦上的保存按钮保存表的修改。

（4）这一步考查修改表结构的保作，具体步骤如下：

① 选中“视图”菜单中的“设计视图”命令，打开“tNorm”表的数据表视图；

② 将光标移到“备注”字段的位置上，在菜单中选择“删除行”命令，这时屏幕上显示删除字段提示框；

③ 单击提示框中的“是”按钮，则删除了该字段；

④ 单击工具拦上的保存按钮保存表的修改。

（5）这一步考查设置字段属性的操作，具体步骤如下：

① 打开“tNorm”表的设计视图；

② 单击“最高存储”字段，在“字段属性”区中单击“字段大小”属性框，选择“长整型”；单击“最低存储”字段，在“字段属性”区中单击“字段大小”属性框，选择“整型”；

③ 单击工具拦上的保存按钮保存表的修改。

（6）这一步考查设置字段属性的操作，具体步骤如下：

① 打开“tNorm”表的设计视图；

② 单击“出厂价”字段，在“字段属性”区中单击“格式”属性框，选择“货币”选项；

③ 单击工具栏上的保存扶钮保存表的修改。

2. 简单应用题

在素材\上机题库\1 文件夹下“samp2.accdb”，里面已经设计好两个表对象“tNorm”和“tStock”。试按以下要求完成设计：

（1）创建一个查询，查找并显示每种产品的“产品名称”、“库存数量”、“最高储备”和“最低储备”等 4 个字段的内容，所建查询命名为“qT1”；

（2）创建一个查询，查找库存数量超过 10000（不含 10000）的产品，并显示“产品名称”和“库存数量”。所建查询名为“qT2”；

（3）建一个查询。按输入的产品代码查找某产品库存信息，并显示“产品代码”、“产品名称”和“库存数量”。当运行该查询时，应显示提示信息：“请输入产品代码：”。所建查询名为“qT3”；

（4）创建一个交叉表查询，统计并显示每种产品不同规格的平均单价，显示时行标题为产品名称，列标题为规格，计算字段为单价，所建查询为“qT4”。

交叉表查询不做各行小计。

答案提示

本题考查考生对 Access 中创建查询的操作。查询是对数据库表中的数据进行查找，同时产生一个类似于表的结果。创建查询的方法有很多，可以手工在设计视图中逐步创建，也可以使用查询向导创建。

（1）本题使用查询向导创建查询，过程如下：

① 打开数据库“samp2.accdb”，单击“创建”命令，打开“创建”选项页菜单，单击“查询向导”菜单，启动查询向导。

② 在“新建查询”窗口中，选中“简单查询向导”选项，打开的“简单查询向导”对话框，在打开的“简单查询向导”对话框中选择查询中要使用的字段。首先，在“表/查询”下拉列表中选择“表：tStock” ，然后从“可用字段”列表中将“产品名称”和“库存数量”移动到“选定的字段”列表中；然后，在“表/查询”下拉列表中选择“表：tNorm”，然后从“可用字段”列表中将“最高储备”和“最低储备”移动到“选定的字段”列表中。单击“下一步”按钮。

③ 选择“明细”单选框，单击“下一步”按钮，然后在向导最后一个对话框中，为该查询指定名称为“qT1”，单击“完成”按钮。

（2）本题在设计视图中创建查询，过程如下：

① 打开数据库“samp2.accdb”，在“创建”选项页菜单中，单击“查询设计”菜单。

② 在“显示表”对话框中单击“表”选项卡，单击“tstock”表，然后单击“添加”按钮，最后单击“关闭”按钮。

③ 分别双击“产品名称”和“库存数量”字段。

④ 按照题目要求，在“库存数量”字段列的条件行输入“> 1000”。

⑤ 单击工具栏上的“保存”按钮，这时出现“另存为”对话框，在“查询名称”文本框中输入“qT2”，然后单击“确定”按钮。

（3）本题考查创建参数查询，过程如下:

① 打开数据库“samp2.accdb”，在“创建”选项页菜单中，单击“查询设计”菜单。。

② 在“显示表”对话框中单击“表”选项卡，单击“tstock”表，然后单击“添加”按钮，最后单击“关闭”按钮.

③ 分别双击“产品代码”、“产品名称”和“库存数量”字段，在“产品代码”字段的“条件”行单元格中输入“[请输入产品代码：]”。

④ 单击工具栏上的“保存”按钮，这时出现“另存为”对话框，在“查询名称”文本框中输入“qT3”，然后单击“确定”按钮。

⑤ 运行此查询出现一个输入参数的对话框，可按照题目要求输入产品代码进行查询。

（4）本题考查创建交叉表查询，创建交叉表查询有两种方法：“查询向导”和查询“设计”视图，本题我们使用“查询向导”来创建交叉表查询。过程如下：

① 打开数据库“samp2.accdb”， 单击“创建”选项卡，选择“查询向导”选项。在“新建查询”对话框中选择“交叉表查询向导”命令，然后单击“确定”按钮。

② 这时屏幕上显不“交叉表查询”第一个对话框。

③ 选择“表：tstock”，单击“下 一步”按钮。

④ 选择“产品名称”字段。单击“下一步”按钮。

⑤ 选择“规格”字段。单击“下一步”按钮。

⑥ 在“字段”列表选择“单价”，在“函数”列表中选择“平均”，取消选中“是，包括各行小计”前的复选框。单击“下一步”按钮。

⑦ 在向导最后一个对话框中，为该查询指定名称为“qT4”，单击“完成”按钮。

3. 综合应用题

在素材\上机题库\1 文件夹下“samp3.accdb”，里面已经设计好表对象“tNorm”和“tStock”，查询对象“qStock”和宏对象“ml”，同时还设计出以“tNorm”和“tStock”，为数据源的窗体对象“fStock”和“fNorm”。试在此基础上按照以下要求补充窗体设计：

（1）在“fStock”窗体对象的窗体页眉节区位置添加一个标签控件，其名称为“bTitle”，初始化标题显示为“库存浏览”，字体名称为“黑体”，字号大小为 18。字体粗细为“加粗”；

（2）在“fStock”窗体对象的窗体页眉节区位置添加一个命令按钮，命名为“bList”，按钮标题为“显示信息”；

（3）设置所建命令按钮 bList 的单击事件属性为运行宏对象 ml；

（4）将“fStock”窗体的标题设置为“库存浏览”；

（5）将“fStock”窗体对象中的“fNorm”子窗体的导航按钮去掉。

不允许修改窗体对象中未涉及的控件和属性；不允许修改表对象“tNorm”，“fStock”和宏对象“ml”。

答案提示

本题考查窗体的创建和编辑等操作。窗体是 Access 数据库中的一种对象，通过出窗体，用户可以方便地输入数据、编辑数据、显示和查询表中的数据。

（1）在窗体页眉中添加标签的具体步骤如下：

① 右键单击“fStock”窗体对象，在弹出菜单中选中“设计视图”打开窗体“fStock”的“设计视图”，在“窗体页眉”添加标签控件，并输入“库存浏览”；

② 按照题目要求设置相关属性：选中标签，在“设计”选项页中，单击“属性表”菜单，打开属表对话框，在“名称”行输入“bTitle”；类似地，选择对应文本格式，文本格式为：黑体，18 号，加粗。如图 1-3 所示；

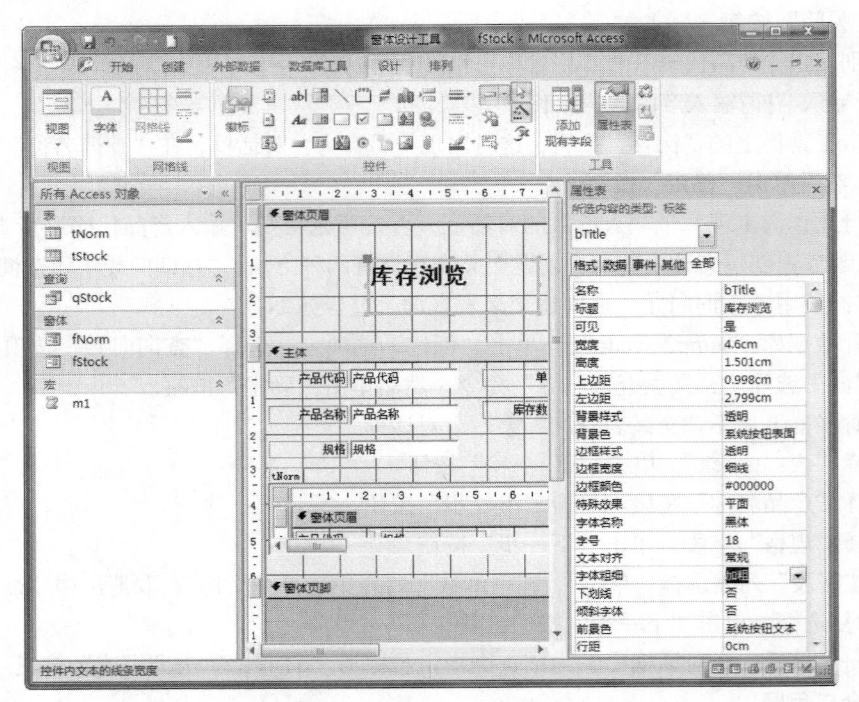

图 1-3 “bTitle”属性图

③ 单击工具栏上的保存按钮保存对窗体的修改。

（2）在窗体页脚中添加命令按钮的具体步骤如下：

① 打开窗体“fStock”的“设计视图”从工具箱中选择“按钮”控件，添加到窗体页脚中，此时弹出“命令按钮向导”对话框，选择“取梢”按钮；

② 按照题目要求设置相关属性：选中上述按钮，单击“属性表”菜单，打开属性对话框，设置“标题”属性行为“显示信息”，名称属性行为“bList”；

③ 单击工具栏上的保存按钮保存对窗体的修改。

（3）设置命令按钮单击时运行宏 m1 的具体步骤如下：

① 打开窗体“fstock”的“设计视图”，选中按钮“bList”，单击“属性表”菜单，打开“属性表”对话框；

② 在“属性表”对话框中，单击“事件”选项卡，在“单击”属性行中选择“ml”；

③ 单击工具栏上的保存按钮保存对窗体的修改。

（4）设置窗体标题的具体步骤如下：

① 打开窗体“fStock”的“设计视图”，单击“属性表”菜单，打开“属性表”对话框；

② 在“属性表”对话框中，单击“格式”选项卡，在“标题”属性行中输入“库存浏览”；

③ 单击工具栏上的保存按钮保存对窗体的修改。

（5）取消窗体的导航按钮的具体步骤如下：

① 选中子窗体“tNorm”对象，单击“属性表”菜单，打开“属性表”对话框；

② 在“属性表”对话框中，单击“格式”选项卡，在“导航按钮”属性行中选择“否”；

③ 单击工具栏上的保存按钮保存对窗体的修改。

第2套 机试模拟题

1．基本操作题

在素材\上机题库\2 文件夹下，数据库文件“samp1.accdb”。试按以下操作要求，完成表的建立和修改：

（1）创建一个名为“tEmployee”的新表，其结构如表 2-1 所示。

表 2-1　　职工表

字段名称	数据类型	字段大小	格式
职工 ID	文本	5	
姓名	文本	10	
职称	文本	6	
聘任日期	日期/时间		常规日期

（2）将新表“tEmployee”中的“职工 ID”字段设置为主关键字；

（3）在“聘任日期”字段后添加“借书证号”字段，字段的数据类型为文本，字段大小为 10，并将该字段设置为必填字段；

（4）将“tEmployee”表中的“职称”字段的“默认值”属性设置为“副教授”。

（5）向“tEmployee”表中填入以下内容如表 2-2 所示。

表 2-2　　职工表信息

职工 ID	姓名	职称	聘任日期	借书证号
00001	112	副教授	1995-11-1	1
00002	112	教授	1995-12-12	2
00003	114	讲师	1998-10-10	3
00004	115	副教授	1992-8-11	4
00005	111176	副教授	1996-9-11	5
00006		教授	1998-10-28	6

答案提示

本题考查考生对 Access 中表的基本操作。

（1）这一步考查创建表的操作，创建表的方法有很多，这里采用“设计”视图来创建表，具体步骤如下：

① 打开数据库“samp1.accdb”，单击“创建”选项页，然后单击“表设计建”按钮，屏幕上

显示如图 2-1 所示对话框；

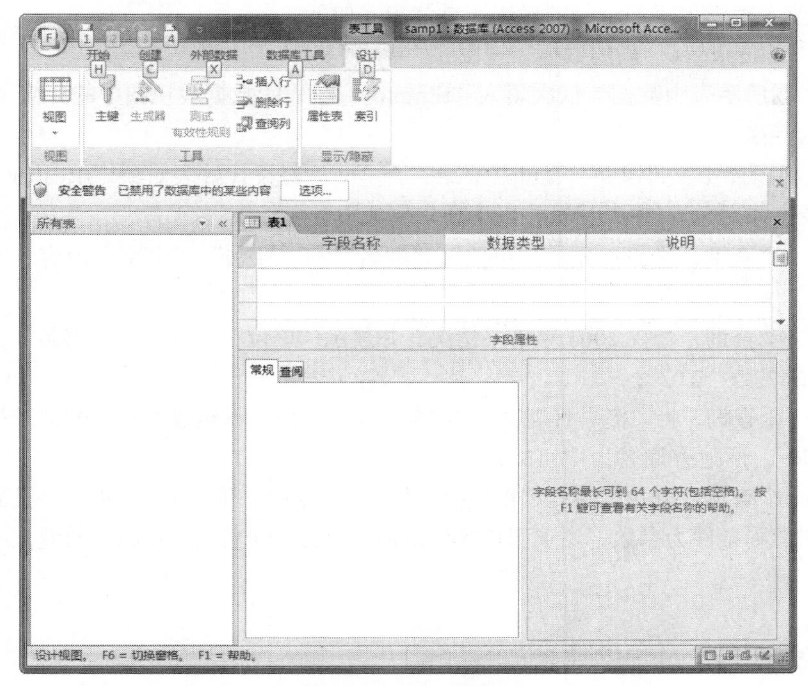

图 2-1　表设计视图

② 单击“设计”视图的第一行“字段名称”列，并在其中输入“职工 ID”；单击“数据类型”列，并单击其右侧的向下箭头按钮，选择“文本”项，并设置“字段属性”区中的“字段大小”的值为 5；

③ 类似第 2 步，在“设计”视图中按题目所列出的字段名和数据类型，分别输入表中其他字段，并设置相应的数据类型和字段大小；

④ 单击工具栏上的“保存”按钮，弹出“另存为”对话框，在对话框中输入“tEmployee”，单击“确定”按钮。

（2）这一步考查考生将某字段设置为主关键字的操作。具体步骤如下：

① 打开数据库“samp1.accdb”，并且打开“tEmployee”表的设计视图；

② 用鼠标选中“职工 ID”字段，然后在“设计”选项页菜单中选择“主键”命令；

③ 单击工具栏上的保存按钮保存表的修改。

（3）这一步考查学生添加字段的操作。具体步骤如下：

① 打开数据库“samp1.accdb”，并且打开“tEmployee”表的设计视图；

② 在“字段名称”列中，单击字段“聘任日期”的所在行的下一行，输入“借书证号”，单击“数据类型”列，并单击其右侧的向下箭头按钮，选择“文本”项，并设置“字段属性”区中“字段大小”的值为 10，设置“字段属性”区中“必填字段”的值为“是”；

③ 单击工具栏上的保存按钮保存表的修改。

（4）这一步考查学生设置字段默认值的操作。具体步骤如下：

① 打开数据库“samp1.accdb”，并且打开“tEmployee”表的设计视图；

② 用鼠标选中“职称”字段，然后设置“字段属性”区中“默认值”的值为“副教授“；

③ 单击工具栏上的保存按钮保存表的修改。

（5）这一步考查学生添加记录的操作。具体步骤如下：

① 打开 “tEmployee” 表的数据表视图；

② 按照本题所示表中数据，依次填入“tEmployee”表的数据表视图中的相应位置。

2. 简单应用题

在素材\上机题库\2 文件夹下“samp2.accdb”，里面已经设计好表对象“tReader”、“tBorrow”和“tBook”及窗体对象“fTest”，试按以下要求完成设计：

（1）创建一个查询，查找并显示“单位”、“姓名”和“性别”三个字段内容，所建查询命名为“qT1”；

（2）创建一个查询，查找 2004 年借书情况，并显示“单位”、“姓名”、“书名”三个字段的内容，所建查询命名为“qT2”；

（3）创建一个查询，将“借书日期”为 2005 年 6 月以前（不包含 6 月）的记录存入一个新表中，表名“tOld”，所建查询名为“qT3”；

（4）创建一个查询，查找读者的“单位”、“姓名”“性别”和“职称”4 个字段的内容。其中“性别”字段的准则条件为参数，要求引用窗体对象“fTest”上控件“tSex”的值，所建查询名为“qT4”。

答案提示

本题考查考生对 Access 中创建查询的操作。

（1）本题使用查询向导创建查询，过程如下：

① 开数据库“samp2.accdb”，单击“创建”选项页的“查询向导”命令菜单，在“新建查询”对话框中选择“简单查询向导”项，然后，单击“确定”按钮；

② 在打开的“简单查询向导”对话框中选择查询中要使用的字段。首先，在“表/查询”下拉列表中选择“表：tReader”，然后从“可用字段”列表中将“单位”、“姓名”和“性别”移动到“选定的字段”列表中。单击“下一步”按钮；

③ 在向导最后一个对话框中，为该查询指定名称为“qT1”，单击“完成”按钮。

（2）本题在设计视图中创建查询，过程如下：

① 打开数据库“samp2.accdb”， 单击“创建”选项页的“查询设计”按钮；

② 在“显示表”对话框中单击“表”选项卡，单击“tReader”表，然后单击“添加”按钮；单击“tBorrow”表，然后单击“添加”按钮；单击“tBook”表，然后单击“添加”按钮，最后单击“关闭”按钮；

③ 分别双击“单位”、“姓名“、“书名”和“借书日期”字段，然后取消选中“借书日期”字段下“显示”单元格中复选框。

④ 在“借书日期”字段列的条件行单元格中输入条件“between #2009-01-01# and #2004-12-31#”结果如图 2-2 所示。

⑤ 单击工具栏上的“保存”按钮，这时出现“另存为”对话框，在“查询名称”文本框中输入“qT2”，然后单击“确定”按钮。

（3）本题创建生成表查询。过程如下：

① 打开数据库“samp2.accdb”；

② 在“消息栏”上，单击“选项”。 在“Microsoft Office 安全选项”对话框中，单击“启用此内容”，然后单击“确定”。 如果没有看到消息栏，在“数据库工具”选项卡上的“显示/隐藏”

组中，单击“消息栏”。

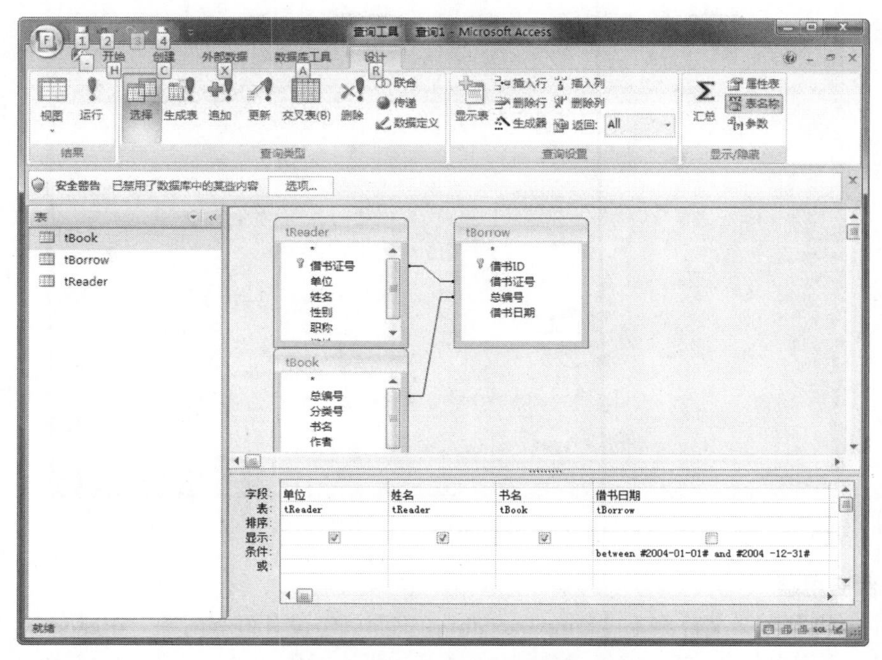

图 2-2　选择查询设计视图

③ 在“创建”选项卡上的“其他”组中，单击“查询设计”；

④ 在“显示表”对话框中单击“表”选项卡，单击“tBorrow”表，最后单击“关闭”按钮；

⑤ 分别双击“借书 ID”、“借书证号”和“借书日期”字段；

⑥ 在“借书日期”字段列的条件行单元格中输入条件“<#2005-06-01#”；

⑦ 在“设计”选项卡上的“查询类型”组中，单击“生成表”。将显示“生成表”对话框；

⑧ 在该对话框的“表名称”文本框中输入“tOld”，如果当前数据库尚未选中，请单击“当前数据库”，然后单击“确定”；

⑨　单击工具栏上的“保存”按钮，这时出现“另存为”对话框，在“查询名称”文本框中输入“qT3”，然后单击“确定”按钮；

⑩　单击“运行” ，然后单击“是”确认此操作。

（4）本题考查创建参数查询，过程如下：

① 打开数据库“samp2.accdb”，在“创建”选项卡上的“其他”组中，单击“查询设计”；

② 在“显示表”对话框中单击“表”选项卡，单击“tReader”表，然后单击“添加”按钮，最后单击“关闭”按钮；

③ 分别双击“单位”、“姓名”、“性别”和“职称”字段，由于有一个已经建好的“fTest”窗体，所以在设计“按雇员姓名查询”的设计视图的准则中，应包含有“[Forms]![fTest]”，同时，由于窗体中输入查询性别的控件名称为“tsex”，　所以在“性别”字段的“准则”单元格中输入“[Forms]![fTest]![tSex]”，结果如下图 2-3 所示；

④ 单击工具栏上的“保存”按钮，这时出现“另存为”对话框，在“查询名称”文本框中输入“qT4”，然后单击“确定”按钮。

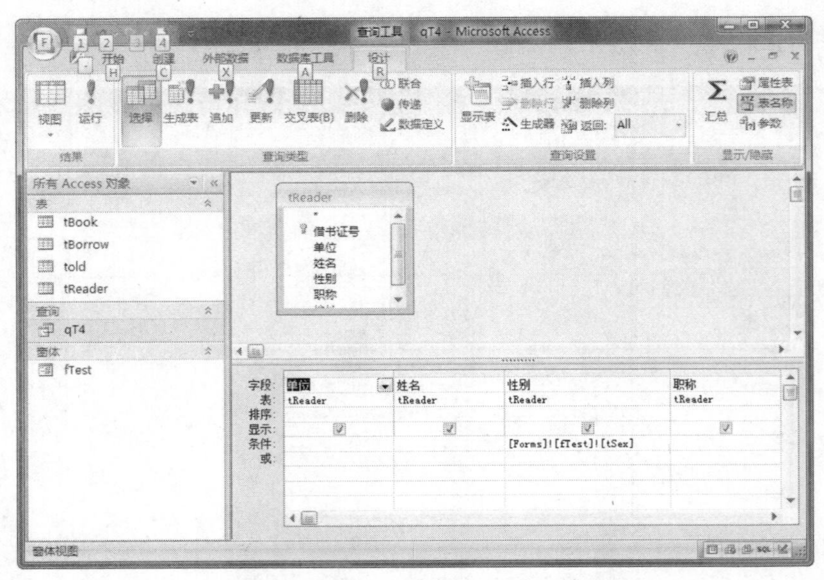

图 2-3　“qT4”设计视图

3. 综合应用题

在素材\上机题库\2 文件夹下“samp3.accdb”，里面已经设计好表对象“tReader”、“tBorrow”和“tBook”，查询对象“qT”，窗体对象“fReader”、报表对象“rReader”和宏对象“rpt”。请在此基础上按照以下要求补充设计：

（1）在报表“rReader”的报表页眉节区内添加一个标签控件，其名称为“bTitle”，标题显示为“读者借阅情况浏览”，字体名称为“黑体”，字体大小为 22，字体粗细为“加粗”，倾斜字体为“是”，同时将其安排在距上边 0.5 厘米，距左侧 2 厘米的位置；

（2）设计报表“rReader”的主体节区为“tSex”文本框控件设置数据源显示性别信息；

（3）将宏对象“rpt”改名为“mReader”；

（4）在窗体对象“fReader”的窗体页脚节区内添加一个命令按纽，命名为“bList”，按纽标题为“显示借书信息”；

（5）设置命令按纽 bList 的单击事件属性为运行宏对象“mRader”；

不允许修改窗体对象“tBorrow”、“tReader”和“tBook”及查询对象“qT”；不允许修改报表对象“rReader”的控件和属性。

答案提示

本题考查窗体、报表和宏的编辑等操作。

(1) 在报表页眉中添加标签的具体步骤如下：

① 打开数据库“samp3.accdb”，在“导航窗格”显示类别中选中“所有 Access 对象”；

② 在“对象”窗口中，右键单击报表“rReader”，在弹出菜单中选择“设计视图”；

③ 打开报表“rReader”的“设计视图”，在设计视图中单击右键，在弹出菜单中选择“报表页眉/ 页脚”选项；

④ 在报表页眉中添加标签控件，并输入“读者借阅情况浏览”；

⑤ 按照题目要求设置相关属性：选中标签，在“设计”选项卡中的“工具”组按钮中单击“属

性表”按钮，打开属性对话框，在“名称”行输入“bTitle”， 类似地，选择对应文本格式为：黑体，22 号，加粗，斜体；设置左边距和上边距分别为 2 厘米和 5 厘米；

⑥ 单击工具栏上的保存按钮保存对报表的修改。

（2）在报表中，设置文本框控件源属性的具体步骤如下：

① 打开报表“rReader”的“设计视图”；

② 按照题目要求设置相关属性：选中“tsex”文本框，在“设计”选项卡中的“工具”组按钮中单击“属性表”按钮，打开属性对话框，单击“数据”选项卡，在“控件来源”属性行中选择“性别”；

③ 单击工具栏上的保存按钮保存对报表的修改。

（3）将宏对象“rpt”改为“mReader”的步骤如下：

① 在“对象”列表中单击“宏”；

② 选中宏“rpt”，单击右键，在弹出菜单中选择“重命名”命令，将“rpt”改为“mReader”；

③ 单击工具栏上的保存按钮保存对宏的修改。

（4）在窗体页脚中添加命令按钮的具体步骤如下：

① 打开窗体“fReader”的“设计视图”，在“设计”选项卡中的“控件”组按钮中选择“按钮”控件，添加到窗体页脚中，此时弹出“命令按钮向导”对话框，选择“取消”按钮；

② 按照题目要求设置相关属性：选中上述按钮，在“设计”选项卡中的“工具”组按钮中单击“属性表”按钮打开属性对话框，设置“标题”属性行为“显示借书信息“，“名称”为“bList”；

③ 单击工具栏上的保存按钮保存对窗体的修改。

（5）设置命令按钮单击时运行宏 mReader 的具体步骤如下：

① 打开窗体“fReader”的“设计视图”，选中按钮“bList”，在“设计”选项卡中的“工具”组按钮中单击“属性表”按钮打开属性对话框；

② 在属性对话框中，单击“事件”选项卡，在单击属性行中选择“mReader”；

③ 单击工具栏上的保存按钮保存对窗体的修改。

第3套 机试模拟题

1. 基本操作题

在素材\上机题库\3 文件夹下，其中已建立两个表对象“tGrade”和“tStudent”，宏对象“mTest”和查询对象“qT”。试按以下操作要求，完成各种操作：

（1）设置表对象“tGrade”中“成绩”字段的显示宽度为 20；

（2）设置“tStudent”表的“学号”字段为主键，设置“性别”的默认值属性为“男”；

（3）在“tStudent”表结构最后一行增加一个字段，字段名为“家庭住址”，字段类型为“文本”，字段大小为 40；删除“相片”字段；

（4）删除“qT”查询中的“毕业学校”列，并将查询结果按“姓名”、“课程名”和“成绩”顺序显示；

（5）将宏“mTest”重命名，保存为自动执行的宏。

答案提示

本题考查学生对 Access 中表、查询和宏的基本操作。

（1）过一步考查学生调整字段显示宽度。具体步骤如下：

① 打开数据库“samp1.accdb”，在“数据库”窗口的“表”对象下，双击表“tGrade”。

② 选择要改变宽度的字段列“成绩”，单击鼠标右键。

③ 在弹出菜单中选择“列宽”命令，出现如图 3-1 所示对话框。

④ 在该对话框的“列宽”文本框中输入 20，单击“确定”按钮。

⑤ 单击工具栏上的保存按钮保存表的修改。

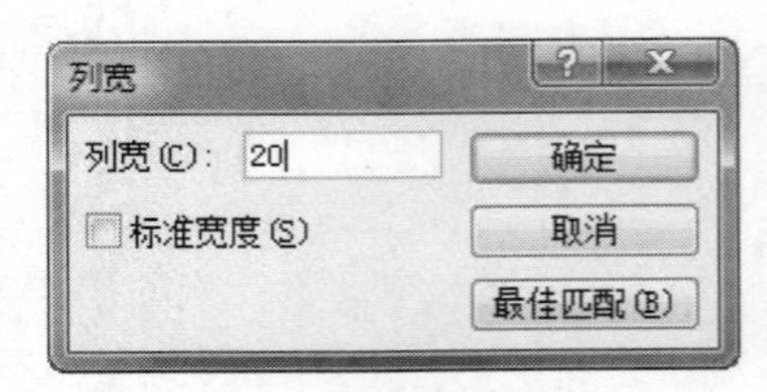

图 3-1 “列宽”属性

（2）这一步考查学生将某字段设置为主关键字和设置默认值的操作。具体步骤如下：

① 打开数据库“samp1.accdb”，并且打开“tStudent”表的设计视图。

② 用鼠标选中“学号”字段，然后在“设计”选项卡中单击“工具”组按钮中的“主键”命令。

③ 用鼠标选中“性别”字段，然后设置“字段属性”区中“默认值”的值为“男”。

④ 单击工具栏上的保存按钮保存表的修改。

（3）这一步考查学生添加字段和删除字段的操作。具体步骤如下：

① 打开数据库“samp1.accdb”，并且打开“tStudent”表的设计视图。

② 在“字段名称”列中，单击字段“相片”的所在行的下一行，输入“家庭住址”，单击“数

据类型”列，并单击其右侧的向下箭头按钮，选择“文本”项，并设置“字段属性”区中“字段大小”的值为400。

③ 右键单击“相片”所在行，在弹出菜单中选择“删除行”命令，这时屏幕出现提示框。

④ 单击“是”按钮。

⑤ 单击工具栏上的保存按钮保存表的修改。

（4）这一步考查学生修改查询的操作。具体步骤如下：

① 在“数据库”窗口的导航窗口中选择显示类别为“所有Access对象”，在“查询”对象下，右键单击查询“qT”，在弹出菜单中选择“设计视图”，打开其设计视图；

② 单击“设计视图”中的“毕业学校”列，单击“设计”选项卡的“查询设置”组中的“删除列”按钮，删除“设计视图”中的“毕业学校”列，在“姓名”列按下鼠标右键，并拖动鼠标，调整“设计视图”中“字段”的顺序为“姓名”、“课程名”和“成绩“。如图3-2所示：

图3-2　“qT”选择查询设计视图

③ 单击工具栏上的保存按钮保存查询的修改。

（5）保存为自动运行宏的操作步骤如下：

① 在“对象”列表中单击“宏”。

② 右键单击宏“mTest”，在弹出菜单中选择“重命名“命令，将“mTest”改为“AutoExec”。

③ 单击工具栏上的保存按钮保存对宏的修改。

2. 简单应用题

在素材\上机题库\3文件夹下“samp2.accdb”，里面已经设计好表对象“tCourse”、“tGrade”、“tStudent”和“tTemp”，试按以下要求完成设计：

（1）创建一个查询，查找并显示含有不及格成绩的学生的“姓名”、“课程名”和“成绩”等三个字段的内容，所建查询命名为“qT1”；

（2）创建一个查询，计算每名学生的平均成绩，并按平均成绩降序依次显示“姓名”、“政治面貌”、“毕业学校”和“平均成绩”等四个字段的内容，所建查询命名为“qT2”；

假设：所用表中无重名。

（3）创建一个查询，统计每班每门课程的平均成绩，显示结果如图 3-3 所示：所建查询命名为“qT3”；

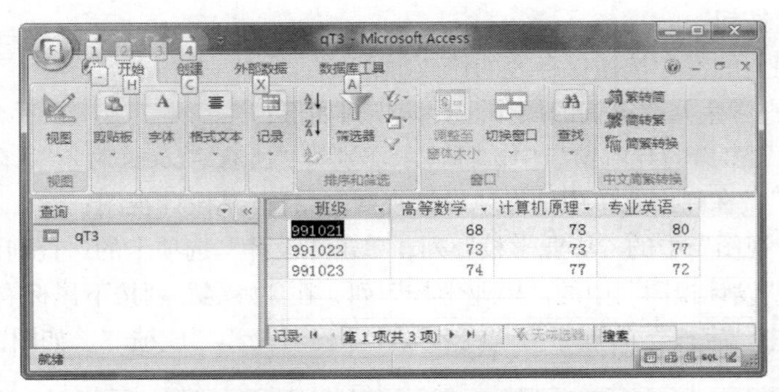

图 3-3　查询“qT3”结果显示

（4）创建一个查询，将男学生的“班级”、“姓名”、“性别”、“课程名”和“成绩”等信息追加到“tTemp”表的对应字段中，所建查询命名为“qT4”。

答案提示

本题考查考生对 Access 中创建查询的操作。

（1）本题在设计视图中创建查询，过程如下：

① 打开数据库“samp2.accdb”，单击“创建”选项卡，在“其他”组中，单击“查询设计”按钮。

② “显示表”对话框中单击“表”选项卡，单击“tStudent”表，然后单击“添加”按钮。

③ 单击“tGrade”表，然后单击“添加”按钮；单击表“tCourse”，然后单击“添加”按钮，最后单击“关闭”。

④ 分别双击“姓名”、“课程名”和“成绩字段”。

⑤ 在“成绩”字段列的“准则”单元格中输入条件“< 60”。其结果如图 3-4 所示。

图 3-4　“qT1”选择查询设计视图

⑥ 单击工具栏上的“保存”按钮，这时出现“另存为”对话框，在“查询名称”文本框中输入“qT1”，然后单击“确定”按钮。

（2）本题考查在查询中进行计算的操作，过程如下：

① 打开数据库“samp2.accdb”，单击“创建”选项卡，在“其他”组中，单击“查询设计”按钮；

② 在“显示表”对话框中单击“表”选项卡，单击“tStudent”表，然后单击“添加”按钮；单击“tGrade”表，然后单击“添加”按钮，最后单击“关闭”按钮。

③ 分别双击“姓名”、“政治面貌”、“毕业学校”和“成绩”字段，更改“成绩”字段为“平均成绩：成绩”。

④ 在“设计”选项卡“显示/隐藏”组中选择“汇总”按钮；

⑤ 单击“平均成绩”字段列的“总计”行单元格，并单击其右侧的向下箭头按钮，选择“平均值”函数；

⑥ 单击“平均成绩”字段的“排序”行单元格，并单击其右侧的向下箭头按钮，选择“降序”。如图 3-5 所示。

图 3-5　“qT2”选择查询设计视图

⑦ 单击工具栏上的“保存”按钮，这时出现“另存为”对话框，在“查询名称”文本框中输入“qT2”，然后单击“确定”按钮。

⑧ 在数据库窗口中，单击“创建”选项卡，在“其他”组中，单击“查询设计”按钮。

（3）本题考查创建交叉表查询，过程如下：

① 在“显示表”对话框中，单击“表”选项卡，然后分别双击“tStudent”表、“tGrade”表和“tCourse”表，最后单击“关闭”按钮。

② 双击“tStudent”列表中的“班级”字段，将其放到“字段”列行的第 1 列，然后分别双击“tCourse”表中的“课程名”字段和“tGrade”表中的“成绩”字段，将它们分别放到“字段”行的第 2 列和第 3 列中。

③ 在“设计”选项卡的“查询类型”组中选择“交叉表”命令。

④ 单击“班级”字段的“交叉表”行单元格，然后单击该单元格右侧向下箭头按钮，选择“行标题”，单击“课程名”字段的“交叉表”单元格，然后单击该单元格右侧向下箭头按钮，选择“列标题”； 单击“成绩”字段的“交叉表”单元格，然后单击该单元格右侧向下箭头按钮，选择“值”。

⑤ 单击“成绩”字段列的“总计”单元格，单击右侧的向下箭头按钮，选择“平均值”。结果如图 3-6 所示。

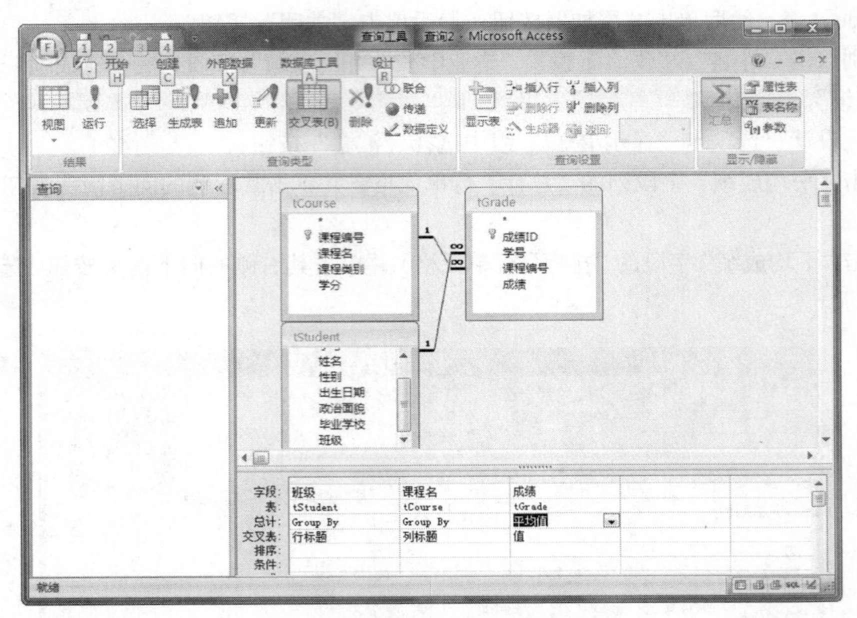

图 3-6　“qT3”选择查询设计视图

⑥ 在“成绩”字段列，单击鼠标右键，选择“属性”，在弹出的属性表对话框中设置“格式”行的内容为“固定”，设置“小数位数”行中内容为“0”；

⑦ 单击工具栏上的“保存”按钮，这时出现“另存为”对话框，在“查询名称”文本框中输入“qT3”，然后单击“确定”按钮。

（4）本题考查创建追加查询，过程如下：

① 打开数据库“samp2.accdb”，在“消息栏”上，单击“选项”。 在“Microsoft Office 安全选项”对话框中，单击“启用此内容”，然后单击“确定”。 如果没有看到消息栏，在“数据库工具”选项卡上的“显示/隐藏”组中，单击“消息栏”。

② 在“创建”选项卡上的“其他”组中，单击“查询设计”；

③ 在“显示表”对话框中，单击“表”选项卡，然后分别双击“tStudent”表、“tGrade”表和“tCourse”表，最后单击“关闭”按钮。

④ 分别双击“班级”、“姓名”、“性别”、“课程名”和“成绩”字段。

⑤ 在“性别”字段的“条件”行单元格中输入“男”。

⑥ 在“创建”选项卡上的“查询类型”组中，单击“交叉表”命令，在出现的“追加”对话框中选择“表名称”下拉列表的值为“tTemp”，然后单击“确定”。

⑦ 单击工具栏上的“保存”按钮，这时出现“另存为”对话框，在“查询名称”文本框中输入“qT4”，然后单击“确定”按钮。

⑧ 运行此查询，完成把查询结果追加到表“tTemp”的操作。

3. 综合应用题

在素材\上机题库\3 文件夹下“samp3.accdb”，里面已经设计好表对象“tAddr”和“tUser”，同时还设计出窗体对象“fEdit”和“fEuser”。请在此基础上按照以下要求补充“fEdit”窗体的设计：

（1）将窗体中名为“lremark”的标签控件上的文字颜色改为红色（红色代码为255），字体粗细改为“加粗”；

（2）将窗体标题设置为“修改用户信息”；

（3）将窗体边框改为“对话框边框”样式，取消窗体中的水平和垂直滚动条、记录选定器、浏览按钮和分隔线；

（4）将窗体中“退出”命令按钮（名称为“cmdquit”）上的文字颜色改为深红（深红代码为128）、字体粗细改为“加粗”，并在文字下方加上下划线；

（5）在窗体中还有“修改”和“保存”两个命令按钮，名称分别为“CmdEdit”和“CmdSave”，其中“保存”命令按钮在初始状态为不可用，当单击“修改”按钮后，应使“保存”按钮变为可用。现已编写了部分VBA代码，请按照VBA代码中的指示将代码补充完整。

要求：修改后运行该窗体，并查看修改结果。

1、不允许修改窗体对象“fEdit”和“fEuser”中未涉及的控件、属性；不允许修改表对象“tAddrr”和“tUser”。2、对于VBA代码，只允许在“*************”与“*************”之间的一空行内补充语句、完成设计，不允许增删和修改其他位置已存在的语句。

答案提示

本题考查窗体和VBA等知识。

（1）在窗体中设置标签控件属性的具体步骤如下：

① 打开窗体“fEdit”的“设计视图”。

② 按照题目要求设置相关属性：选中“LRemark”标签控件，在“设计”选项卡中单击“属性表”按钮，打开属性对话框，单击“格式”选项卡，在“前景颜色”属性行中输入“255”，在“字体粗细”属性行中选择“加粗”。

③ 单击工具栏上的保存按钮保存对窗体的修改。

（2）设置窗体标题的具体步骤如下：

① 打开窗体“fEdit”的“设计视图”，在“设计”选项卡中单击“属性表”按钮，打开属性对话框。

② 在属性对话框中，单击“格式”选项卡，在“标题”属性行中输入“修改用户信息”。

③ 单击工具栏上的保存按钮保存对窗体的修改。

（3）设置窗体属性的具体步骤如下：

① 打开窗体“fEdit”的“设计视图”，在“设计”选项卡中单击“属性表”按钮，打开属性对话框。

② 在属性对话框中，单击“格式”选项卡，在“边框样式”属性行中选择“对话框边框”，在“滚动条”属性行中选择“两者均无”；在“记录选定器”属性行中选择“否”；在“浏览按钮”属性行中选择“否”；在“分隔线”属性行中选择“否”。

③ 单击工具栏上的保存按钮保存对窗体的修改。

（4）在窗体中设置命令按钮控件属性的具体步骤如下：

① 打开窗体“fEdit”的“设计视图”。

② 按照题目要求设置相关属性：选中“cmdquit”按钮，在“设计”选项卡中单击“属性表”按钮，打开属性对话框，单击“格式”选项卡，在“前景颜色”属性行中输入“128”；在“字体粗细”属性行中选择“加粗”；在“下划线”属性行中选择“是”。

③ 单击工具栏上的保存按钮保存对窗体的修改。

（5）完成 vBA 代码的步骤如下：

① 在“数据库”窗口的导航窗口中选择显示类别为“所有 Access 对象”，在“窗体”对象下，右键单击窗体“fEdit”，在弹出菜单中选择“设计视图”，打开其设计视图；

② 选中窗体中的“修改”按钮，选择“设计”选项卡中“工具”组“属性表”命令，在弹出的“属性表”对话框中单击“事件”选项卡，单击“单击”属性行“省略号”按钮，进入 VBA 开发环境。

③ 在代码窗口中的“* * * * * * * * * * * * ”和“* * * * * * * * * * * * ”之间添加代码“Cmdsave.Enabled = True”。

④ 单击工具栏上的保存按钮保存代码。

第 4 套 机试模拟题

1. 基本操作题

在素材\上机题库\4 文件夹下，“samp1.accdb”数据库文件中

（1）建立表“tCourse”，结构如表 4-1 所示。

表 4-1　课程表结构

字段名称	数据类型	字段大小	格式
课程编号	文本	8	
课程名称	文本	20	
学时	数字	整型	
学分	数字	单精度型	
开课时间	日期/时间		短日期
必修课	是/否		是/否
简介	备注		

（2）设置“课程编号”字段为主键；

（3）设置“学时”字段的有效性规则为：大于 0；

（4）在“tCourse”表中输入表 4-2 所示 2 条记录：

表 4-2　课程表记录信息

课程编号	课程名称	学时	学分	开课时间	必修否	简介
2004001	C 语言程序设计	64	3.5	2009-9-1	√	专业基础课程
2004002	数据结构	72	4	2004-10-8	√	核心课程

答案提示

本题考查学生对 Access 中表的基本操作。

（1）考查学生创建表的操作，创建表的方法有很多，这里采用“数据表”视图来创建表。具体步骤如下：

① 打开数据库“samp1.accdb”，在“创建”选项卡“表”组，选择“表设计”命令，打开表的设计视图，如图 4-1 所示。

② 单击“设计”视图的第一行“字段名称”列，并在其中输入“课程编号”。单击“数据类型”列，并单击其右侧的向下箭头按钮，选择“文本”项，并设置“字段属性”区中的“字段大小”的值为 8。

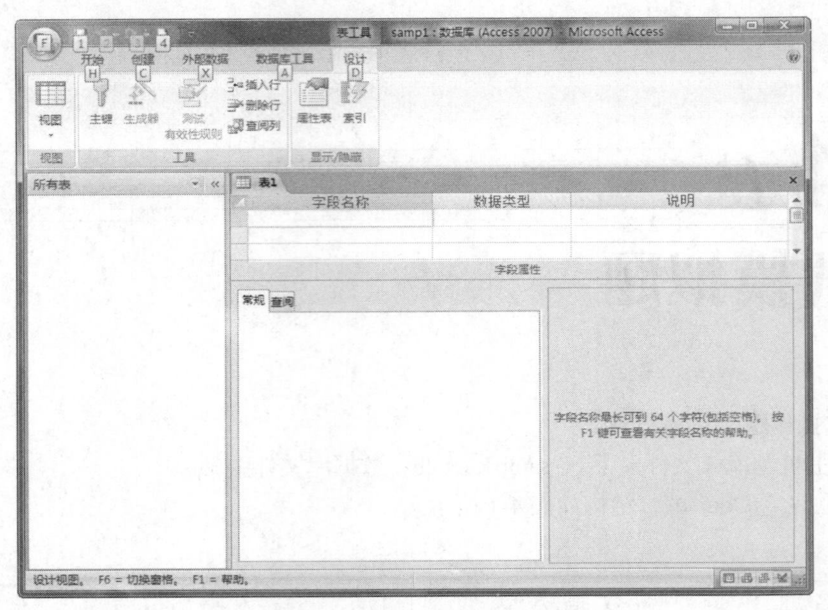

图 4-1 “表 1”表设计视图

③ 类似第 2 步，在“设计”视图中按题目所列出的字段名和数据类型，分别输入表中其他字段，并设置相应的数据类型、字段大小和格式。

④ 单击工具栏上的“保存”按钮，弹出“另存为”对话框，在对话框中输入“tCourse”，单击“确定”按钮。

（2）这一步考查学生将某字段设置为主关键字的操作。具体步骤如下：

① 打开数据库“samp1.accdb”，并且打开“tCourse”表的设计视图。

② 用鼠标选中“课程编号”字段，然后在“设计”选项卡的“工具”组菜单中选择“主键”命令。

③ 单击工具栏上的保存按钮保存表的修改。

（3）这一步考查学生将某字段设置有效规则的操作。具体步骤如下：

① 打开数据库“samp1.accdb”，并且打开“tCourse”表的设计视图。

② 用鼠标选中“学时”字段，然后设置“字段属性”区中“有效性规则”的值为“>0”。

③ 单击工具栏上的保存按钮保存表的修改。

（4）这一步考查考生添加记录的操作。具体步骤如下：

① 打开“tCourse”表的数据表视图。

② 按照本题所示表中数据，依次填入“tCourse”表的数据表视图中的相应位置。

2. 简单应用题

在素材\上机题库\4 文件夹下“samp2.accdb”，里面已经设计好一个表对象“tStud”和一个查询对象“qStud4”。试按以下要求完成设计：

（1）创建一个查询，查找并显示学生的“编号”、“姓名”、“性别”、“年龄”和“入校日期”五个字段内容，所建查询命名为“qStud1”；

（2）创建一个查询，查找并显示年龄小于等于 25 的学生“编号”、“姓名”和“年龄”，所建查询命名为“qStud2”；

（3）创建一个查询，按照入校日期查找学生的报道情况，并显示学生的“编号”、“姓名”和

“团员否”三个字段的内容。当运行该查询时，应显示参数提示信息：“请输入入校日期:”建查询命名为“qStud3”；

（4）更改“qStud4”查询，将其中的“年龄”字段按升序排列。不允许修改“qStud4”查询中其他字段的设置。

答案提示

本题考查考生对 Access 中创建查询的操作。

（1）本题在设计视图中创建查询，过程如下：

① 打开数据库“samp2.accdb”，单击“创建”选项卡，在“其他”组中，单击“查询设计”按钮；

② 在“显示表”对话框中单击“表”选项卡，单击“tStud”表，然后单击“添加”按钮，最后单击“关闭”按钮。

③ 分别双击“编号”、“姓名”、“性别”、“年龄”和“入校日期”字段。

④ 单击工具栏上的“保存”按钮，这时出现“另存为”对话框，在“查询名称”文本框中输入“qStudl”，然后单击“确定”按钮。

（2）本题考查创建带条件的查询，过程如下：

① 打开数据库“samp2. accdb”，单击“创建”选项卡，在“其他”组中，单击“查询设计”按钮；

② 在“显示表”对话框中单击“表”选项卡，单击“tStud”表，然后单击“添加”按钮，最后单击“关闭”按钮。

③ 分别双击“编号”、“姓名”和“年龄”字段。

④ 在“年龄”字段列的“准则”单元格中输入条件“<=25”。

⑤ 单击工具栏上的“保存”按钮，这时出现“另存为”对话框，在“查询名称”文本框中输入“qStud2”，然后单击”确定“按钮。

（3）本题考查创建参数查询，过程如下：

① 打开数据库“samp2.accdb”，单击“创建”选项卡，在“其他”组中，单击“查询设计”按钮；

② 在“显示表”对话框中单击“表”选项卡，单击“tStud”表，然后单击“添加”按钮，最后单击“关闭”按钮。

③ 分别双击“编号”、“姓名”、“团员否”和“入校日期”字段，在“入校日期”字段的“条件”行单元格中输入“[请输入入校日期]”，同时取消“入校日期”字段下“显示”单元格中复选框的选中。

④ 单击工具栏上的“保存”按钮，这时出现“另存为”对话框，在“查询名称”文本框中输入“qStud3”，然后单击“确定”按钮。

⑤ 运行此查询出现一个输入参数的对话框，可按照题目要求输入入校日期进行查询。

（4）本题考查更改查询的设置，过程如下：

① 打开数据库“samp2.accdb”，打开查询“qStud4”的设计视图。

② 单击“年龄”字段的“排序”行单元格，并单击其右侧的向下箭头按钮，选择“升序”。

③ 单击工具栏上的“保存”按钮，保存对该查询的修改。

3. 综合应用题

在素材\上机题库\4 文件夹下“samp3.accdb”，里面已经设计好一个窗体对象“fs”。试在此基础上按以下要求补充窗体设计：

（1）在窗体的窗体页眉节区位置添加一个标签控件，其名称为“bTtile”，标题显示为“学生基本信息输出”；

（2）将主体节区中“性别”标签右侧的文本框显示内容设置为“性别”字段值，并将文本框更名为“tSex”；

（3）在主体节区添加一个标签控件，该控件放置在距左边 0.2 厘米、距上边 3.8 厘米，标签显示内容能够为“简历”，名称为“bMem”；

（4）在窗体页脚节区位置添加两个命令按钮，分别命名为“bOk”和“bQuit”，按钮标题分别为“确定”和“退出”；

（5）在窗体标题设置为“学生基本信息”。

注意

不允许修改窗体对象“fs”中未涉及的控件和属性。

答案提示

本题考查窗体的创建和编辑等操作。窗体是 Access 数据库中的一种对象，通过窗体用户可以方便地输入数据、编辑数据、显示和查询表中的数据。

（1）在窗体页眉中添加标签的具体步骤如下：

① 打开窗体“fs”的“设计视图”，在“窗体页眉”添加标签控件；并输入“学生基本信息输出”。

② 按照题目要求设置相关属性：选中标签，在“设计”选项卡，单击“属性表”按钮打开属性对话框，在“名称”行输入“bTitle”。

③ 单击工具栏上的保存按钮保存对窗体的修改。

（2）在报表中，设置文本框的控件源属性的具体步骤如下：

① 打开窗体“fs”的“设计视图”。

② 按照题目要求设置相关属性：选中“tsex”文本框，在“设计”选项卡，单击“属性表”按钮打开属性对话框，单击“数据”选项卡，在“控件来源”属性行中选择“性别”。

③ 单击工具栏上的保存按钮保存对报表的修改。

（3）在窗体主体节中添加标签的具体步骤如下：

① 打开窗体“fs”的“设计视图”，在主体节区中添加标签控件，并输入“简历”。

② 按照题目要求设置相关属性：选中标签，在“设计”选项卡，单击“属性表”按钮打开属性对话框，在“名称”属性行输入“bMem”；在“左边距”属性行中输入“0.2 厘米”，在“上边距”属性行中输入“38 厘米”；

③ 单击工具栏上的保存按钮保存对报表的修改。

（4）在窗体页脚中添加命令按钮的具体步骤如下：

① 打开窗体“fs”的“设计视图”，在“设计”选项卡的“控件”组按钮中选择“按钮”菜单，添加到窗体页脚中，此时弹出“命令按钮向导”对话框，选择“取消”按钮。

② 类似地，添加第 2 个命令按钮。

③ 按照题目要求设置相关属性：选中第 1 个按钮，单击“属性表”菜单，打开属性对话框，设置“标题”属性为“确定”，“名称”为“bOk”，选中第 2 个按钮，单击“属性表”菜单，打开属性对话框，设置“标题”属性为“退出”，“名称”为“bQuit”。

④ 单击工具栏上的保存按钮保存对窗体的修改。

（5）设置窗体标题的具体步骤如下：

① 打开窗体“fs”的“设计视图”，在“设计”选项卡，单击“工具”组菜单中的“属性表”菜单，打开属性对话框。

② 在属性对话框中，单击“格式”选项卡，在“标题”属性行中输入“学生基本信息”。

③ 单击工具栏上的保存按钮保存对窗体的修改。

第5套 机试模拟题

1. 基本操作题

在素材\上机题库\5 文件夹下，“sampl.accdb”数据库文件中已建立表对象“tEmployee”。试按以下操作要求，完成表的编辑：

（1）设置“编号”字段为主键；

（2）设置“年龄”字段的有效性规则为：大于 16；

（3）删除表结构中的“所属部门”字段；

（4）在表结构中的“年龄”与“职务”两个字段之间增添一个新的字段：字段名称为“党员否”，字段类型为“是/否”型；

（5）删除表中职工编号为 “000014”的一条记录；

（6）在编辑完的表中追加以下一条新记录，如表 5-1 所示：

表 5-1　　输入学生表信息

编号	姓名	性别	年龄	党员否	职务	聘用时间	简历
000031	王涛	男	35	√	主管	2004-9-1	熟悉系统维护

答案提示：

本题考查学生对 Access 中表的基本操作。

（1）该一步考查学生将某字段设置为主关键字的操作。具体步骤如下：

① 打开数据库“samp1.accdb”，并且打开“tEmployee”表的设计视图。

② 用鼠标右键单击“编号”字段，然后在快捷菜单中选择“主键”命令。

③ 单击工具栏上的保存按钮保存表的修改。

（2）这一步考查学生将某字段设置有效规则的操作。具体步骤如下：

① 打开数据库“samp1. accdb”，并且打开“tEmployee”表的设计视图。

② 用鼠标选中“年龄”字段，然后设置“字段属性”区中“有效性规则”的值为“>16”。

③ 单击工具栏上的保存按钮保存表的修改。

（3）这一步考查学生修改表结构的操作，具体步骤如下：

① 打开“tEmployee”表的设计视图。

② 将光标移到“所属部门”字段的位置上，单击“设计”选项卡“工具”组中的“删除行”工具按钮，这时屏幕上显示删除字段提示框。

③ 单击提示框中的“是”按钮，则删除了该字段。

④ 单击工具栏上的保存按钮保存表的修改。

（4）这一步考查学生修改表结构的操作，具体步骤如下：

① 打开“tEmployee”表的设计视图。

② 将光标移到“职务”字段的位置上，单击“设计”选项卡“工具”组中的“插入行”图标，这时在字段“年龄”和“职务”之间插入了新行。

③ 单击该行“字段名称”列，并在其中输入“党员否”；单击“数据类型”列，并单击其右侧的向下箭头按钮，选择“是/否”项。

④ 单击工具栏上的保存按钮保存表的修改。

（5）这一步考查学生删除记录的操作，具体步骤如下：

① 打开“tEmployee”表的设计视图。

② 单击“职工编号”字段为“000014”的记录所在行中的任意位置，单击“开始”选项卡“记录”组中的“删除”命令，这时屏幕上显示删除记录提示框。

③ 单击提示框中的“是”按钮，则删除了该记录。

④ 单击工具栏上的保存按钮保存表的修改。

（6）这一步考查学生增加记录的操作，具体步骤如下：

① 打开“tEmployee”表的设计视图。

② 单击工具栏上的“新记录”按钮，光标移动到新记录上。

③ 按照本题所示表中数据，依次填入“tEmployee”表的数据表视图中的相应位置。

2. 简单应用题

在素材\上机题库\5 文件夹下“samp2.accdb”，里面已经设计好三个关联表对象“tStud”、“tCourse”、“tScore”和一个空表“tTemp”，试按以下要求完成设计：

（1）创建一个查询，查找并显示有书法或绘画爱好学生的“学号”、“姓名”、“性别”和“年龄”四个字段内容，所建查询命名为“qT1”；

（2）创建一个查询，查找学生的“姓名”、“课程名”和“成绩”三个字段内容，所建查询命名为“qT2”；

（3）以表对象“tTcore”为基础，创建一个交叉表查询。要求：选择学生的“学号”为行标题，“课程号”为列标题来统计输出学生平均成绩，所建查询命名为“qT3”；

（4）创建追加查询，将表对象“tStud”中的“学号”、“姓名”、“性别”和“年龄”四个字段内容追加到目标表“tTemp”的对应字段内，所建查询命名为“qT4”。（规定：“姓名”字段的第一字符为姓，剩余字符为名。将姓名分解为姓和名两部分，分别追加到目标表的“姓”、“名”两个字段中）。

答案提示

本题考查学生对 Access 中创建查询的操作。

（1）本题在设计视图中创建查询，过程如下：

① 打开数据库“samp2. accdb”，单击“创建”选项卡，然后在“其他”组中单击“查询设计”按钮，进入查询设计面版。

② 在“显示表”对话框中单击“表”选项卡，单击“tStud”表，然后单击“添加”按钮，最后单击“关闭”按钮。

③ 分别双击“学号”、“姓名”、“性别”、“年龄”和“简历”字段，然后取消“简历”字段下“显示”单元格中复选框的选中。

④ 在“简历”字段列的“准则”单元格中输入条件“Like‘*书法*’Or Like‘*绘画*’”。

⑤ 单击工具栏上的“保存”按钮，这时出现“另存为”对话框，在“查询名称”文本框中输入“qT1”，然后单击“确定”按钮。

（2）本题在设计视图中创建查询，过程如下：

① 打开数据库“samp2. accdb”，单击“创建”选项卡，然后在“其他”组中单击“查询设计”按钮，进入查询设计面版。

② 在“显示表”对话框中单击“表”选项卡，单击“tStud”表，然后单击“添加”按钮；单击“tScore”表，然后单击“添加”按钮；单击“tCourse”表，然后单击“添加”按钮，最后单击“关闭”按钮。

③ 分别双击“姓名”、“课程名”和“成绩”字段。

④ 单击工具栏上的“保存”按钮，这时出现“另存为”对话框，在“查询名称”文本框中输入“qT2”，然后单击“确定”按钮。

（3）本题考查创建交叉表查询，创建交叉表查询有两种方法：“查询向导”和查询“设计”视图，本题我们使用“查询向导”来创建交叉表查询。过程如下：

① 打开数据库“samp2. accdb”，单击“创建”选项卡，然后在“其他”组中单击“查询向导”按钮，进入查询向导对话设置。

② 在该对话框中，双击“交叉表查询向导”，这时屏幕上显示“交叉表查询向导”第一个对话框。

③ 选择“表：tScore”，单击“下一步”按钮，将出现“交叉表查询向导”第二个对话框。

④ 选择“学号”字段。单击“下一步”按钮，将出现“交叉表查询向导”第三个对话框。

⑤ 选择“课程号”字段。单击“下一步”按钮，将出现“交叉表查询向导”第四个对话框。

⑥ 在“字段”列表选择“成绩”，“函数”列表选择“平均”，包括各行小计”前的复选框的选中。单击“下一步”按钮。

⑦ 在向导最后一个对话框中，为该查询指定名称为“qT3”，单击“完成”按钮。

（4）本题考查创建追加查询，过程如下：

① 打开数据库“samp2. accdb”，单击“创建”选项卡，然后在“其他”组中单击“查询设计”按钮，进入查询设计面版。

② 在“显示表”对话框中，单击“表”选项卡，然后双击“tStud”表，最后单击“关闭”按钮。

③ 分别双击“学号”、“姓名”、“姓名”、“性别”和“年龄”字段。

④ 将第 1 个“姓名”字段的改为“姓：Left（[姓名]，1）”；将第 2 个“姓名”字段的改为“名：Mid（[姓名]，2）”。

⑤ 选择“设计”选项卡“查询类型”组中的“追加”按钮，在出现的“追加”对话框中选择“表名称”下拉列表的值为“tTemp”。

⑥ 单击工具栏上的“保存”按钮，这时出现“另存为”对话框，在“查询名称”文本框中输入“qT4”，然后单击“确定”按钮。

3. 综合应用题

在素材\上机题库\5 文件夹下“samp3.accdb”，里面已经设计好表对象“tBand”和“tLine”，同时还设计出“tBand”和“tLine”为数据源的报表对象“rBand”。试在此基础上按照以下要求补充报表设计：

（1）在报表的报表页眉节区位置添加一个标签控件，其名称为“bTitle”，标题显示为“团队旅游信息表”，字体名称为“宋体”，字体大小为 22，字体粗细为“加粗”，倾斜字体是“是”；

（2）在“导游姓名”字段标题对应的报表主体节区位置添加一个控件，显示出“导游姓名”字段值，并命名为“tName”；

（3）在报表的报表页脚区添加一个计算控件，要求依据“团队 ID”来计算并显示团队的个数。计算控件放置在“团队数：”标签的右侧，计算控件明明为“bCount”；

（4）将报表标题设置为“团队旅游信息表”。

不允许改动数据库文件中的表对象“tBand”和“tLine”，同时也不允许修改报表对象“rBand”中已有的控件和属性。

答案提示

本题考查报表中的相关操作。

（1）在报表页眉中添加标签的具体步骤如下：

① 打开报表“rBand”的“设计视图”，在“报表页眉”添加标签控件；并输入“团队旅游信息表”。

② 按照题目要求设置相关属性：选中标签，单击“设计”选项卡“工具”组中的“属性表”按钮打开属性对话框，在“名称”行输入“bTitle”；类似地，选择对应文本格式为：宋体，22 号，加粗，斜体。

③ 单击工具栏上的保存按钮保存对报表的修改。

（2）在报表中添加文本框属性的具体步骤如下：

① 打开报表“rBand”的“设计视图”，从工具箱中选择文本框控件，添加到报表的主体节区中对应位置。

② 按照题目要求设置相关属性：选中该文本框，单击“设计”选项卡“工具”组中的“属性表”按钮打开属性对话框，单击“数据”选项卡，在“控件来源”属性行中选择“导游姓名”，单击“其他”选项卡，在“名称”属性行中输入“tName”。

③ 单击工具栏上的保存按钮保存对报表的修改。

（3）在报表中添加文本框属性的具体步骤如下：

① 打开报表“rBand”的“设计视图”，从工具箱中选择文本框控件，添加到报表的主体节区中对应位置。

② 按照题目要求设置相关属性：选中该文本框，单击“设计”选项卡“工具”组中的“属性表”按钮打开属性对话框，单击“数据”选项卡，在“控件来源”属性行中输入“=Count（[团队ID]）”；单击“其他”选项卡，在“名称”属性行中输入“bCount”。

③ 单击工具栏上的保存按钮保存对报表的修改。

（4）设置报表标题的具体步骤如下：

① 打开报表“rBand”的“设计视图”，单击“设计”选项卡“工具”组中的“属性表”按钮打开属性对话框。

② 在属性对话框中，单击“格式”选项卡，在“标题”属性行中输入“团队旅游信息表”。

③ 单击工具栏上的保存按钮保存对报表的修改。

第6套 机试模拟题

1. 基本操作题

在素材\上机题库\6 文件夹下，“sampl.accdb”里面已建立两个表对象“tGrade”和“tStudent”；同时还存在一个 Excel 文件“tCourse.xls”。试按以下操作要求，完成表的编辑：

（1）将 Excel 文件“tCourse.xls”导入到“samp1.accdb”数据库中，表名称不变，设“课程编号”字段为主键；

（2）对“tGrade”表进行适当的设置，使该表中的“学号”为必填字段，“成绩”字段的输入值为非负数，并在输入出现错误时提示“成绩应为非负数，请重新输入！”信息；

（3）将“tGrade”表中成绩低于 60 的记录全部删除；

（4）设置“tGrade”表的显示格式，使显示表的单元格显示效果为“凹陷”、文字字体为“宋体”、字号为 11；

（5）建立“tStudent”、“tGrade”和“tCourse”3 表之间的关系，并实施参照完整性。

答案提示

本题考查学生对 Access 中表和创建查询的基本操作。

（1）这一步考查学生将外部数据导入数据库中表和设置主键的操作。具体步骤如下：

① 打开“数据库”samp1.accdb，单击“外部数据”选项卡“导入”组中的“Excel”按钮，这时会打开“获取外部数据”对话框，如图 6-1 所示：

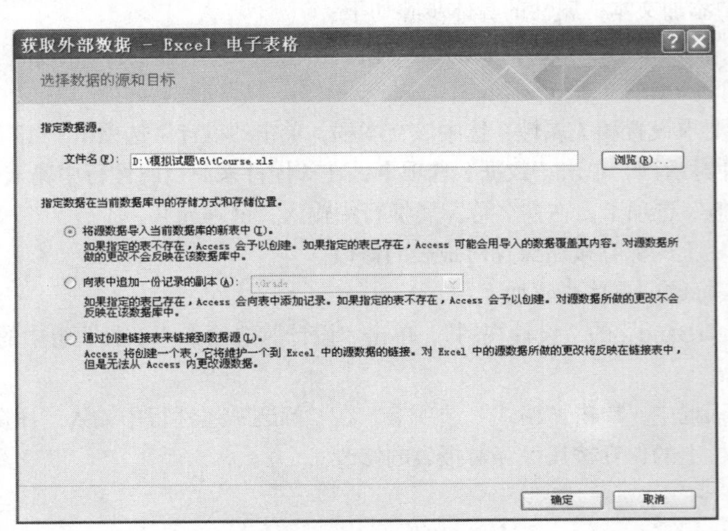

图 6-1 “导入”对话框

② 在对话框中，文件名一项找到“tCourse.xls”文件，数据的存储方式和存储位置处选择第一项，单击确定，屏幕上显示“导入数据表向导”第二个对话框。

③ 在该对话框中，选择电子表格文件中的工作表，这里只有一个工作表，即“tCourse”工作表，单击下一步，进入第三个对话框。

④ 在该对话框中，单击“第一行包含列标题”选项，然后单击“下一步”按钮，屏幕上显示“导入数据表向导”第四个对话框。

⑤ 在该对话框中，单击下方字段列，可以控制哪些字段导入，哪些字段不被导入，设定好导入字段后，单击下一步，出现第五个对话框。

⑥ 选择“我自己选择主键”选项，在下拉列表中选择“课程编号”，单击“下一步”按钮，屏幕上显示“导入数据表向导”最后一个对话框。可更改保存表名称，单击“完成”按钮。

（2）这一步考查学生设置必填字段和有效性规则的操作，具体步骤如下：

① 打开数据库“samp1.accdb”，并且打开“tGrade”表的设计视图。

② 用鼠标选中“学号”字段，然后设置“字段属性”区中“必填字段”的值为“是”。

③ 用鼠标选中“成绩”字段，然后设置“字段属性”区中“有效性规则”。

④ 成绩的值为“>=0”，设置“字段属性”区中“有效性文本”的值为“成绩应为非负数请重新输入!”。

⑤ 单击工具栏上的保存按钮保存表的修改。

（3）这一步考查学生删除记录操作，可以排序筛选出待删记录，然后删除，也可以用删除查询的方式删除记录，这里以查询方式完成，具体步骤如下：

① 打开数据库“samp1.accdb”，单击“创建”选项卡，然后在“其他”组中单击“查询设计”按钮，进入查询设计面版。

② 在“显示表”对话框中单击“表”选项卡，单击“tGrade”表，最后单击“关闭”按钮。

③ 单击“设计”|“查询类型”|“删除”按钮。

④ 双击字段列表中的“成绩”字段，在该字段的“删除”单元格中显示“Where”。

⑤ 在“成绩”字段的“准则”单元格中输入准则“<60”。

⑥ 在“设计”视图中，单击工具栏上的“运行”按钮，这时屏幕行显示一个提示框。

⑦ 单击“是”按钮，删除满足条件的记录。

（4）这一步考查学生设置表的显示样式的操作，具体步骤如下：

① 在“数据库”窗口的“表”对象下，双击表“tGrade”。

② 选择主菜单的“开始”|“字体”组右下方的展开按钮，出现“设置数据表格式”对话框，如图 6-2 所示：

③ 在该对话框中，选中“凹陷”单选按钮，然后单击“确定”按钮。

④ 选择主菜单的“格式”|“字体”命令，出现“字体”对话框，在该对话框中设置字体为宋体，字号为“五号”，然后单击“确定”按钮。

（5）这一步考查学生建立表间关联关系的操作，具体步骤如下：

① 单击选项卡“数据库工具”|“显示与隐藏”|“关系”按钮，弹出“关系”窗口。

② 在该窗口中单击鼠标右键，在弹出的快捷菜单中选择“显示表”命令，此时弹出“显示表”对话框。

③ 在该对话框中，单击表“tStudent”，单击“添加”按钮；单击表“tGrade”，单击“添加”按钮；单击表“tCourse”，单击“添加”按钮；最后单击“关闭”按钮。

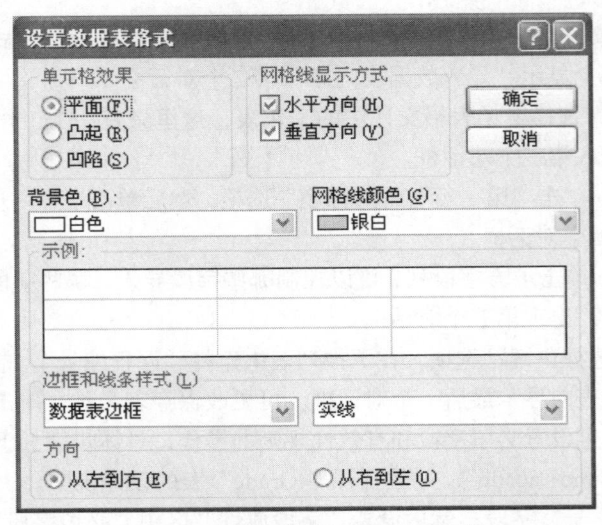

图 6-2 “设置数据表格式”对话框

④ 选中列表“tStudent”中的字段“学号”，将其拖动到列表“tGrade”的字段“学号”上，并释放鼠标左键，此时弹出“编辑关系”对话框，选中“实施参照完整性”复选框，然后单击“创建”按钮。

⑤ 选中列表“tGrade”中的字段“课程编号”，将其拖动到列表“tCourse”的字段“课程编号”上，并释放鼠标左键，此时弹出“编辑关系”对话框，选中“实施参照完整性”复选框，然后单击“创建”按钮。

⑥ 单击工具栏上的保存按钮保存该关系。

2. 简单应用题

在素材\上机题库\6 文件夹下“samp2.accdb”，里面已经设计好表对象“tCourse”、“tSinfo”、“tGrade”和“tStudent”，试按以下要求完成设计：

（1）创建一个查询，查找并显示“姓名”、“政治面貌”、“课程名”和“成绩”等 4 个字段的内容，所建查询名为“qT1”。

（2）创建一个查询，计算每名学生所选课程的学分总和，并依次显示“姓名”和“学分”，其中“学分”为计算出的学分总和，所建查询名为“qT2”。

（3）创建一个查询，查找年龄小于平均年龄的学生，并显示其“姓名”，所建查询名为“qT3”。

（4）创建一个查询，将所有学生的“班级编号”、“姓名”、“课程名”和“成绩”等值填入“tSinfo”表相应字段中，其中“班级编号”值是“tStudent”表中“学号”字段的前 6 位，所建查询名为“qT4”。

答案提示

本题考查学生对 Access 中创建查询的操作。

（1）本题在设计视图中创建查询，过程如下：

① 打开数据库“samp2. accdb”，单击“创建”选项卡，然后在“其他”组中单击“查询设计”按钮，进入查询设计面版。

② 在“显示表”对话框中单击“表”选项卡，单击“tStudent”表，然后单“添加”按钮；单击“tScore”表，然后单击“添加”按钮；单击“tCourse”然后单击“添加”按钮，最后单击“关闭”按钮。

③ 分别双击“姓名”、“政治面貌”、“课程名”和“成绩”字段。

④ 单击工具栏上的“保存”按钮，这时出现“另存为”对话框，在“查询名称”文本框中输入“qT1”，然后单击“确定”按钮。

（2）本题在设计视图中创建查询，过程如下：

① 打开数据库“samp2. accdb”，单击“创建”选项卡，然后在“其他”组中单击“查询设计”按钮，进入查询设计面版。

② 在“显示表”对话框中单击“表”选项卡，单击“tStudent”表，然后单击“添加”按钮；单击“tGrade”表，然后单击“添加”按钮，单击“tScore”表，然后单击“添加”按钮；最后单击“关闭”按钮。

③ 分别双击“姓名”和“学分”字段，更改“学分”字段为“学分：学分”，选择选项卡的“设计”|“显示隐藏”|“汇总”按钮。

④ 单击“学分”字段的“总计”行单元格，并单击其右侧的向下箭头按钮，选择“Sum”函数。

⑤ 单击工具栏上的“保存”按钮，这时出现“另存为”对话框，在“查询名称”文本框中输入“qT2”，然后单击”确定“按钮。

（3）本题创建查询的过程如下：

① 打开数据库“samp2. accdb”，单击“创建”选项卡，然后在“其他”组中单击“查询设计”按钮，进入查询设计面版，并显示“显示表”对话框。

② 在“显示表”对话框中，单击“表”选项卡，然后双击“tStudent”表，最后单击“关闭”按钮。

③ 双击“年龄”字段，选择选项卡的“设计”|“显示隐藏”|“汇总”按钮。

④ 单击“年龄”字段的“总计”行单元格，并单击其右侧的向下箭头按钮，选择“Avg”函数。

⑤ 单击工具栏上的“保存”按钮，这时出现“另存为”对话框，在“查询名称”文本框中输入“aTemP”：然后单击“确定”按钮。

⑥ 在“数据库”窗口中，单击“创建”选项卡，然后在“其他”组中单击“查询设计”按钮，进入查询设计面版，并显示“显示表”对话框。

⑦ 在“显示表”对话框中，单击“表”选项卡，双击“tstudent”表；然后选择“查询”选项卡，双击“qTemp”，最后单击“关闭”按钮。

⑧ 双击“姓名”字段。

⑨ 在第二列“字段”行中输入“[tStudent]![年龄]-[qTemp]![年龄之 Avg]”，同时在该字段列的“准则”单元格中输入条件“<0”。

⑩ 单击工具栏上的“保存”按钮，这时出现“另存为”对话框，在“查询名称”文本框中输入“qT3”，然后单击“确定”按钮。

（4）本题考查创建追加查询，过程如下：

① 打开数据库“samp2. accdb”，单击“创建”选项卡，然后在“其他”组中单击“查询设计”按钮，进入查询设计面版，并显示“显示表”对话框。

② 在“显示表”对话框中，单击“表”选项卡，然后分别双击“tStudent”表、“tGrade”表和“tCourse”表，最后单击“关闭”按钮。

③ 分别双击“学号”、“姓名”、“课程名”和“成绩”字段。

④ 在字段“学号”中输入“班级编号：Left([tStudent]![学号], 6)”。

⑤ 单击选项卡“设计”|“查询类型”|“追加”按钮，在出现的“追加”对话框中选择“表名称”下拉列表的值为“tSinfo”。

⑥ 单击工具栏上的“保存”按钮，这时出现“另存为”对话框，在“查询名称”文本框中输入“qT4”，然后单击“确定”按钮。

3. 综合应用题

在素材\上机题库\6 文件夹下“samp3.accdb”，里面已经设计好表对象“tGrade”和“tStudent”，同时还设计出窗体对象“fGrade”和“fStudent”。请在此基础上按照以下要求补充“fStudent”窗体的设计：

（1）将名称为“标签 15”的标签控件改为“tStud”，标题改为“学生成绩”；

（2）将名称为“子对象”的控件源对象属性设置为“fGrade”窗体，并取消其“浏览按钮”；

（3）将“fStudent”窗体标题改为“学生信息显示”；

（4）将窗体边框改为“对话框边框”样式，取消窗体中的水平和垂直滚动条；

（5）在窗体中有一个“退出”命令按钮（名称为 bQuit），单击该按钮后，应关闭“fStudent”窗体。现已编写部分 VBA 代码，请按照 VBA 代码中的指示将代码补充完整。

要求：修改后运行该窗体，并查看修改结果。

不允许修改窗体对象“fStudent”和“fGrade”中未涉及的控件、属性；不允许修改表对象“tStudent”和“tGrade”；对于 VBA 代码，只允许在“****************”与“****************”之间的一空行内补充语句、完成设计，不允许增删和修改其他位置已存在的语句。

答案提示

本题考查窗体的创建和编辑等操作。窗体是 Access 数据库中的一种对象，通过窗体用户可以方便地输入数据、编辑数据、显示和查询表中的数据。

（1）在窗体编辑标签控件的具体步骤如下：

① 打开窗体“FStudent”的“设计视图”。

② 按照题目要求设置相关属性：选中名称为“标签 15”的标签，单击“属性”按钮打开属性对话框，在“名称”属性行输入“tStud”，在“标题”属性行输入“学生成绩”。

③ 单击工具栏上的保存按钮保存对窗体的修改。

（2）在窗体编辑标签控件的具体步骤如下：

① 打开窗体“fStudent”的“设计视图”。

② 选中名称为“子对象”的控件，单击“属性”按钮打开属性对话框，单击“数据”选项卡，在“源对象”属性行中选择“fGrade”。

③ 选中“fGrade”窗体控件，单击“属性”按钮打开属性对话框，单击“格式”选项卡，在“浏览按钮”属性行中选择“否”。

④ 单击工具栏上的保存按钮保存对窗体的修改。

（3）设置窗体标题的具体步骤如下：

① 打开窗体“fStudent”的“设计视图”，单击“属性”按钮打开属性对话框。

② 在属性对话框中，单击“格式”选项卡，在“标题”属性行中输入“学生信息显示”。

③ 单击工具栏上的保存按钮保存对窗体的修改。

（4）设置窗体属性的具体步骤如下：

① 打开窗体“fStudent”的“设计视图”，单击“属性”按钮打开属性对话框。

② 在属性对话框中，单击“格式”选项卡，在“边框样式”属性行中选择“对话框边框”，在“滚动条”属性行中选择“两者均无”。

③ 单击工具栏上的保存按钮保存对窗体的修改。

（5）添加命令按钮的事件处理代码的操作步骤如下：

① 打开窗体“fStudent”的“设计视图”。

② 单击工具栏上的“代码”按钮，进入 VBA 开发环境。

③ 在事件过程 bQult__cllck()的“* * * * * * * * * * * * ”和“* * *　* *　*”之间添加代码 DoCmd.Close。

单击工具栏上的“保存”按钮保存对窗体的修改。

第7套 机试模拟题

1. 基本操作题

在素材\上机题库\7 文件夹下，“sampl.accdb”里面已建立表对象“tStud”。(试按以下要求，完成表的编辑操作：)

(1) 将“编号”字段改名为“学号”，并设置为主键；

(2) 设置“入校时间”字段的有效性规则为 2005 年之前的时间（不含 2005 年）；

(3) 删除表结构中“照片”字段；

(4) 删除表中学号为“000003”和“000011”的两条记录；

(5) 设置“年龄”字段的默认值为 23；

(6) 完成上述操作后，将考生文件夹下文本文件“tStud.txt”中的数据导入并追加保存在“tStud”中。

答案提示

本题考查学生对 Access 数据库中表的基本操作。

(1) 这一步考查学生修改表结构的操作和设置主键的操作。具体步骤如下：

① 打开数据库“samp1. accdb”，并且打开“tStud”表的设计视图。

② 单击“字段名称”列的“编号”字段，将其改为“学号”。

③ 用鼠标右键单击“学号”字段，然后在快捷菜单中选择“主键”。

④ 单击工具栏上的保存按钮保存表的修改。

(2) 这一步考查学生设置有效性规则的操作。具体步骤如下：

① 打开数据库“samp1. accdb”，并且打开“tStud”表的设计视图。

② 用鼠标选中“入校时间”字段，然后设置“字段属性”区中“有效性规则”的值为“<#2005-01-01#”。

③ 单击工具栏上的“保存”按钮保存表的修改：

(3) 这一步考查学生修改表结构的操作。具体步骤如下：

① 打开“tStud”表的设计视图。

② 将光标移到“照片”字段的位置上，单击“设计”|“工具”|“删除行”按钮，这时屏幕上显示删除字段提示框。

③ 单击提示框中的“是”按钮，则删除了该字段。

④ 单击工具栏上的保存按钮保存表的修改。

(4) 这一步考查学生删除记录的操作。具体步骤如下：

① 打开“tStud”表的设计视图。

② 单击“学号”字段为“000003”的记录所在行中的任意位置，单击“开始”选项卡|“记录”组| “删除”按钮，这时屏幕上显示删除记录提示框。

③ 单击提示框中的“是”按钮，则删除了该记录。

④ 单击“学号”字段为“000011”的记录所在行中的任意位置，单击“开始”选项卡|“记录”组| “删除”按钮，这时屏幕上显示删除记录提示框。

⑤ 单击提示框中的“是”按钮，则删除了该记录。

⑥ 单击工具栏上的保存按钮保存表的修改。

（5）这一步考查学生设置字段默认值的操作。具体步骤如下：

① 打开数据库“samp1.accdb”，并且打开“tStud”表的设计视图。

② 用鼠标选中“年龄”字段，然后设置“字段属性”区中“默认值”的值为“23”。

③ 单击工具栏上的“保存”按钮保存表的修改。

（6）这一步考查学生将外部数据导入数据库中表的操作。具体步骤如下：

① 在“数据库”窗口中，选择“外部数据”选项卡|“导入”组|“文本文件”，这时打开“导入”对话框，如图 7-1 所示：

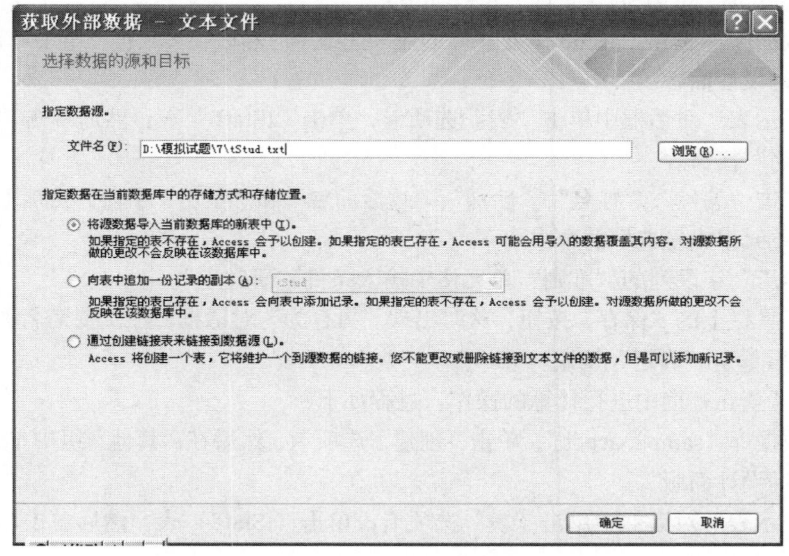

图 7-1　“导入”对话框

② 在“导入”对话框中的浏览下拉框中选择“tStud.txt”文件的位置。

③ 单击“确定”按钮，屏幕上显示“导入数据表向导”第一个对话框。

④ 在该对话框中，确定是否带分隔符，单击“下一步”按钮，屏幕上显示“导入数据表向导”第二个对话框。

⑤ 在该对话框中，选择分隔符为“逗号”，单击“第一行包含列标题”选项，然后单击“下一步”按钮，屏幕上显示“导入数据表向导”第三个对话框。

⑥ 在该对话框中，更改字段名称、数据类型及索引，控制字段导入与否，单击“下一步”按钮，屏幕上显示“导入数据表向导”第四个对话框。

⑦ 在该对话框中，确定“学号”为主键，然后单击“下一步”按钮，屏幕上显示“导入数据表向导”最后一个对话框。

⑧ 在该对话框的“导入列表”文本框中输入“tStud”，单击“完成”按钮。

2. 简单应用题

在素材\上机题库\7 文件夹下“samp2.accdb”，里面已经设计好表对象“tStaff”和“tTemp”及窗体对象“fTest”，试按以下要求完成设计：

（1）创建一个查询，查找并显示具有研究生学历的教师的“编号”、“姓名”、“性别”和“政治面貌”4 个字段的内容，所建查询命名为“qT1”；

（2）创建一个查询，查找并统计教师按照性别进行分类的平均年龄，然后显示出标题为“性别”和“平均年龄”的两个字段的内容，所建查询命名为“qT2”；

（3）创建一个参数查询，查找教师的“编号”、“姓名”、“性别”和“职称”4 个字段的内容，其中“性别”字段的准则条件为“参数”，要求引用窗体对象“fTest”上控件“tSex”的值，所建查询命名为“qT3”；

（4）创建一个查询，删除表“tTemp”对象中所有姓“李”的记录，所建查询命名为“qT4”。

答案提示

本题考查学生对 Access 中创建查询的操作。

（1）本题在设计视图中创建查询，过程如下：

① 打开数据库“samp2. accdb”，单击“创建”选项卡，然后在“其他”组中单击“查询设计”按钮，进入查询设计面版。

② 在“显示表”对话框中单击“表”选项卡，单击“tStaff”表，然后单击“添加”按钮，最后单击“关闭”按钮。

③ 分别双击“编号”、“姓名”、“性别”、“政治面貌”和“学历”字段，然后取消“学历”字段下“显示”单元格中复选框的选中。

④ 在“学历”字段列的“准则”单元格中输入条件“研究生”。

⑤ 单击工具栏上的“保存”按钮，这时出现“另存为”对话框，在“查询名称”文本框中输入“qT1”，然后单击“确定”按钮。

（2）本题考查在查询中进行计算的操作，过程如下：

① 打开数据库“samp2. accdb”，单击“创建”选项卡，然后在“其他”组中单击“查询设计”按钮，进入查询设计面版。

② 在“显示表”对话框中单击“表”选项卡，单击“tStaff”表，然后单击“添加”按钮，最后单击“关闭”按钮。

③ 分别双击“性别”和“年龄”字段，更改“学分”字段为“平均年龄：年龄”。

④ 单击的“设计”|“显示/隐藏”|“汇总”按钮。

⑤ 单击“平均年龄：年龄”字段的“总计”行单元格，并单击其右侧的向下箭头按钮，选择“Avg”函数。

⑥ 单击工具栏上的“保存”按钮，这时出现“另存为”对话框，在“查询名称”文本框中输入“qT2”，然后单击“确定”按钮。

（3）本题考查创建参数查询，过程如下：

① 打开数据库“samp2. accdb”，单击“创建”选项卡，然后在“其他”组中单击“查询设计”按钮，进入查询设计面版。

② 在“显示表”对话框中单击“表”选项卡，单击“tStaff”表，然后单击“添加”按钮，最后单击“关闭”按钮。

③ 分别双击“编号”、“姓名”、“性别”和“职称”字段，由于有一个已经建好的“tTest”窗体，所以在设计“性别”的设计视图的准则中，应包含有“[Forms]![fTest]”，同时，由于窗体中输入查询性别的控件名称为“tSex”，所以在“性别”字段的“准则”单元格中输入“[Forms]![fTest]![tSex]”。

④ 单击工具栏上的“保存”按钮，这时出现“另存为”对话框，在“查询名称”文本框中输入“qT3”，然后单击“确定”按钮。

（4）这一步考查学生创建删除查询的操作。具体步骤如下：

① 打开数据库“samp2. accdb”，单击“创建”选项卡，然后在“其他”组中单击“查询设计”按钮，进入查询设计面版。

② 在“显示表”对话框中单击“表”选项卡，单击“tTemp”表，最后单击“关闭”按钮。

③ 单击“设计”|“查询类型”|“删除”命令。

④ 双击字段列表中的“姓名”字段，在该字段的“删除”单元格中显示“Where”。

⑤ 在“姓名”字段的“准则”单元格中输入准则“Left([姓名], 1)= “李””。

⑥ 单击工具栏上的“保存”按钮，这时出现“另存为”对话框，在“查询名称”文本框中输入“qT4”，然后单击“确定”按钮。

3. 综合应用题

在素材\上机题库\7 文件夹下“samp3.accdb”，里面已经设计好了表对象“tEmp”、窗体对象“fEmp”、报表对象“rEmp”和宏对象“mEmp”。试在此基础上按照以下要求完成补充设计：

（1）将报表的“rEmp”报表页眉区域内名为“bTittle”标签控件的标题显示为“职工基本信息表”，同时将其安排在距上边 0. 5 厘米，距左侧 5 厘米的位置；

（2）设置报表“rEmp”的主体节区内“tSex”文本框件显示显示“性别”字段数据；

（3）将考生文件夹下的图象文件“test.bmp”设置为“fEmp”的背景，同时，将窗体按钮“btnP”的单击事件属性设置为宏“mEmp”，以完成按钮单击打开报表的操作；

注意　不允许修改数据库中的“tEmp”表对象和宏对象“mEmp”；不允许修改窗体对象“fEmp”和报表对象“rEmp”涉及的控件和属性。

答案提示

本题考查窗体、报表和宏的编辑等操作。

（1）在报表中设置标签控件属性的具体步骤如下：

① 打开报表“rEmp”的“设计视图”。

② 按照题目要求设置相关属性：选中报表页眉区内名为“bTitle”的标签控件，单击“属性”按钮打开属性对话框，单击“格式”选项卡，在“标题”属性行中输入“职工基本信息”，在“左边距”属性行中输入“5 厘米”，在“上边距”属性行中输入“0.5 厘米”。

③ 单击工具栏上的保存按钮保存对报表的修改。

（2）在报表中，设置文本框的控件源属性的具体步骤如下：

① 打开报表“rEmp”的“设计视图”。

② 按照题目要求设置相关属性：选中“tSex”文本框，单击“属性”按钮打开属性对话框，单击“数据”选项卡，在“控件来源”属性行中选择“性别”。

③ 单击工具栏上的保存按钮保存对报表的修改。

（3）设置窗体属性和命令按钮单击事件的具体步骤如下：

① 打开窗体“fEmp”的“设计视图”，单击“属性”按钮打开属性对话框。

② 在属性对话框中，单击“格式”选项卡，在“图片”属性行中输入“test.bmp”图片所在的路径和文件名。

③ 选中按钮“btnP”，单击“属性”按钮可以打开属性对话框。

④ 在属性对话框中，单击“事件”选项卡，再“单击”属性行中选择“mEmp”。

⑤ 单击工具栏上的保存按钮保存对窗体的修改。

第8套 机试模拟题

在素材\上机题库\8 文件夹下，存在一个数据库文件“samp1.accdb”，里面已经设计好表对象“tStud”。请按照以下要求，完成对表的修改：

（1）设置数据表显示的字体大小为 14、行高为 18；

（2）设置“简历”字段的设计说明为“自上大学起的简历信息”；

（3）将“入校时间”字段的显示设置为“××月××日××××”形式；

要求月日为两位显示、年四位显示，如“12 月 15 日 2005”。

（4）将学号为“20011002”学生的“照片”字段数据设置成考生文件夹下“photo.bmp”图像文件；

（5）将冻结的“姓名”字段解冻；

（6）完成上述操作后，将“备注”字段删除。

答案提示

（1）考察调整表外观的操作

① 在“数据库”窗口的“表”对象下，双击表“tStud”。

② 单击“开始”选项卡|“字体”组右下角扩展按钮，出现“字体”对话框。

③ 在该对话框“字体”列表中选择大小 14，单击“确定”。

④ 右击任一行左边记录选定区，出现行高对话框。并输入 18，单击“确定”按钮。

⑤ 最后单击工具栏上的“保存”，保存修改的表。

（2）考察设置说明的操作

① 打开数据库“samp1.accdb”，并打开表“tStud”的设计视图。

② 选中“简历”字段的“说明”项，输入“自从上大学起的简历信息”。

③ 单击保存对修改的表进行保存。

（3）考察日期显示格式的操作

① 打开数据库“samp1.accdb”，并打开表“tStud”的设计视图。

② 选中“入校时间”字段的“格式”项，输入“mm/月 dd/日/yyyy”。

③ 单击保存对修改的表进行保存。

（4）考察对表中类型为 OLE 的对象的字段输入数据的操作

① 在“数据库”窗口的“表”对象下，双击表“tStud”。

② 查找到学号为“20011002”的记录，单击该记录的“照片”字典，然后单击右键，选择“插

入对象”命令。此时会弹出“插入对象”对话框。

③ 在“对象类型”列表框中选中“画笔图片”，单击“确定”按钮，此时显示“画图”程序框。

④ 在“画图”框中选择“编辑”|“粘贴来源”，打开“粘贴自”对话框。

⑤ 在该对话框的“查找范围”中找到考生文件，在显示照片的列表框中选择“photo.bmp”，然后单击“打开”。最后关闭程序框。

（5）考察“冻结列”的操作。

① 在“数据库”窗口的“表”对象下，双击表“tStud”。

② 单击选项卡“开始”|“记录”|“其他”按钮，选择“取消对所有列的冻结”命令。

③ 单击保存对修改的表进行保存。

（6）考察的是修改表结构的操作。

① 打开表“tStud”的设计视图。

② 在“备注”字段上的右击，选择“删除行”命令。此时显示删除字段提示框。

③ 单击“是”则删除了该字段。

④ 单击保存对修改的表进行保存。

2. 简单应用题

在素材\上机题库\8 文件夹下，存在一个数据库文件“samp2.accdb”，里面已经设计好两个表对象“tStud”和“tScore”。试按照以下要求完成设计：

（1）创建一个查询，查找并显示学生的“学号”、“姓名”、“性别”、“年龄”和“团员否”5 个字段内容，所查询命名为“qStud1”；

（2）建立“tStud”和“tScore”两表之间的一对一关系；

（3）创建一个查询，查找并显示数学成绩不及格的学生的“姓名”、“性别”和“数学”3 个字段内容，所建查询命名为“qStud2”；

（4）创建一个查询，计算并显示“学号”和“平均成绩”两个字段内容，其中平均成绩是计算数学，计算机和英语 3 门成绩的平均值，所建查询命名为“qStud3”。

不允许修改表对象“tsdud”和“tScore”的结构及记录数据的值，选择查询只返回选了课的学生的相关信息。

答案提示

（1）本题在设计视图中创建查询

① 打开数据库“samp2. accdb”，单击“创建”选项卡，然后在“其他”组中单击“查询设计”按钮，进入查询设计面版。

② 在“显示表”对话框“表”选项卡，单击表“tStud”，然后单击“添加”，然后单击“关闭”。

③ 添加“学号”、“姓名”、“性别”、“年龄”和“团员否”字段。

④ 单击保存，此时出现“另存为”对话框，输入“qStud1”，然后单击“确定”按钮。

（2）考察建立表间关联关系的操作

① 单击“数据库工具”|“显示/隐藏”|“关系”对话框，弹出”关系”对话框。

② 在对话框中单击右键，弹出“显示表”项，分别选择表“tScore”和“tStud”，并“添加”。

③ 在学生表中单击“学号”字段，将其拖到学生表中的“学号”字段中，放开，则出现“编辑关系”对话框。并单击“创建”按钮。

④ 单击工具栏上的保存，保存对关系的建立。

（3）考察在设计视图中建立查询

① 打开数据库“samp2. accdb”，单击“创建”选项卡，然后在“其他”组中单击“查询设计”按钮，进入查询设计面版。

② 在“显示表”对话框中， 分别选择表“tScore”和“tStud”，并“添加”。

③ 添加“学号”，“姓名”，“性别”，“数学”字段。

④ 在“数学”字段的“准则”行内输入“<60”。

⑤ 在工具栏上点保存，出现“另存为”，输入“qStud2”，然后按“确定”。

（4）考察在设计视图中建立查询

① 打开数据库“samp2. accdb”，单击“创建”选项卡，然后在“其他”组中单击“查询设计”按钮，进入查询设计面版。

② 在“显示表”对话框“表”选项卡，单击表“tScore”，然后单击“添加”，然后单击“关闭”。

③ 双击“学号”字段。

④ 在字段的第二列空格内输入“平均成绩（[tScore]![数学]+ [tScore]![英语]+ [tScore]![计算机]）/3”。

⑤ 单击工具栏上的“保存”按钮，出现“另存为”，输入“qStud3”然后单击“确定”。

3. 综合运用题

在素材\上机题库\8 文件夹下，存在一个数据库文件“samp3.accdb”，里面已经设计好窗体对象“fStaff”。试在此基础上按照以下要求补充窗体设计：

（1）在窗体的窗体页眉节区位置添加一个标签控件，其名称为“bTitle”，标题显示为“员工信息输出”。

（2）在主体节区位置添加一个选项组控件，将其命名为“opt”，选项组标签显示内容为“性别”，名称为“bopt”。

（3）在选项组内放置两个选项按钮控件，选项按钮分别命名为“opt1”和“opt2”，选项按钮标签显示内容分别为“男”和“女”，名称分别为“bopt1”和“bopt2”。

（4）在窗体页脚节区位置添加两个命令按钮，分别命名为“bOk”和“bQuit”，按组标题分别为“确定”和“退出”。

（5）将窗体标题设置为“员工信息输出”。

不允许修改窗体对象“fStaff”中已设置好的属性。

答案提示

（1）在窗体页眉页脚添加标签

① 打开窗体“fStaff”的“设计视图”，在“窗体页眉”添加标签控件并输入“员工信息输出”。

② 按题目要求设置相关属性，选中对话框，打开“属性”对话框。在“名称”行内输入“bTitle”。

③ 单击工具栏上的保存，对窗体做的修改保存。

（2）在窗体页脚中添加控件

① 打开窗体“fStaff ”的“设计视图”，从工具箱中选择项组。添加到窗体的主题节区中，此时弹出“选项组向导”对话框，单击“取消”。

② 选中选项组控件，打开“属性”对话框，单击“其他”在“名称”中输入“opt”。

③ 选中选项组标签控件，打开“属性”对话框，单击“其他”在“名称”中输入“bopt”，单击“格式”选项卡，在“标题”行内输入“性别”。

④ 单击工具栏上的保存，对窗体做的修改保存。

（3）在窗体页脚中添加命令按钮

① 打开窗体“fStaff ”的“设计视图”，分两次从工具箱中选择选项按钮，添加到选项组“opt”中。

② 选中第一个选项按钮，打开“属性”对话框， 打开“属性”对话框，单击“其他”在“名称”中输入控件名。

③ 选中第一个选项按钮，打开“属性”对话框，单击“其他”在“名称”中输入“opt1”，单击“格式”选项卡，在“标题”属性中输入“男”。

④ 类似的，设置第一个选项按钮和选项按钮标签的属性。

⑤ 单击工具栏上的保存，对窗体做的修改保存。

（4）在窗体页脚中添加命令按钮

① 打开窗体“fStaff ”的“设计视图”，从工具箱中选择项组，添加到窗体的页脚中， 此时弹出“命令按钮向导”对话框，单击“取消”。

② 类似的添加第二个命令按钮。

③ 按照题目要求设置相关属性，选中第一个按钮，打开属性对话框，设置“标题”属性为“确定”，“名称”为“bOt”；选中第二个按钮，打开属性对话框，设置“标题”属性为“推出”，“名称”为“bquit”。

④ 单击工具栏上的保存，对窗体做的修改保存。

（5）设置窗体标题

① 打开窗体“fStaff ”的“设计视图”，打开属性对话框。

② 在属性对话框中选中“格式”选项卡，在“标题”属性行中输入“员工信息输出”。

单击工具栏上的保存，对窗体做的修改保存。

第四部分

全国计算机等级考试真题及解析

- 2010 年 3 月计算机等级考试二级 Access 笔试试题
- 2010 年 9 月计算机等级考试二级 Access 笔试试题解析
- 2010 年 9 月计算机等级考试二级 Access 笔试试题
- 2010 年 9 月计算机等级考试二级 Access 笔试试题解析
- 2011 年 3 月计算机等级考试二级 Access 笔试试题
- 2011 年 3 月计算机等级考试二级 Access 笔试试题解析
- 2011 年 9 月计算机等级考试二级 Access 笔试试题
- 2011 年 9 月计算机等级考试二级 Access 笔试试题解析

2010年3月计算机等级考试二级Access笔试试题

1. 选择题（每小题2分，共70分）

下列各题四个选项中，只有一个选项是正确的。请将正确选项填涂在答题卡相应位置上，答在试卷上不得分。

（1）下列叙述中正确的是（　　）。

A. 对长度为n的有序链表进行查找，最坏情况下需要的比较次数为n

B. 对长度为n的有序链表进行对分查找，最坏情况下需要的比较次数为（n/2）

C. 对长度为n的有序链表进行对分查找，最坏情况下需要的比较次数为（$\log_2 n$）

D. 对长度为n的有序链表进行对分查找，最坏情况下需要的比较次数为n（$\log_2 n$）

（2）算法的时间复杂度是指（　　）。

A. 算法的执行时间

B. 算法所处理的数据量

C. 算法程序中的语句或指令条数

D. 算法在执行过程中所需要的基本运算次数

（3）软件按功能可以分为：应用软件、系统软件和支撑软件（或工具软件），下面属于系统软件的是（　　）。

A. 编辑软件　B. 操作系统　C. 教务管理系统　D. 浏览器

（4）软件（程序）调试的任务是（　　）。

A. 诊断和改正程序中的错误　B. 尽可能多地发现程序中的错误

C. 发现并改正程序中的所有错误　D. 确定程序中错误的性质

（5）数据流程图（DFD图）是（　　）。

A. 软件概要设计的工具　B. 软件详细设计的工具

C. 结构化方法的需求分析工具　D. 面向对象方法的需求分析工具

（6）软件生命周期可分为定义阶段，开发阶段和维护阶段，详细设计属于（　　）。

A. 定义阶段　B. 开发阶段　C. 维护阶段　D. 上述三个阶段

（7）数据库管理系统中负责数据模式定义的语言是（　　）。

A. 数据定义语言　B. 数据管理语言

C. 数据操纵语言　D. 数据控制语言

（8）在学生管理的关系数据库中，存取一个学生信息的数据单位是（　　）。

A. 文件　B. 数据库　C. 字段　D. 记录

（9）数据库设计中，用E-R图来描述信息结构但不涉及信息在计算机中的表示，它属于数据库设计的（　　）。

A. 需求分析阶段　　B. 逻辑设计阶段
C. 概念设计阶段　　D. 物理设计阶段

（10）有两个关系 R 和 T 如下：

R

A	B	C
a	1	2
b	2	2
c	3	2
d	3	2

T

A	B	C
c	3	2
d	3	2

则由关系 R 得到关系 T 的操作是（　　）。

A. 选择　　B. 投影　　C. 交　　D. 并

（11）下列关于关系数据库中数据表的描述，正确的是（　　）。

A. 数据表相互之间存在联系，但用独立的文件名保存
B. 数据表相互之间存在联系，是用表名表示相互间的联系
C. 数据表相互之间不存在联系，完全独立
D. 数据表既相对独立，又相互联系

（12）下列对数据输入无法起到约束作用的是（　　）。

A. 输入掩码　　B. 有效性规则
C. 字段名称　　D. 数据类型

（13）Access 中，设置为主键的字段（　　）。

A. 不能设置索引
B. 可设置为“有（有重复）”索引
C. 系统自动设置索引
D. 可设置为“无”索引

（14）输入掩码字符“&”的含义是（　　）。

A. 必须输入字母或数字
B. 可以选择输入字母或数字
C. 必须输入一个任意的字符或一个空格
D. 可以选择输入任意的字符或一个空格

（15）在 Access 中，如果不想显示数据表中的某些字段，可以使用的命令是（　　）。

A. 隐藏　　B. 删除　　C. 冻结　　D. 筛选

（16）通配符“#”的含义是（　　）。

A. 通配任意个数的字符
B. 通配任何单个字符
C. 通配任意个数的数字字符
D. 通配任何单个数字字符

（17）若要求在文本框中输入文本时达到密码“*”的显示效果，则应该设置的属性是（　　）。

A. 默认值　　B. 有效性文本　　C. 输入掩码　　D. 密码

（18）假设“公司”表中有编号、名称、法人等字段，查找公司名称中有“网络”二字的公司

信息，正确的命令是（　　）。

A. SELECT * FROM 公司 FOR 名称 ＝" *网络* "

B. SELECT * FROM 公司 FOR 名称 LIKE "*网络*"

C. SELECT * FROM 公司 WHERE 名称="*网络*"

D. SELECT * FROM 公司 WHERE 名称 LIKE"*网络*"

（19）利用对话框提示用户输入查询条件，这样的查询属于（　　）。

A. 选择查询　　B. 参数查询

C. 操作查询　　D. SQL 查询

（20）在 SQL 查询中“GROUP BY”的含义是（　　）。

A. 选择行条件　　B. 对查询进行排序

C. 选择列字段　　D. 对查询进行分组

（21）在调试 VBA 程序时，能自动被检查出来的错误是（　　）。

A. 语法错误　B. 逻辑错误　C. 运行错误　D. 结构错误

（22）为窗体或报表的控件设置属性值的正确宏操作命令是（　　）。

A. Set　　B. SetData

C. SetValue　　D. SetWarnings

（23）在已建窗体中有一命令按钮（名为 Commandl），该按钮的单击事件对应的 VBA 代码为：

```
Private Sub Commandl_Click()
subT.Form.RecordSource = "select * from 雇员"
End Sub
```

单击该按钮实现的功能是（　　）。

A. 使用 select 命令查找“雇员”表中的所有记录

B. 使用 select 命令查找并显示“雇员”表中的所有记录

C. 将 subT 窗体的数据来源设置为一个字符串

D. 将 subT 窗体的数据来源设置为“雇员”表

（24）在报表设计过程中，不适合添加的控件是（　　）。

A. 标签控件　　B. 图形控件

C. 文本框控件　　D. 选项组控件

（25）下列关于对象“更新前”事件的叙述中，正确的是（　　）。

A. 在控件或记录的数据变化后发生的事件

B. 在控件或记录的数据变化前发生的事件

C. 当窗体或控件接收到焦点时发生的事件

D. 当窗体或控件失去了焦点时发生的事件

（26）下列属于通知或警告用户的命令是（　　）。

A. PrintOut　　B. OutputTo

C. MsgBox　　D. RunWarnings

（27）能够实现从指定记录集里检索特定字段值的函数是（　　）。

A. Nz　　B. Find

C. Lookup　　D. DLookup

（28）如果 X 是一个正的实数，保留两位小数、将千分位四舍五入的表达式是（　　）。

A. 0.01*Int(x+0.05)　　B. 0.01*Int(100*(X+0.005))

C. 0.01*Int(x+0.005)　　D. 0.01*Int(100*(X+0.05))

（29）在模块的声明部分使用“Option Base 1”语句，然后定义二维数组 A（2 to 5，5），则该数组的元素个数为（　　）。

A. 20　　B. 24　　C. 25　　D. 36

（30）由“For i=1 To 9 Step -3”决定的循环结构，其循环体将被执行（　　）。

A. 0 次　　B. 1 次　　C. 4 次　　D. 5 次

（31）在窗体上有一个命令按钮 Commandl 和一个文本框 Textl，编写事件代码如下：

```
Private Sub Command1_Click()
Dim i,j,x
For i = 1 To 20 step 2
x = 0
For j = To 20 step 3
x = x + 1
Next j
Next i
Textl.Value=Str(x)
End Sub
```

打开窗体运行后，单击命令按钮，文本框中显示的结果是（　　）。

A. 1　　B. 7　　C. 17　　D. 400

（32）在窗体上有一个命令按钮 Commandl，编写事件代码如下：

```
Private Sub Commandl_Click()
Dim y As Integer
y = 0
Do
y = InputBox("y=")
If(y Mod 10) + Int(y / 10) = 10 Then Debug.Print y;
Loop Until y = 0
End Sub
```

打开窗体运行后，单击命令按钮，依次输入 10、37、50、55、64、20、28、19、-19、0，立即窗口上输出的结果是（　　）。

A. 37 55 64 28 19 19　　B. 10 50 20

C. 10 50 20 0　　D. 37 55 64 28 19

（33）在窗体上有一个命令按钮 Commandl，编写事件代码如下：

```
Private Sub Command1_Click()
Dim x As Integer, y As Integer
x = 12: y = 32
Call Proc(x, y)
Debug.Print x;    y
End Sub
Public Sub Proc(n As Integer, ByVal m As Integer)
n = n Mod 10
m = m Mod 10
End Sub
```

打开窗体运行后，单击命令按钮，立即窗口上输出的结果是（　　）。

A. 2 32　　B. 12 3　　C. 2 2　　D. 12 32

（34）在窗体上有一个命令按钮 Commandl，编写事件代码如下：

```
Private Sub Commandl_Click()
Dim d1 As Date
Dim d2 As Date
dl = #12/25/2009#
d2 = #1/5/2010#
MsgBox DateDiff(" ww", d1, d2)
End Sub
```

打开窗体运行后，单击命令按钮，消息框中输出的结果是（　　）。

A. 1　　B. 2　　C. 10　　D. 11

（35）下列程序段的功能是实现"学生"表中"年龄"字段值加 1

```
Dim Str As String
Str=" "
Docmd.RunSQL Str
```

空白处应填入的程序代码是（　　）。

A. 年龄=年龄+1　　B. Update 学生 Set 年龄=年龄+1

C. Set 年龄=年龄+1　　D. Edit 学生 年龄=年龄+l

2. 填空题（每空 2 分，共 30 分）

请将每一个空的正确答案写在答题卡【1】～【15】序号的横线上，答在试卷上不得分。

（1）一个队列的初始状态为空。现将元素 A，B，C，D，E，F，5，4，3，2，1 依次入队，然后再依次退队，则元素退队的顺序为【1】。

（2）设某循环队列的容量为 50，如果头指针 front=45（指向队头元素的前一位置），尾指针 rear=10（指向队尾元素），则该循环队列中共有【2】个元素。

（3）设二叉树如下：

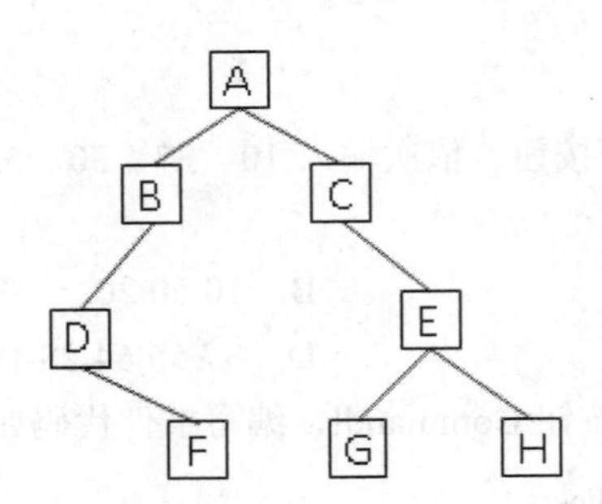

对该二叉树进行后序遍历的结果为【3】。

（4）软件是【4】、数据和文档的集合。

（5）有一个学生选课的关系，其中学生的关系模式为：学生（学号，姓名，班级，年龄），课程的关系模式为：课程（课号，课程名，学时），其中两个关系模式的键分别是学号和课号，则关系模式选课可定义为：选课（学号，【5】，成绩）。

（6）下图所示的窗体上有一个命令按钮（名称为 Command1）和一个选项组（名称为 Framel），选项组上显示"Framel"文本的标签控件名称为 Labell，若将选项组上显示文本"Frame1"改为汉字"性别"，应使用的语句是【6】。

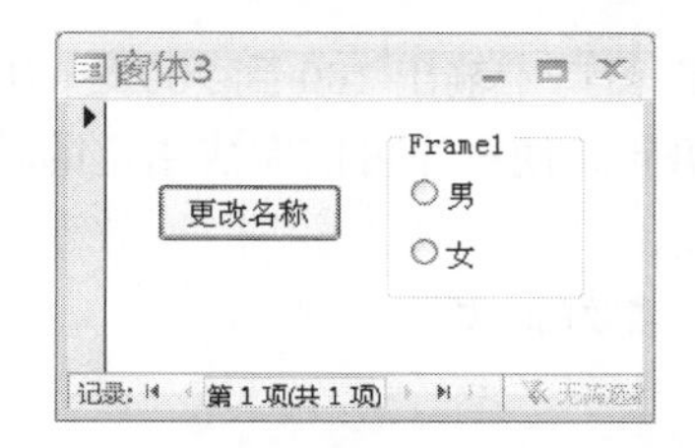

（7）在当前窗体上，若要实现将焦点移动到指定控件，应使用的宏操作命令是__【7】__。

（8）使用向导创建数据访问页时，在确定分组级别步骤中最多可设置__【8】__个分组字段。

（9）在窗体文本框 Text1 中输入“456AbC”后，立即窗口上输出的结果是__【9】__。

```
Private Sub Textl_KeyPress(KeyAscii As Integer)
Select Case DeyAscii
Case 97 To 122
Debug.Print Ucase(Chr(KeyAscii));
Case 65 To 90
Debug.Print Lcase(Chr(KeyAscii));
Case 48 To 57
Debug.Print Chr(KeyAscii);
Case Else
KeyAscii = 0
End Select
End Sub
```

（10）在窗体上有一个命令按钮 Commandl，编写事件代码如下：

```
Private Sub Command1_Click()
Dim a(10), p(3) As Integer
k = 5
For i = 1 To 10
a(i) = i * i
Next i
For i = 1 To 3
p(i) = a(i * i)
Next i
For i = 1 To 3
k = k + p(i) *2
Next i
MsgBox k
End Sub
```

打开窗体运行后，单击命令按钮，消息框中输出的结果是__【10】__。

（11）下列程序的功能是找出被 5、7 除，余数为 1 的最小的 5 个正整数。请在程序空白处填入适当的语句，使程序可以完成指定的功能。

```
Private Sub Form_Click()
Dim Ncount %, n%
n = n + 1
If 【11】 Then
Debug.Print n
Ncount =Ncount + 1
End If
Loop Until Ncont = 5
End Sub
```

（12）以下程序的功能是在立即窗口中输出 100 到 200 之间所有的素数，并统计输出素数的个数。请在程序空白处填入适当的语句，使程序可以完成指定的功能。

```
Private Sub Command2_Click()
Dim i%, j%, k%, t % 't 为统计素数的个数
Dim b As Boolean
For i = 100 To 200
b = True
k = 2
j = Int(Sqr(i))
Do While k <= j And b
If I Mod k = 0 Then
b = 【12】
End If
k = 【13】
Loop
If b = True Then
t = t + 1
Debug.Print i
End If
Next i
Debug.Print "t="; t
End Sub
```

（13）数据库中有工资表，包括“姓名”、“工资”和“职称”等字段，现要对不同职称的职工增加工资，规定教授职称增加 15%，副教授职称增加 10%，其他人员增加 5%。下列程序的功能是按照上述规定调整每位职工的工资，并显示所涨工资之总和。请在空白处填入适当的语句，使程序可以完成指定的功能。

```
Private Sub Command5_Click()
Dim ws As DAO.Workspace
Dim db As DAO.Database
Dim rs As DAO.Recordset
Dim gz As DAO.Field
Dim zc As DAO.Field
Dim sum As Currency
Dim rate As Single
Set db = CurrentDb()
Set rs = db.OpenRecordset("工资表")
Set gz = rs.Fields("工资")
Set zc = rs.Fields("职称")
sum = 0
Do While Not 【14】
rs.Edit
Select Case zc
Case Is = "教授"
rate = 0.15
Case Is = "副教授"
rate = 0.1
Case Else
rate = 0.05
End Select
sum = sum + gz * rate
```

```
gz = gz + gz * rate
  【15】
rs.MoveNext
Loop
rs.Close
db.Close
Set rs = Nothing
Set db = Nothing
MsgBox "涨工资总计:" & sum
End Sub
```

2010年3月计算机等级考试二级Access笔试试题解析

1．选择题

（1）解析：答案为C。考查查找最坏情况下比较次数。对长度为n的线性表，若为无序表或有序线性表的链式存储方式，都只能用顺序查找，最坏情况下比较次数为 n。而不管以那种形式的线性表，用二分法查找（对分查找），次数都为（$\log_2 n$）。

（2）解析：答案为D。考查算法时间复杂度概念知识。算法时间复杂度，是指执行算法所需要的计算工作量。在度量一个算法的工作量时，在执行过程中所需要基本运算的执行次数来度量，与所需要时间、数据量、语句或指令条数具体内容无关。

（3）解析：答案为B。考查软件功能分类的特性。按功能分为：应用软件、系统软件、支撑软件（或工具软件）。系统软件是计算机管理自身资源，提高计算机使用效率并为计算机用户提供各种服务的软件。如操作系统，编译程序，汇编程序，网络软件，数据库管理系统等。编辑软件、教务管理系统属于应用软件。浏览器属于窗口、软件的一部分。

（4）解析：答案为A。考查软件（程序）的调试知识。调试的任务是诊断和改正程序中的错误。B项为软件测试的任务。C、D项是软件调试的原则。

（5）解析：答案为C。考查分析设计阶段出现的工具。结构化分析方法中工具有：DFD，用来描述数据处理过程的工具，是需求理解的逻辑模型的图形表示。DD（数据字典），用来对所有与系统相关的数据元素的一个有组织的列表。结构图（SC）为软件概要设计的工具。PFD（程序流程图）、N-S（盒图）、PAD（问题分析图）等。

（6）解析：答案为B。考查软件生命周期构成知识。可行性研究、需求分析属于定义阶段；概要设计、详细设计、实现、测试属于开发阶段；使用、维护、退役属于维护阶段。

（7）解析：答案为A。考查数据库管理系统中提供相应的数据语言。数据语言有：数据定义语言（DDL），负责数据的模式定义与数据的物理存取构建。数据操纵语言（DML），负责数据的操纵，包括查询及增、删、改等操作。数据控制语言（DCL），负责数据完整性、安全性的定义与检查及并发控制、故障恢复等。

（8）解析：答案为D。考查关系数据库中数据单位。存取一个学生信息，在关系中应该是元组，相应的文件中是记录。字段是其中一个或多个数据项，是数据的最小单位。而D项符合题意。

（9）解析：答案为C。考查数据抽象模型知识。在数据库概念设计中，此目的是分析数据间内在的语义联系，在此基础上建立一个数据的抽象模型，但不涉及数据信息本身。于是E-R图产生了。当把E-R图转换成指定的关系数据库中的关系模式，则属于数据库的逻辑设计阶段。物理设计阶段处理内部内容，如索引设计、分区设计等。需要求分析阶段利用DFD、DD来实现数据处理。

（10）解析：答案为 A。考查关系运算。在关系运算中，分为集合运算、专门关系运算两种。集合运算由：并、交、差等，要求两个关系必须具有相同的结构。并运算，产生元组增多；交运算，产生两关系共同的元组。差运算，减少元组。专门关系运算由：选择、投影、连接构成。选择、投影都是针对一个关系运算的；连接对两个关系及以上关系运算的。而 A 项符合题意。

（11）解析：答案为 D。一方面，表不以独立文件的方式存在，但在表对象中，以不同的单位来进行区别，同时，又通过表之间的关系来构建联系。

（12）解析：答案为 C。字段名称的正确叫法应该是“字段标题”，它主要用于表格的显示。

（13）解析：答案为 C。系统自动设置为“有（无重复）索引”。

（14）解析：答案为 C。输入掩码属性中，字符 A 表示必须输入字母或数字，a 表示可以选择输入字母或数字，&表示必须输入一个任意的字符或一个空格，C 表示可以选择输入任意的字符或一个空格。

（15）解析：答案为 A。

（16）解析：答案为 D。通配符件可以通配任何单个数字字符，*可以通配任意个数的字符，？可以通配任何单个字符。

（17）解析：答案为 C。没有“密码”这个属性，但是，可以先设置输入掩码，再在输入掩码中填入“密码”二字来完成这个效果（输入字符，显示为*）。

（18）解析：答案为 D。不能使用等号，只能使用 like。含有“网络”二字，可以在首位，可以在中间，也可以在末尾，所以应该是“*网络*”。

（19）解析：答案为 B。参数查询利用对话框，提示用户输入参数，并检索符合所输参数的记录。用户可以建立一个参数提示的单参数查询，也可以建立多个参数提示的多参数查询.

（20）解析：答案为 D。在 SQL 上查询中，GROUP BY 子句用于对查询进行分组，ASC 和 DESC 分别用于查询的升序排列和降序排列。

（21）解析：答案为 A。只能检查出语法错误，但逻辑错误是不能检查的。例如，当输入了 if 和 then，但如果没有 end if，则会提示错误，但如果本应该是在 i>10 时运行循环体，但如果用了 do until i > 10…Loop，则循环体不会按要求运行。

（22）解析：答案为 C。宏操作命令 SetValue 的功能是为窗口、窗口数据表或报表的段、控件、属性的值进行设置。

（23）解析：答案为 D。窗体的 RecordSource 属于是设置窗体数据来源，而“Select * from 雇员”，则是选择该表中的所有记录。

（24）解析：答案为 D。报表在设计中，标签、图形以及文本框都可以辅导数据或者文字、图片的输入，但选项组控件在设计过程中无法改变其值。

（25）解析：答案为 B。

（26）解析：答案为 C。MsgBox 命令显示包含警告、提示信息或其他信息的消息框。

（27）解析：答案为 D。DLookup 函数是从指定记录集里检索特定字段的值。它可以直接在 VBA、宏、查询表达式或计算控件中使用，而且主要用于检索来自外部表（而非数据源表）字段中的数据。

（28）解析：答案为 B。需要在千分位进行四舍五入操作，则最后结果肯定是精确到百分位的。而 Int 只能取整，无法取小数部分，因此，必须对转换对象进行一个先乘以一百，再除以一百的操作。而如果想在千分位进行四舍五入，又必须对于千分位上进行加 5 的操作。这样，千分位上为 4 和 4 以下的，百分位不变，而千分位上 5 及 5 以上的，百分位将被加 1。

（29）解析：答案为 B。A（2 to 5， 5）第一个元素为 A（2，0），最后一个元素是 A（5，5），第一维上有 2～5 四种变化，而第二维上有 0～5 六种变化，因素元素数为 4×6，为 24 个。

（30）解析：答案为 A。对于步长为负数且循环变量的初值又比终值小的循环，会直接退出。根据题意执行循环结构，由步长<0，循环变皿值<终值，则循环结束退出，不执行循环体。

（31）解析：答案为 A。对于外层的 i 循环，因为其循环体第 1 句就是将 x 置 0，所以只用考虑其最后一次循环，最后一次后循环时，i 的值为 19。此时，里面循环 j 的初值为 19，终值为 20，步长为 3，则其循环体只运行一次，即 x 的值只加了一个 1。因此，答案为 1。

（32）解析：答案为 D。do loop while 循环是为了控制输入。而直接输出是在 Debug.Print y，即 if then 这个选择中，此题的关键在于读懂 if（y Mod 10）+ Int（y / 10）= 10 这个条件，y mod 10 是取 y 的个位上的数。而 Int（y / 10）则是相当于取 y 的十位上的数，满足这个条件的二位数的 y 值有。19、28、37、46、55、64、73、82、91，且只能为正数。因此，答案为 37 55 64 28 19。

（33）解析：答案为 A。此题在于考查对传值和传址的理解。传值为 ByVal，传址为 ByRef，默认如果不指定则为传址。对于传值，子过程中值的变化不会影响调用它的这个过程，而传址则不然。（亦可用实参形参的概念进行理解）。

（34）解析：答案为 B。此题在于理解 DateDiff，这也是个比较偏的考点。DateDiff 有三个参数，第一个为差距的计算单位，第二个为时间起始点，第二个为时间终止点。ww 指单位为周，从 2009 年 12 月 25 日到 2010 年 1 月 5 日其中有两周。

（35）解析：答案为 B。对年龄字段加 1，需要使用 update 的 SQL 语句，其中格式正确的只有 B。

2. 填空题

（1）解析：答案为：ABCDEF54321 考查队列先进先出（FIFO）知识。于是答案自然是：ABCDEF54321。

（2）解析：答案为：15 考查队列先进先出（FIFO）知识。于是答案自然是：15。

（3）解析：答案为：EDBGHFCA 考查二叉树遍历知识。二叉树的遍历是指不重复地访问二叉树中的所有结点。分为三种：前序遍历、中序遍历、后序遍历。此题要求后序遍历，首先访问左子树，然后右子树，最后根结点，并且，在遍历左、右子树时，仍然先遍历左子树，然后右子树，最后根结点。后序遍历的过程也是一个递归的过程。于是先访问 BDE 中 E，再回 D，B；访问右子树，先访问 FGH 中的 G，再 B，F，返上 C，最终是根 A。

（4）解析：答案为：程序考查软件的概念知识。计算机软件是计算机系统中与硬件相互依存的另一部分，是包括程序、数据及相关文档的完整集合。

（5）解析：答案为：课号考查关系连接知识。要实现学生选课，须在选课关系中含有学生信息和课程信息。则选课表通过学号，课号与相关表建立自然连接。

（6）解析：答案为 Label1.Caption = "性别"。选项组控件中的文字显示，是利用标签控件来实现的，题中的 Frame1 对应的标签控件名称为 Label1，要将这个选项组中显示的“Frame1”，则需要修改 Label1 的标题 Caption 属性。答案为：Label1.Caption = “性别”。

（7）解析：答案为 SetFocus。要使焦点移到指定的控件，需要使用 GoToControl，而不是网上流传的 SetFocus，因为宏操作中根本就没有叫 SetFocus 的操作。具体可以参考 Microsoft Office Online 的相关文档。

（8）解析：答案为 4。在向导中，最多可设置 4 个分组字段。

（9）解析：答案为 456aBc。KeyPress 事件是当键盘按下某个键后的所执行的事件，其参数

KeyAscii 值为按下键所对应的 ASCII 值，Chr（KeyAscii（i））可以将相应的数值转换成字符，而 Ucase 是将小写字符转换成大写，而 Lcase 是将小写转换成大写。另外，ASCII 值 48～57 是数字 0～9，65～90 是字母 A 到 Z，97～122 是字母 a 到 z。因此，该题的答案应该是 456aBc。可参考 ASCII 码表。

（10）解析：答案为 201。经过第一个 for 循环，a（i）中 a（1）到 a（10）存的分别是 1 到 10 的平方。第二个循环后，p（i）中的 p（1）存有 a（1）的值，p（2）中存的是 a（4）的值，p（3）中存的是 a（9）的值，经过最后一个循环之后，K 的值应该为 201。

（11）解析：答案为 n Mod 5 = 1 And n Mod 7 = 1。题目要求在显示出最小的五个可以同时被 5 和 7 除后余 1 的整数。Do loop until Ncount = 5 循环进行整体控制，n = n + 1 保证是最小的五个正整数。而 if 控制的两个语句，一个是打印，一个是对找出的数进行计数。因此，if 的条件必定是满足要求的一条语句，要满足这个条件，必须分两方面，一是 i mod 5 = 1，二是 i mod 7 = 1，要同时满足，则可用 and 进行连接，答案为：（i mod 5 = 1）and（i mod 7 = 1）。

（12）解析：答案为 False；k+1。本题中，b 的目的是为了控制打开 debug.print i，而如果想要其不打开这个值，必须歙使得期 if 后的条件为假，为假的办法就是使 b 为 false，因此，在第【12】空就应填 false。k 是 do while 循环的递增变量，因此需要对其进行递增，即 k = k + 1。

（13）解析：答案为 rs.EOF；rs.UpDate。本题要求对所有的行进行操作，即要从第一行到最后一行，控制的办法就是查看数据集的 EOF 值，如果为真就到了最后一行。而为了使 while 循环的循环体对每一行进行操作，就必须使其条件在最后一行时为假，因此使用 Not rs.EOF。难点的 Not 已经由题目给出了。而对数据记进行操作之后，一定要使用 Update 进行更新，才能继续下一行的操作。

2010年9月计算机等级考试二级Access笔试试题

1. 选择题（每小题2分，共70分）

下列各题四个选项中，只有一个选项是正确的。请将正确选项填涂在答题卡相应位置上，答在试卷上不得分。

（1）下列叙述中正确的是（　　）。

A. 线性表的链式存储结构与顺序存储结构所需要的存储空间是相同的

B. 线性表的链式存储结构所需要的存储空间一般要多于顺序存储结构

C. 线性表的链式存储结构所需要的存储空间一般要少于顺序存储结构

D. 上述三种说法都不对

（2）下列叙述中正确的是（　　）。

A. 在栈中，栈中元素随栈底指针与栈顶指针的变化而动态变化

B. 在栈中，栈顶指针不变，栈中元素随栈底指针的变化而动态变化

C. 在栈中，栈底指针不变，栈中元素随栈顶指针的变化而动态变化

D. 上述三种说法都不对

（3）软件测试的目的是（　　）。

A. 评估软件可能性　　B. 发现并改正程序中的错误

C. 改正程序中的错误　　D. 发现程序中的错误

（4）下面描述中，不属于软件危机表现的是（　　）。

A. 软件过程不规范　　B. 软件开发生产率低

C. 软件质量难以控制　　D. 软件成本不断提高

（5）软件生命周期是指（　　）。

A. 软件产品从提出、实现、使用维护到停止使用退役的过程

B. 软件从需求分析、设计、实现到测试完成的过程

C. 软件的开发过程

D. 软件的运行维护过程

（6）面向对象方法中，继承是指（　　）。

A. 一组对象所具有的相似性质　　B. 一个对象具有另一个对象的性质

C. 各对象之间的共同性质　　D. 类之间共享属性和操作的机制

（7）层次型、网状型和关系型数据库划分原则是（　　）。

A. 记录长度　　B. 文件的大小

C. 联系的复杂程度　　D. 数据之间的联系方式

（8）一个工作人员可以使用多台计算机，而一台计算机可被多个人使用，则实体工作人员与实体计算机之间的联系是（　　）。

A. 一对一　　B. 一对多　　C. 多对多　　D. 多对一

（9）数据库设计中反映用户对数据要求的模式是（　　）。

A. 内模式　　B. 概念模式　　C. 外模式　　D. 设计模式

（10）有三个关系 R、S 和 T 如下：

R

A	B	C
a	1	2
b	2	1
c	3	1

S

A	D
c	4

T

A	B	C	D
c	3	1	4

则由关系 R 和 S 得到关系 T 的操作是（　　）。

A. 自然连接　　B. 交　　C. 投影　　D. 并

（11）在 Access 中要显示“教师表”中姓名和职称的信息，应采用的关系运算是（　　）。

A. 选择　　B. 投影　　C. 连接　　D. 关联

（12）学校图书馆规定，一名旁听生同时只能借一本书，一名在校生同时可以借 5 本书，一名教师同时可以借 10 本书，在这种情况一F，读者与图书之间形成了借阅关系，这种借阅关系是（　　）。

A. 一对一联系　　B. 一对五联系

C. 一对十联系　　D. 一对多联系

（13）Access 数据库最基础的对象是（　　）。

A. 表　　B. 宏　　C. 报表　　D. 查询

（14）下列关于货币数据类型的叙述中，错误的是（　　）。

A. 货币型字段在数据表中占 8 个字节的存储空间

B. 货币型字段可以与数字型数据混合计算，结果为货币型

C. 向货币型字段输入数据时，系统自动将其设置为 4 位小数

D. 向货币型字段输入数据时，不必输入人民币符号和千位分隔符

（15）若将文本型字段的输入掩码设置为“####-######”，则正确的输入数据是（　　）。

A. 0755-abcdet　B. 077-12345　　C. a cd-123456　　D. ####-######

（16）如果在查询条件中使用通配符“[]”，其含义是（　　）。

A. 错误的使用方法　　B. 通配不在括号内的任意字符

C. 通配任意长度的字符　　D. 通配方括号内任一单个字符

（17）在 SQL 语言的 SELECT 语句中，用于实现选择运算的子句是（　　）。

A. FOR　　B. IF　　C. WHILE　　D. WHERE

（18）在数据表视图中，不能进行的操作是（　　）。

A. 删除一条记录　　B. 修改字段的类型

C. 删除一个字段　　D. 修改字段的名称

（19）下列表达式计算结果为数值类型的是（　　）。

A. #5/5/2010#-#5/1/2010#　　B. “102”>“11”

C. 102=98+4　　D. #5/1/2010#+5

（20）如果在文本框内输入数据后，按<Enter>键或按<Tab>键，输入焦点可立即移至下一指定

文本框，应设置（　　）。

A．“制表位”属性　　B．“Tab 键索引”属性

C．“自动 Tab 键”属性　　D．“Enter 键行为”属性

（21）在成绩中要查找成绩≥80 且成绩≤90 的学生，正确的条件表达式是（　　）。

A．成绩 Between 80 And 90　　B．成绩 Between 80 To 90

C．成绩 Between 79 And 91　　D．成绩 Between 79 To 91

（22）“学生表”中有“学号”、“姓名”、“性别”和“入学成绩”等字段。执行如下 SQL 命令后的结果是（　　）。

Select avg(入学成绩)From 学生表 Group by 性别

A．计算并显示所有学生的平均入学成绩

B．计算并显示所有学生的性别和平均入学成绩

C．按性别顺序计算并显示所有学生的平均入学成绩

D．按性别分组计算并显示不同性别学生的平均入学成绩

（23）若在“销售总数”窗体中有“订货总数”文本框控件，能够正确引用控件值的是（　　）。

A．Forms.[销售总数].[订货总数]　　B．Forms![销售总数 l.[订货总数]

C．Forms.[销售总数]![订货总数]　　D．Forms![销售总数]![订货总数]

（24）因修改文本框中的数据而触发的事件是（　　）。

A．Change　　B．Edit　　C．Getfocus　　D．LostFocus

（25）在报表中，要计算“数学”字段的最低分，应将控件的“控件来源”属性设置为（　　）。

A．=Min([数学].　　B．=Min(数学)

C．=Min[数学]　　D．Min(数学)

（26）要将一个数字字符串转换成对应的数值，应使用的函数是（　　）。

A．Val　　B．Single　　C．Asc　　D．Space

（27）下列变量名中，合法的是（　　）。

A．4A　　B．A-1　　C．ABC_1　　D．private

（28）若变量 i 的初值为 8，则下列循环语句中循环体的执行次数为（　　）。

```
Do While i<=17
i=i+2
Loop
```

A．3 次　　B．4 次　　C．5 次　　D．6 次

（29）InputBox 函数的返回值类型是（　　）。

A．数值　　B．字符串　　C．变体　　D．视输入的数据而定

（30）下列能够交换变量 X 和 Y 值的程序段是（　　）。

A．Y=X:X=Y　　B．Z=X:Y=Z:X=Y

C．Z=X:X=Y:Y=Z　　D．Z=X:W=Y:Y=Z:X=Y

（31）窗体中有命令按钮 Commandl，事件过程如下：

```
Public Function f(x As Integer)As Integer
Dim y As Integer
x=20
y=2
f=x*y
```

```
End Function
Private Sub Commandl_Click()
Dim y As Integer
Static x As Integer
x=10
y=5
y=f(x)
Debug .Print x；y
End Sub
```

运行程序，单击命令按钮，则立即窗口中显示的内容是（　　）。

A. 10 5　　B. 10 40　　C. 20 5　　D. 20 40

（32）窗体中有命令按钮 Commandl 和文本框 Text1，事件过程如下：

```
Function result(ByVal x As Integer)As Boolean
If×Mod 2=0 Then
result=True
Else
result=False
End If
End Function
Private Sub Commandl_Click()
x=Val(InputBox("请输入一个整数"))
If________ Then
Text1=Str(x)&"是偶数."
Else
Text1=Str(x)&"是奇数."
End If
End Sub
```

运行程序，单击命令按钮，输入 19，在 Text1 中会显示“19 是奇数”，那么在程序的空白处应填写（　　）。

A. result(x)=“偶数”　　B. result(x)

C. resuIt(x)=“奇数”　　D. NOT result(x)

（33）窗体有命令按钮 Commandl 和文本框 Textl，对应的事件代码如下：

```
Private Sub Commandl_Click()
For i=1 To 4
x=3
For j=1 To 3
For k=1 To 2
x=x+3
Next k
Next j
Next i
Text1 .Value=Str(x)
End Sub
```

运行以上事件过程，文本框中的输出是（　　）。

A. 6　　B. 12　　C. 18　　D. 21

（34）窗体中有命令按钮 run34，对应的事件代码如下：

```
Private Sub run34_Enter()
```

```
Dim num As Integer,a As Integer,b As Integer,i As Integer
For i=1 To 10
num=InputBox("请输入数据：","输入")
If Int(num/2)=num/2 Then
a=a+1
Else
b=b+1
End If
Next i
MsgBox("运行结果：a="&Str(a)&",b="&Str(b))
End Sub
```

运行以上事件过程，所完成的功能是（　　）。

A. 对输入的 10 个数据求累加和

B. 对输入的 10 个数据求各自的余数，然后再进行累加

C. 对输入的 10 个数据分别统计奇数和偶数的个数

D. 对输入的 10 个数据分别统计整数和非整数的个数

（35）运行下列程序，输入数据 8， 9， 3， 0 后，

```
Private Sub Form _click()
Dim sum AsInteger,m As Integer
sum=0
Do
m=InputBox("输入 m")
sum=sum+m
Loop Until m=0
MsgBox sum
End Sub
```

窗体中显示结果是（　）。

A. 0　　B. 17　　C. 20　　D. 21

2. 填空题（每空 2 分，共 30 分）

（1）一个栈的初始状态为空。首先将元素 5，4，3，2，1 依次入栈，然后退栈一次，再将元素 A，B，C，D 依次入栈，之后将所有元素全部退栈，则所有元素退栈（包括中间退栈的元素）的顺序为<u>【1】</u>。

（2）在长度为 n 的线性表中，寻找最大项至少需要比较<u>【2】</u>次。

（3）一棵二叉树有 10 个度为 1 的结点，7 个度为 2 的结点，则该二叉树共有<u>【3】</u>个结点。

（4）仅由顺序、选择（分支）和重复（循环）结构构成的程序是<u>【4】</u>程序。

（5）数据库设计的四个阶段是：需求分析，概念设计，逻辑设计和<u>【5】</u>。

（6）如果要求在执行查询时通过输入的学号查询学生信息，可以采用<u>【6】</u>查询。

（7）Access 中产生的数据访问页会保存在独立文件中，其文件格式是<u>【7】</u>。

（8）可以通过多种方法执行宏：在其他宏中调用该宏；在 VBA 程序中调用该宏；<u>【8】</u>发生时触发该宏。

（9）在 VBA 中要判断一个字段的值是否为 Null，应该使用的函数是<u>【9】</u>。

（10）一下列程序的功能是求方程：x2 十 y2=1000 的所有整数解。请在空白处填入适当的语句，使程序完成指定的功能。

```
Private Sub Commandl_Click()
```

```
Dim×as integer,y as integer
For x= -34 To 34
For y= -34 To 34
If 【10】 Then
Debug .Print x,y
End If
Next y
Next x
End Sub
```

（11）下列程序的功能是求算式：1+1/2！+1/3!+1/4!+……前 10 项的和（其中 n!的含义是 n 的阶乘）。请在空白处填入适当的语句，使程序完成指定的功能。

```
Private Sub Commandl_Click()
Dim i as integer,s as single,a as single
a=1:s=0
For i=1 To 10
a= 【11】
s=s+a
Next i
Debug .Print"1+1/2!十 1/3!+. …="; s
End Sub
```

（12）在窗体中有一个名为 Command12 的命令按钮，Click 事件功能是：接收从键盘输入的 10 个大于 0 的不同整数，找出其中的最大值和对应的输入位置。请在空白处填入适当语句，使程序可以完成指定的功能。

```
Private Sub Command12_Click()
max=0
maxn=0
for i=1 To 10
num=Val(InputBox(',请输入第"&i&"个大于 0 的整数："))
If 【12】 Then
max=num
maxn= 【13】
End If
Next i
MsgBox("最大值为第"&maxn&"个输入的"&max)
End Sub
```

（13）数据库的"职 I 基本情况表"有"姓名"和"职称"等字段，要分别统计教授、副教授和其他人员的数量。请在空白处填入适当语句，使程序可以完成指定的功能。

```
Private Sub Commands_Click()
Dim db As DAO .Database
Dim rs As DAO .Recordset
Dim zc As DAO .Field
Dim Countl As Integer,Count2 As Integer,Count3 As Integer
Set db=CurrentDb()
Set rs=db .OpenRecordset("职工基本情况表")
Set zc=rs .Fields("职称")
Countl=0 : Count2=0 : Count3=0
Do While Not 【14】
Select Case zc
```

```
Case Is=”教授“
Countl=Countl+1
CaseIs=”副教授“
Count2=Count2+1
Case Else
Courit3=Count3+1
End Select
 【15】
Loop
rs .Close
Set rs=Nothing
Set db=Nothing
MsgBox”教授：“&Count1&”,副教授：“&Count2 &”,其他：“&count3
End Sub
```

2010年9月计算机等级考试二级Access笔试试题解析

1. 选择题

（1）解析：答案为B。考查线性表两种存储结构的不同。顺序存储结构所占的存储空间是连续的，一般在程序设计语言中用一维数组来表示。而链式存储结构所占的存储结构得两部分，数据域与指针域。从而B项符合题意。

（2）解析：答案为C。考查栈中指针的操作。在栈中，指针top指向栈顶，bottom指向栈底。栈顶指针动态反映栈中元素的变化情况，栈顶指针不变。

（3）解析：答案为D。考查测试相关知识。测试的目的是发出程序中的错误。而B、C项是调试的任务和目的。A项是测试的步聚中确定测试的结果。

（4）解析：答案为A。考查软件危机知识。在软件开发和维护过程中，软件危机主要表现在：软件需求增长得不到满足；开发成本和进度无法控制；质量难以保证；不可维护或维护程序低；成本为断提高；开发生产率低。A项是开发阶段出现的问题，不属于软件危机。

（5）解析：答案为A。考查软件生命同期概念。B项缺少维护与退役阶段。C、D项只是其中一个阶段。

（6）解析：答案为D。考查对象与类知识。A项是类的概念。题意为继承，只有类才有这个特性。B项是对象的多态性；C项是对象的分类性。

（7）解析：答案为D。考查数据库系统划分原则。以内部结构则分为三级模式及二级映射。以数据之间的联系方式分为层次、网状、关系数据模型。A、B、C项均为具体事物对比。

（8）解析：答案为C。考查联系种类。联系分为3种：一对一、一对多和多对多。据题意，一个工作人员可使用多台计算，而一个学生也可被多个人使用，没有单独的编制。于是，工作人员与计算机是多对多联系。

（9）解析：答案为C。考查三级模式知识。外模式（子模式/用户模式）：是用户的数据视图，与用户打交道，反映用户对数据的要求。概念模式（模式）：是数据库系统中全局数据逻辑结构的描述，是全体用户的公共数据图，一种抽象的描述数据的概念记录类型及它们间关系。内模式（物理模式）：给出了数据库物理存储结构与物理存取方法，如数据存储的文件结构、索引等。D项在概念模式中。

（10）解析：答案为A。考查关系运算。在关系运算中，分为集合运算、专门关系运算两种。集合运算由：并、交、差等，要求两个关系必须具有相同的结构。专门关系运算由：选择、投影、连接构成。选择、投影都是针对一个关系运算的；选择，找出满足逻辑条件的元组操作；投影，找出满足逻辑条件的属性操作。连接对两个关系及以上关系运算的，而不注重结构，进行连接。于是A项符合题意。

（11）解析：答案为 A。选择运算是从关系中找出满足条件的记录，选择的条件以逻辑表达式给出，使逻辑表达式为真的元组将被选出；投影运算是从关系中选出若干属性列组成新的关系；连接运算是从两个关系的笛卡尔积中选取满足条件的记录。正确答案为 A。

（12）解析：答案为 D。在本题这种情况下，读者和图书之间一个读者可以与多本图书相关，故应为一对多关系，故答案是 D

（13）解析：案为 A。表是数据库的核心与基础，存放数据库中的全部数据，是整个数据库系统的基础；宏是一系列操作的集合；报表可以将数据库中需要的数据提取出来进行分析、整理和计算，并将数据以格式化的方式发送到打印机；查询时数据库设计目的的体现，建立数据库之后，数据只有被使用者查询才能体现出它的价值。正确答案为 A。

（14）解析：答案为 C。货币型字段在数据表中占 8 个字节的存储空间，可以与数字型数据混合计算，结果为货币型，向货币型字段输入数据时不必键入美元符号和千位分隔符，并在此类型的字段中添加两位小数。因此，本题 C 错。

（15）解析：答案为 B。输入掩码设置为#代表可以选择输入数据或空格。正确答案为 B。

（16）解析：答案为 D。“[]”的含义是通配方括号内任一单个字符。因此，本题选 D。

（17）解析：答案为 D。SELECT 语句的格式为：SELECT 字段列表 FROM 表名 WHERE 条件表达式，其中的 WHERE 用于实现选择运算，而 FOR 语句，WHILE 语句是程序中用来实现循环的语句，IF 语句是程序中用来实现分支运算的语句。因此，本题答案选 D。

（18）解析：答案为 B。在表视图中可以删除一个字段，也可以删除一条记录，同时还能对字段进行重命名。选中字段名后，右击，在弹出的快捷菜单中可以进行这些操作，唯独不能修改字段的类型，这只能在表设计视图下进行，故答案为 B。

（19）解析：答案为 A。B 选项中是两个字符串比较，结果为 False；C 选项中为关系表达式的值，结果为 False；D 选项中为日期型数据加 5，结果为 2010-5-6；只有 A 选项中两个日期数据相减后结果为整型数据 4，故答案为 A。

（20）解析：答案为 B。设置“Tab 键索引”属性可以在输入焦点后立即移至下一指定文本框。正确答案为 B。

（21）解析：答案为 A。在查询中语句 Between...and…表示查询介于这两者之间的数据，包括这两者，故答案为 A。

（22）解析：答案为 D。SELECT AVG（入学成绩）表示计算并显示入学成绩字段的平均值，GROUP BY 表示按性别分组计算。本语句的意思也就是按性别分组计算并显示不同性别学生的平均入学成绩。因此，本题选 D。

（23）解析：答案为 D。引用窗体的控件值的格式为：Forms![窗体名]![控件名]或[Forms]![窗体名]![控件名]。因此，本题选 D。

（24）解析：答案为 A。因修改文本框的数据而触发的事件是 change 事件。因此，本题选 A。

（25）解析：答案为 A。计算表达式的值用等号表示，求最小值的函数为 MIN 函数中的参数用（[]）形式表示。因此本题选 A。

（26）解析：答案为 A。Val 是将字符串转换成数字函数；Asc 是将字符串转换成字符代码函数；Space 是返回数值表达式的值的指定的空格字符数。正确答案为 A。

（27）解析：答案为 C。变量名的命名规则是：1 变量名可以由字母、数字和（下划线）组合而成；2 变量名不能包含除以外的任何特殊字符，如：%、#、逗号、空格等；3 变量名必须以字母或（下划线）开头；4 变量名不能包含空白字符（换行符、空格和制表符称为空白字符；5 某些词称为保留字，具有特殊意义，不能用作变量名。选项 A 不满足 3，选项 B 不满足 2，选项 D 不满足 5。正确答案为 C。

（28）解析：答案为 C。此题考察 Do-While 循环，当 i 不小于等于 17 时跳出循环。第一次循环 i=i+2=8+2=10；第二次循环 i=10+2=12；第三次循环 i=12+2=14；第四次循环 i=14+2=16；第五次循环 i=16+2=18。执行完 5 次循环后 i 的值大于 17，故循环体不再执行。正确答案为 C。

（29）答案为 B。INPUTBOX 函数的返回值类型为字符串型。因此，本题选 B。

（30）解析：答案为 C。首先用 Z 将 X 的值保存，之后将 Y 的值赋值给 X，再将 Z 所保存的 X 的值赋值给 Y，达到交换变量 X 和 Y 的目的。选项 A、B、C 中 X 和 Y 的值最后都为 X 的值。正确答案为 C。

（31）解析：答案为 D。在本题中主要考查静态变量及函数的调用，在调用函数 f 后，变量 x 和 y 的值均发生变化，结果为 x=20，y=40，故答案为 D。

（32）解析：答案为 B。本程序的作用是在键盘输入一个数据，调用 result 函数判断其是偶数还是奇数，根据判断在文本框中显示不同的结果，故答案为 B。

（33）解析：答案为 D。本题是一个三重循环，在最外层循环中变量 x 的值每次都初始化为 3，故只考虑内层的两重循环对 x 的影响即可，通过分析 x 的值共叠加了 6 个 3，故 x 的最终结果为 21。

（34）解析：答案为 C。本程序利用 int()函数，其作用是对其中的参数进行取整运算，如果一个整数/2 后取整与其自身/2 相等，那么这个整数就是偶数，否则就是奇数，故本题答案为 C。

（35）解析：答案为 C。该段程序中，sum 的初值为 0，然后循环输入 m 的值 8，9，3，0，当 m 的值为 0 时，结束循环，每一次循环中，都将 m 的值累加到 sum 中，最后输出 sum。这段程序也就是求 8，9，3，0 的和，它们的和为 20。因此，本题选 C。

2. 填空题

（1）解析：答案为 1DCBA2345。

（2）解析：答案为 $Log_2(n)$。

（3）解析：答案为 25。

（4）解析：答案为结构化程序设计。

（5）解析：答案为物理设计（物理结构设计）。

（6）解析：答案为参数参数查询是一种根据用户输入的条件或参数来检索记录的查询。参数查询利用对话框，提示用户输入参数，并检索符合所输入参数的记录。本题在查询时通过输入的学号来查询信息，正是参数查询的过程。因此本题为参数查询。

（7）解析：答案为 HTML Access 2003 数据访问页对象不同于其他 Access 2003 对象，保存在 Access 2003 数据库（*.MDB）文件中，而是以一个单独的*.HTM 格式的磁盘文件形式存储，仅在 Access 数据库页对象集中保留一个快捷方式。

（8）解析：答案为事件宏有多种运行方式。可以直接运行某个宏，可以运行宏组里宏，还可以为窗体、报表及其上控件的事件响应而运行宏。

（9）解析：答案为 IsNull 函数 IsNull 函数是用来判断一个字段的值是否为空的函数。

（10）解析：答案为 x*x+y*y=1000 本程序通过循环结构判断 x 和 y 的平方和是否等于 1000，如果是，就打印出 x 和 y。注意求变量平方的表示形式。

（11）解析：答案为 a/I 本程序作用是累加 1 到 10 的阶乘的倒数之和，在该处是用变量 a 来计算各阶乘的倒数，然后用 s 来统计各阶乘的倒数之和。

（12）答案为 num>max 程序中该处是通过从键盘输入的数据 num 和当前的最大值 ma 比较，如果 num 比 max 大，则将 max=num。使 max 存放这两者中的较大者。在该处把 i 值存放到 maxn 门中，目的是让 maxn 存放最大值的下标。

（13）解析：答案为 rs.EOF Rs.MoveNext 本程序中，对该表中的记录集用循环结构进行遍历，DO WHILE NOT rs.EOF 表示在没有访问到尾记录时继续遍历，直到访问到尾记录为止，尾记录用语句 rs.EOF 表示，每该问完一条记录，记录指针移动至下一条，用语句 rs.MoveN ext 表示。因此本题的答案为：rs.EOF 和 Rs.MoveNext。

2011年3月计算机等级考试二级Access笔试试题

1．选择题（每小题2分，共70分）

下列各题四个选项中，只有一个选项是正确的。请将正确选项填涂在答题卡相应位置上，答在试卷上不得分。

（1）下列关于栈叙述正确的是（　　）。

A．栈顶元素最先能被删除　　B．栈顶元素最后才能被删除

C．栈底元素永远不能被删除　　D．以上三种说法都不对

（2）下列叙述中正确的是（　　）。

A．有一个以上根结点的数据结构不一定是非线性结构

B．只有一个根结点的数据结构不一定是线性结构

C．循环链表是非线性结构

D．双向链表是非线性结构

（3）某二叉树共有7个结点，其中叶子结点只有1个，则该二叉树的深度为（假设根结点在第1层）（　　）。

A．3　　B．4　　C．6　　D．7

（4）在软件开发中，需求分析阶段产生的主要文档是（　　）。

A．软件集成测试计划　　B．软件详细设计说明书

C．用户手册　　D．软件需求规格说明书

（5）结构化程序所要求的基本结构不包括（　　）。

A．顺序结构　　B．GOTO跳转

C．选择（分支）结构　　D．重复（循环）结构

（6）下面描述中错误的是（　　）。

A．系统总体结构图支持软件系统的详细设计

B．软件设计是将软件需求转换为软件表示的过程

C．数据结构与数据库设计是软件设计的任务之一

D．PAD图是软件详细设计的表示工具

（7）负责数据库中查询操作的数据库语言是（　　）。

A．数据定义语言　　B．数据管理语言

C．数据操纵语言　　D．数据控制语言

（8）一个教师可讲授多门课程，一门课程可由多个教师讲授。则实体教师和课程间的联系是（　　）。

A. 1:1 联系　　B. 1:*m* 联系

C. *m*:1 联系　　D. *m*:*n* 联系

（9）有三个关系 R、S 和 T 如下：

R.

A	B	C
a	1	2
b	2	1
c	3	1

S.

A	D
c	4

T.

C
1

则由关系 R 和 S 得到关系 T 的操作是（　　）。

A. 自然连接　　B. 交

C. 除　　D. 并

（10）定义无符号整数类为 UInt，下面可以作为类 UInt 实例化值的是（　　）。

A. −369　　B. 369

C. 0.369　　D. 整数集合{1，2，3，4，5}

（11）在学生表中要查找所有年龄大于 30 岁姓王的男同学，应该采用的关系运算是（　　）。

A. 选择　　B. 投影

C. 联接　　D. 自然联接

（12）下列可以建立索引的数据类型是（　　）。

A. 文本　　B. 超级链接

C. 备注　　D. OLE 对象

（13）下列关于字段属性的叙述中，正确的是（　　）。

A. 可对任意类型的字段设置“默认值”属性

B. 定义字段默认值的含义是该字段值不允许为空

C. 只有“文本”型数据能够使用“输入掩码向导”

D. “有效性规则”属性只允许定义一个条件表达式

（14）查询“书名”字段中包含“等级考试”字样的记录，应该使用的条件是（　　）。

A. Like "等级考试"　　B. Like "*等级考试"

C. Like "等级考试*"　　D. Like "*等级考试*"

（15）在 Access 中对表进行“筛选”操作的结果是（　　）。

A. 从数据中挑选出满足条件的记录

B. 从数据中挑选出满足条件的记录并生成一个新表

C. 从数据中挑选出满足条件的记录并输出到一个报表中

D. 从数据中挑选出满足条件的记录并显示在一个窗体中

（16）在学生表中使用“照片”字段存放相片，当使用向导为该表创建窗体时，照片字段使用的默认控件是（　　）。

A. 图形　　B. 图像

C. 绑定对象框　　D. 未绑定对象框

（17）下列表达式计算结果为日期类型的是（　　）。

A. #2012-1-23#-#2011-2-3#　　B. year（#2011-2-3#）

C. DateValue（"2011-2-3"） D. Len（"2011-2-3"）

（18）若要将“产品”表中所有供货商是“ABC”的产品单价下调 50，则正确的 SQL 语句是（　　）。

A. UPDATE 产品 SET 单价=50 WHERE 供货商="ABC"

B. UPDATE 产品 SET 单价 = 单价-50 WHERE 供货商="ABC"

C. UPDATE FROM 产品 SET 单价=50 WHERE 供货商="ABC"

D. UPDATE FROM 产品 SET 单价=单价-50 WHERE 供货商="ABC"

（19）若查询的设计如下，则查询的功能是（　　）。

A. 设计尚未完成，无法进行统计

B. 统计班级信息仅含 Null（空）值的记录个数

C. 统计班级信息不包括 Null（空）值的记录个数

D. 统计班级信息包括 Null（空）值全部记录个数

（20）在教师信息输入窗体中，为职称字段提供“教授”、“副教授”、“讲师”等选项供用户直接选择，应使用的控件是（　　）。

A. 标签 B. 复选框

C. 文本框 D. 组合框

（21）在报表中要显示格式为“共 N 页，第 N 页”的页码，正确的页码格式设置是（　　）。

A. ="共"+Pages+"页，第"+Page+"页"

B. ="共"+[Pages]+"页，第"++"页"

C. ="共"&Pages&"页，第"&Page&"页"

D. ="共"&[Pages]&"页，第"&"页"

（22）某窗体上有一个命令按钮，要求单击该按钮后调用宏打开应用程序 Word，则设计该宏时应选择的宏命令是（　　）。

A. RunApp B. RunCode

C. RunMacro D. RunCommand

（23）下列表达式中，能正确表示条件“x 和 y 都是奇数”的是（　　）。

A. x Mod 2=0 And y Mod 2=0 B. x Mod 2=0 Or y Mod 2=0

C. x Mod 2=1 And y Mod 2=1 D. x Mod 2=1 Or y Mod 2=1

（24）若在窗体设计过程中，命令按钮 Command0 的事件属性设置如下图所示，则含义是（　　）。

A. 只能为“进入”事件和“单击”事件编写事件过程

B. 不能为“进入”事件和“单击”事件编写事件过程

C. “进入”事件和“单击”事件执行的是同一事件过程

D. 已经为“进入”事件和“单击”事件编写了事件过程

（25）若窗体 Frm1 中有一个命令按钮 Cmd1，则窗体和命令按钮的 Click 事件过程名分别为（　　）。

A. Form_Click()　　Command1_Click()

B. Frm1_Click()　　Command1_Click()

C. Form_Click()　　Cmd1_Click()

D. Frm1_Click()　　Cmd1_Click()

（26）在 VBA 中，能自动检查出来的错误是（　　）。

A. 语法错误　　B. 逻辑错误

C. 运行错误　　D. 注释错误

（27）下列给出的选项中，非法的变量名是（　　）。

A. Sum　　B. Integer_2　　C. Rem　　D. Form1

（28）如果在被调用的过程中改变了形参变量的值；但又不影响实参变量本身，这种参数传递方式称为（　　）。

A. 按值传递　　B. 按地址传递　　C. ByRef 传递　　D. 按形参传递

（29）表达式“B=INT（A+0.5）”的功能是（　　）。

A. 将变量 A 保留小数点后 1 位　　B. 将变量 A 四舍五入取整

C. 将变量 A 保留小数点后 5 位　　D. 舍去变量 A 的小数部分

（30）VBA 语句“Dim NewArray（10）as Integer”的含义是（　　）。

A. 定义 10 个整型数构成的数组 NewArray

B. 定义 11 个整型数构成的数组 NewArray

C. 定义 1 个值为整型数的变量 NewArray（10）

D. 定义 1 个值为 10 的变量 NewArray

（31）运行下列程序段，

```
For m=10 to 1 step 0
k=k+3
Next m
```

结果是（　　）。

A. 形成死循环

B. 循环体不执行即结束循环

C. 出现语法错误

D. 循环体执行一次后结束循环

（32）运行下列程序，

```
Private Sub Command32_Click()
f0=1:f1=1:k=1
Do While k<=5
f=f0+f1
f0=f1
f1=f
k=k+1
Loop
MsgBox "f="&f
End Sub
```

结果是（　　）。

A. f=5　　B. f=7　　C. f=8　　D. f=13

（33）有如下事件程序，

```
Private Sub Command33_Click()
Dim x As Integer,y As Integer
x=1:y=0
Do Until y<=25
y=y+x*x
x=x+1
Loop
MsgBox "x="&x&",y="&y
End Sub
```

运行该程序后输出结果是（　　）。

A. x=1，y=0　　B. x=4，y=25

C. x=5，y=30　　D. 输出其他结果

（34）下列程序的功能是计算sum=1+（1+3）+（1+3+5）+……+（1+3+5+……+39）

```
Private Sub Command34_Click()
t=0
m=1
sum=0
Do
t=t+m
sum=sum+t
m=________
Loop While m<=39
MsgBox "Sum="&sum
End Sub
```

为保证程序正确完成上述功能，空白处应填入的语句是（　　）。

A. m+1　　B. m+2

C. t+1　　D. t+2

（35）下列程序的功能是返回当前窗体的记录集

```
Sub GetRecNum()
Dim rs As Object
Set rs=________
MsgBox rs.RecordCount
End Sub
```

为保证程序输出记录集（窗体记录源）的记录数，空白处应填入的语句是（　　）。

A. Recordset　　B. Me.Recordset

C. RecordSource　　D. Me.RecordSource

2. 填空题

（1）有序线性表能进行二分查找的前提是该线性表必须是【1】存储的。

（2）一棵二叉树的中序遍历结果为 DBEAFC，前序遍历结果为 ABDECF，则后序遍历结果为【2】。

（3）对软件设计的最小单位（模块或程序单元）进行的测试通常称为【3】测试。

（4）实体完整性约束要求关系数据库中元组的【4】属性值不能为空。

（5）在关系 A（S，SN，D）和关系 B（D，CN，NM）中，A 的主关键字是 S，B 的主关键字是 D，则称【5】是关系 A 的外码。

（6）在 Access 查询的条件表达式中要表示任意单个字符，应使用通配符【6】。

（7）在 SELECT 语句中，HAVING 子句必须与【7】子句一起使用。

（8）若要在宏中打开某个数据表，应使用的宏命令是【8】。

（9）在 VBA 中要将数值表达式的值转换为字符串，应使用函数【9】。

（10）运行下列程序，输入如下两行：

```
Hi,
I am here.
```

弹出的窗体中的显示结果是【10】。

```
Private Sub Command11_Click()
Dim abc As String, sum As string
sum=""
Do
abc=InputBox("输入 abc")
If Right(abc,1)="." Then Exit Do
sum=sum+abc
Loop
MsgBox sum
End Sub
```

（11）运行下列程序，窗体中的显示结果是：x=【11】。

```
Option Compare Database
Dim x As Integer
Private Sub Form_Load()
x=3
End Sub
Private Sub Command11_Click()
Static a As Integer
Dim b As Integer
```

```
b=x^2
fun1 x,b
fun1 x,b
MsgBox "x="&x
End Sub
Sub fun1(ByRef y As Integer,ByVal z As Integer)
y=y+z
z=y-z
End Sub
```

（12）“秒表”窗体中有两个按钮（“开始/停止”按钮 bOK，“暂停/继续”按钮 bPus）；一个显示计时的标签 1Num；窗体的“计时器间隔”设为 100 计时精度为 0.1 秒。

要求：打开窗体如图 1 所示；第一次单击“开始停止”按钮，从 0 开始滚动显示计时（见图 2）；10 秒时单击“暂停/继续”按钮，显示暂停（见图 3），但计时还在继续；若 20 秒后再次单击“暂停/继续”按钮，计时会从 30 秒开始继续滚动显示；第二次单击“开始/停止”按钮，计时停止，显示最终时间（见图 4）。若再次单击“开始/停止”按钮可重新从 0 开始计时。

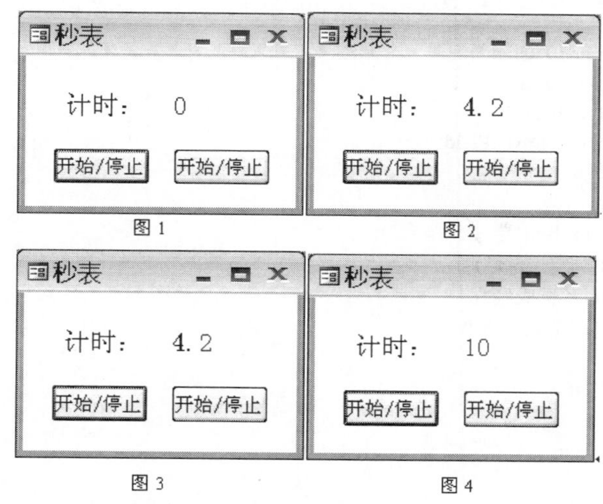

图 1　图 2　图 3　图 4

相关的事件程序如下。请在空白处填入适当的语句，使程序可以完成指定的功能。

```
Option Compare Database
Dim flag,pause As Boolean
Private Sub bOK Click()
flag=__【12】__
Me!bOK.Enabled=True
Me!bPus.Enabled=flag
End Sub
Private Sub bPus_Click()
pause=Not pause
Me!bOK.Enabled=Not Me!bOK.Enabled
End Sub
Private Sub Form Open(Cancel As Integer)
flag=False
pause=False
Me!bOK.Enabled=True
Me!bPus.Enabled=False
End Sub
Private Sub Form Timer()
```

```
Static count As Single
If flag=True Then
If pause=False Then
Me!1Num.Caption=Round(count,1)
End If
count= 【13】
Else
count=0
End If
End Sub
```

（13）数据库中有“学生成绩表”，包括“姓名”、“平时成绩”、“考试成绩”和“期末总评”等字段。现要根据“平时成绩”和“考试成绩”对学生进行“期末总评”。规定：

“平时成绩”加“考试成绩”大于等于 85 分，则期末总评为“优”，“平时成绩”加“考试成绩”小于 60 分，则期末总评为“不及格”，其他情况期末总评为“合格”。

下面的程序按照上述要求计算每名学生的期末总评。请在空白处填入适当的语句，使程序可以完成指定的功能。

```
Private Sub Command0_Click()
Dim db As DAO.Database
Dim rs As DAO.Recordset
Dim pscj,kscj,qmzp As DAO.Field
Dim count As Integer
Set db=CurrentDb()
Set rs=db.OpenRecordset("学生成绩表")
Set pscj=rs.Fields("平时成绩")
Set kscj=rs.Fields("考试成绩")
Set qmzp=rs.Fields("期末总评")
count=0
Do While Not rs.EOF
  【14】
If pscj+kscj>=85 Then
qmzp="优"
ElseIf pscj+kscj<60 Then
qmzp="不及格"
Else
qmzp="合格"
End If
rs.Update
count=count+1
  【15】
Loop
rs.Close
db.Close
Set rs=Nothing
Set db=Nothing
MsgBox "学生人数："&count
End Sub
```

2011年3月计算机等级考试二级Access笔试试题解析

1. **选择题**

（1）解析：答案为A。栈是一种特殊的线性表，只允许在栈顶进行插入与删除操作，栈按照先进后出组织数据，所以答案为A。

（2）解析：答案为B。有一个以上根结点的数据结构一定是非线性结构，循环链表和双向链表均是线性表的链式存储结构，所以答案为B。

（3）解析：答案为D。设二叉树中，度为0的结点为n_0，度为1的结点为n_1，度为2的结点为n_2，我们有公式：$n_0=n_2+1$，由题目有$n_0=1$，因此$n_2=0$，总共有7个结点，所以度为1的结点有6个，因此可以推出树的深度为7，答案为D。

（4）解析：答案为D。该题选D，为记忆的题，平时复习的时候要记住。

（5）解析：答案为B。结构化程序包括三种基本结构：顺序、选择和循环，因此答案选B。

（6）解析：答案为A。系统总体结构图不支持软件系统的详细设计，所以答案选A。

（7）解析：答案为C。该题为记忆题，负责数据库中查询操作的数据库语言是数据操纵语言，所以答案选C。

（8）解析：答案为D。由题目已知条件我们分析出为多对多的关系，因此答案选D。

（9）解析：答案为C。根据除运算的定义，可知答案选C。

（10）解析：答案为B。根据无符号整数的定义，第一个选项带了符号肯定不对，第三个选项为小数也肯定不对，第四个选项为集合不对，因此答案选B。

（11）解析：答案为A。根据概念的定义，可知为选择关系运算，所以答案选A。

（12）解析：答案为A。四个选项中只有文本数据类型可以建立索引，这个需要平时在上机中留意一下，所以答案选A。

（13）解析：答案为D。并不是所有的类型字段值都可以设置“默认值”属性，定义字段默认值的含义不是该字段值不允许为空，而是该字段的数据内容相同或包含相同的部分，为减少数据输入量，我们将出现较多的值作为该字段的默认值，对于文本、数字、日期/时间、货币等数据类型的字段，都可以定义“输入掩码”，因此答案选D。

（14）解析：答案为D。查询“书名”字段中包含“等级考试”字样的记录，在“等级考试”前后都可能有文字，因此答案为Like "*等级考试*"，因此答案选D。

（15）解析：答案为A。根据“筛选”的定义可知答案选A。

（16）解析：答案为C。照片字段使用的默认控件是绑定对象框，因此答案选C。

（17）解析：答案为 C。第一个选项“#2012-1-23#-#2011-2-3#”为一个整数值，第二个选项“year（#2011-2-3#）”返回年即2011，第四个选项“Len（"2011-2-3"）”返回字符串的长度，因此答案选 C。

（18）解析：答案为 D。根据题目要求，实现的 sql 语句为“UPDATE FROM 产品 SET 单价=单价−50 WHERE 供货商="ABC"”，因此答案选 D。

（19）解析：答案为 C。在题目的图中，我们可以看出查询的设计视图中有“总计”行，且为“计数”，因此实现的功能为“统计班级信息不包括 Null（空）值的记录个数”，因此答案选 C。

（20）解析：答案为 D。根据题目要求，结合“组合框”的含义，可知答案选 D。

（21）解析：答案为 D。pages 与 page 为两个内部常量，pages 表示总共多少页，page 表示当前页，可知答案选 D。

（22）解析：答案为 A。单击按钮后调用宏打开应用程序 Word，则设计该宏时应选择的宏命令是 RunApp，所以答案选 A。

（23）解析：答案为 C。“x 和 y 都是奇数”，显然表示成“x Mod 2=1 And y Mod 2=1”，因此答案选 C。

（24）解析：答案为 D。由图可以看出，已经为“进入”事件和“单击”事件编写了事件过程，因此答案选 D。

（25）解析：答案为 D。若窗体 Frm1 中有一个命令按钮 Cmd1，因此两者的事件过程分别为：Frm1_Click()、Cmd1_Click()，因此答案选 D。

（26）解析：答案为 C。在 VBA 中，能自动检查出来的错误是语法错误，所以答案选 A。

（27）解析：答案为 A。非法的变量名是 Rem，因为它是关键字，因此答案选 C。

（28）解析：答案为 A。如果在被调用的过程中改变了形参变量的值；但又不影响实参变量本身，这种参数传递方式称为按值传递，所以答案选 A。

（29）解析：答案为 B。表达式“B=INT（A+0.5）”的功能是将变量 A 四舍五入取整，所以答案选 B。

（30）解析：答案为 B。VBA 语句“Dim NewArray（10）as Integer”的含义是：定义 11 个整型数构成的数组 NewArray，所以答案选 B。

（31）解析：答案为 B。分析程序得出答案选 B。

（32）解析：答案为 D。程序循环控制变量为 f，总共循环 5 次，每次循环后加一，最后执行后 f=13，因此答案选 D。

（33）解析：答案为 C。x 和 y 的初值分别为 1 和 0，第一次执行循环后，x 为 2，y 为 1，第二次执行循环后，x 为 3，y 为 5，第三次执行循环后，x 为 4，y 为 14，第四次执行循环后，x 为 5，y 为 30，此时 y 的值 30 超过限制条件 25，所以退出循环，所以答案选 C。

（34）解析：答案为 B。空白处应该填写 m+2，所以答案选 B。

（35）解析：答案为 B。空白处应填写 Me.Recordset，所以答案选 B。

2. 填空题

【1】顺序

【2】DEBFCA

【3】单元测试

【4】主键中

【5】D

【6】?

【7】group by

【8】opentable

【9】str()

【10】hi,

【11】21

【12】true

【13】count+1

【14】rs.Edit

【15】rs.movenext

2011年9月计算机等级考试二级Access笔试试题

1. 选择题（每小题2分，共70分）

下列各题四个选项中，只有一个选项是正确的，请将正确选项填涂在答题卡相应位置上，答在试卷上不得分。

（1）下列叙述中正确的是（　　）。

A. 算法就是程序

B. 设计算法时只需要考虑数据结构的设计

C. 设计算法时只需要考虑结构的可靠性

D. 以上三种说法都不对

（2）下列关于线性链表的叙述中，正确的是（　　）。

A. 各数据结点的存储空间可以不连续，但它们的存储顺序与逻辑顺序必须一致

B. 各数据结点的存储顺序与逻辑顺序可以不一致，但它们的存储空间必须连续

C. 进行插入与删除时，不需要移动表中的元素。

D. 以上三种说法都不对

（3）下列关于二叉树的叙述中，正确的是（　　）。

A. 叶子结点总是比度为2的结点少一个

B. 叶子结点总是比度为2的结点多一个

C. 叶子结点数是度为2的结点数的两倍

D. 度为2的结点数是度为1的结点数的两倍

（4）软件按功能可以分为应用软件、系统软件和支撑软件（或工具软件）。下面属于应用软件的是（　　）。

A. 学生成绩管理系统　　B. C语言编译程序

C. UNIX操作系统　　D. 数据库管理系统

（5）某系统总体结构图如下图所示：

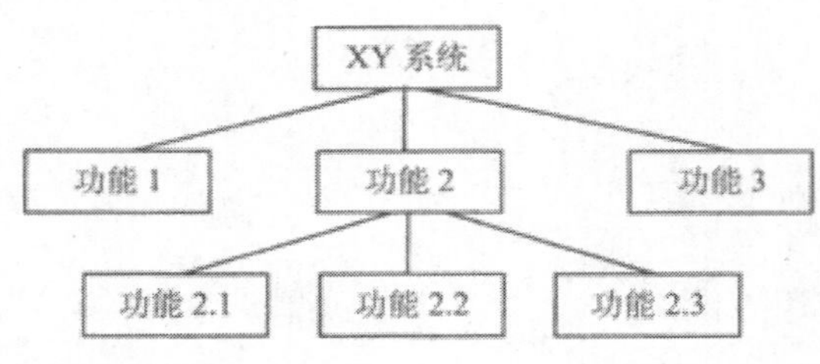

该系统总体结构图的深度是（　　）。

A. 7　　B. 6　　C. 3　　D. 2

（6）程序调试的任务是（　　）。

A. 设计测试用例　　B. 验证程序的正确性

C. 发现程序中的错误　　D. 诊断和改正程序中的错误

（7）下列关于数据库设计的叙述中，正确的是（　　）。

A. 在需求分析阶段建立数据字典　　B. 在概念设计阶段建立数据字典

C. 在逻辑设计阶段建立数据字典　　D. 在物理设计阶段建立数据字典

（8）数据库系统的三级模式不包括（　　）。

A. 概念模式　　B. 内模式　　C. 外模式　　D. 数据模式

（9）有三个关系 R、S 和 T 如下：

R

A	B	C
a	1	2
b	2	1
c	3	1

S

A	B	C
A	1	2
b	2	1

T

A	B	C
c	3	1

则由关系 R 和 S 得到关系 T 的操作是（　　）。

A. 自然连接　　B. 差　　C. 交　　D. 并

（10）下列选项中属于面向对象设计方法主要特征的是（　　）。

A. 继承　　B. 自顶向下　　C. 模块化　　D. 逐步求精

（11）下列关于 Access 数据库特点的叙述中，错误的是（　　）。

A. 可以支持 Internet/Intranet 应用

B. 可以保存多种类型的数据，包括多媒体数据

C. 可以通过编写应用程序来操作数据库中的数据

D. 可以作为网状型数据库支持客户机/服务器应用系统

（12）学校规定学生住宿标准是：本科生 4 人一间，硕士生 2 人一间，博士生 1 人一间，学生与宿舍之间形成了住宿关系，这种住宿关系是（　　）。

A. 一对一联系　　B. 一对四联系

C. 一对多联系　　D. 多对多联系

（13）在 Access 数据库中，表是由（　　）。

A. 字段和记录组成　　B. 查询和字段组成

C. 记录和窗体组成　　D. 报表和字段组成

（14）可以插入图片的字段类型是（　　）。

A. 文本　　B. 备注　　C. OLE 对象　　D. 超链接

（15）输入掩码字符“C”的含义是（　　）。

A. 必须输入字母或数字

B. 可以选择输入字母或数字

C. 必须输入一个任意的字符或一个空格

D. 可以选择输入任意的字符或一个空格

（16）或在查询条件中使用了通配符“!”，它的含义是（　　）。

A. 通配任意长度的字符

B. 通配不在括号内的任意字符

C. 通配方括号内列出的任一单个字符

D. 错误的使用方法

（17）在 SQL 语言的 SELECT 语句中，用于指明检索结果排序的子句是（　　）。

A. FROM　　B. WHILE　　C. GROUP BY　　D. ORDER BY

（18）下列属性中，属于窗体的“数据”类属性的是（　　）。

A. 记录源　　B. 自动居中　　C. 获得焦点　　D. 记录选择器

（19）要将“选课成绩”表中学生的“成绩”取整，可以使用的函数是（　　）。

A. Abs（[成绩]）　　B. Int（[成绩]）

C. Sqr（[成绩]）　　D. Sgn（[成绩]）

（20）在 Access 中为窗体上的控件设计 Tab 键的顺序，应选择“属性”对话框的（　　）。

A. “格式”选项卡　　B. “数据”选项卡

C. “事件”选项卡　　D. “其他”选项卡

（21）下图所示的是报表设计视图，由此可判断该报表的分组字段是（　　）。

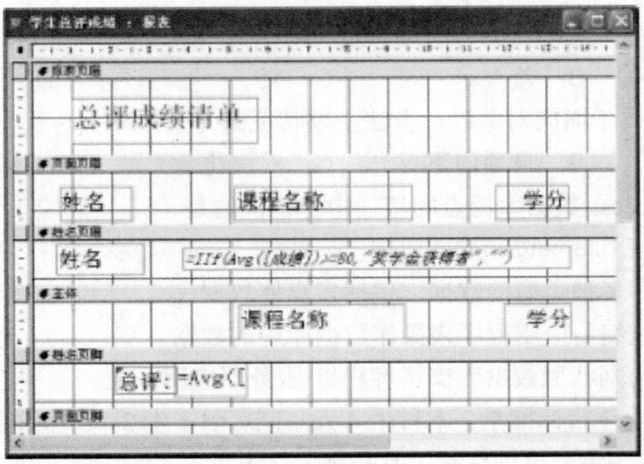

A. 课程名称　　B. 学分　　C. 成绩　　D. 姓名

（22）有商品表内容如下：

部门号	商品号	商品名称	单价	数量	产地
40	0101	A 牌电风扇	200.00	10	广东
40	0104	A 牌微波炉	350.00	10	广东
40	0105	B 牌微波炉	600.00	10	广东
20	1032	C 牌传真机	1000.00	20	上海
40	0107	D 牌微波炉_A	420.00	10	北京
20	0110	A 牌电话机	200.00	50	广东
20	0112	B 牌手机	2000.00	10	广东
40	0202	A 牌电冰箱	3000.00	2	广东
30	1041	B 牌计算机	6000.00	10	广东
30	0204	C 牌计算机	10000.00	10	上海

执行 SQL 命令：

SELECT 部门号，MAX（单价*数量）FROM 商品表 GROUP BY 部门号；

查询结果的记录数是（　　）。

A. 1　　B. 3　　C. 4　　D. 10

（23）某学生成绩管理系统的“主窗体”如下图左侧所示，单击“退出系统”按钮会弹出下图右侧“请确认”提示框；如果继续单击“是”按钮，才会关闭主窗体退出系统，如果单击“否”按钮，则会返回“主窗体”继续运行系统。

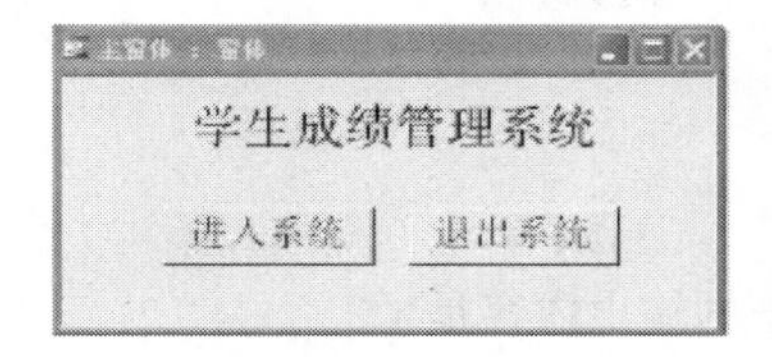

为了达到这样的运行效果，在设计主窗体时为“退出系统”按钮的“单击”事件设置了一个“退出系统”宏，正确的宏设计是（　　）。

（24）在打开窗体时，依次发生的事件是（　　）。

A. 打开（Open）->加载（Load）->调整大小（Resize）->激活（Activate）

B. 打开（Open->激活（Activate））->加载（Load）->调整大小（Resize）

C. 打开（Open）->调整大小（Resize）->加载（Load）->激活（Activate）

D. 打开（Open）->激活（Activate）->调整大小（Resize）->加载（Load）

（25）在宏表达式中要引用Form1窗体中的txt1控件的值，正确的引用方法是（　　）。

A. Form1!txt1　B. txt1　C. Forms!Form1!txt1　D. Forms!txt1

（26）将一个数转换成相应字符串的函数是（　　）。

A. Str　B. String　C. Asc　D. Chr

（27）VBA中定义符号常量使用的关键字是（　　）。

A. Const　B. Dim　C. Public　D. Static

（28）由“For i = 1 To 16 Step 3”决定的循环结构被执行（　　）。

A. 4次　B. 5次　C. 6次　D. 7次

（29）可以用InputBox函数产生“输入对话框”。执行语句：

st = InputBox(“请输入字符串”,”字符串对话框”,”aaaa”)

当用户输入字符串“bbbb”，按OK按钮后，变量st的内容是（　　）。

A. aaaa　B. 请输入字符串　C. 字符串对话框　D. bbbb

（30）下列不属于VBA函数的是（　　）。

A. Choose　B. If　C. IIf　D. Switch

（31）若有以下窗体单击事件过程：

```
Private Sub Form_Click()
    result = 1
    For i = 1 To 6 Step 3
    result = result * i
    Next i
    MsgBox result
    End Sub
```

打开窗体运行后，单击窗体，则消息框的输出内容是（　　）。

A. 1　　B. 4　　C. 15　　D. 120

（32）窗体中有命令按钮 Command32，其 Click 事件代码如下。该事件的完整功能是：接收从键盘输入的 10 个大于 0 的整数，找出其中的最大值和对应的输入位置：

```
Private Sub Command32_Click()
    max = 0
    max_n = 0
    For i = 1 To 10
        num = Val(InputBox(“请输入第”&i&”个大于 0 的整数：”))
        if                  Then
            max = num
            max_n = i
        End If
    Next i
    MsgBox(“最大值为第”&max_n&”个输入的”&max)
End Sub
```

程序空白处应该填入的表达式是（　　）。

A. num > i　　B. i <max　　C. num > max　　D. num < max

（33）若有如下 Sub 过程：

```
Sub sfun(x As Single, y As Single)
    t = x
    x = t / y
    y = t Mod y
End Sub
```

往窗体中添加一个命令按钮 Command33，对应的事件过程如下：

```
Private Sub Command33_Click()
  Dim a As Single
  Dim b As Single
  a = 5 :  b = 4
  sfun(a, b)
  MsgBox a & chr(10) + chr(13) & b
End Sub
```

打开窗体运行后，单击命令按钮，消息框中有两行输出，内容分别为（　　）。

A. 1 和 1　　B. 1.25 和 1　　C. 1.25 和 4　　D. 5 和 4

（34）运行下列程序，

```
Private Sub Command34_Click()
  i = 0
  Do
```

```
    i = i + 1
  Loop While i < 10
  MsgBox i
End Sub
```

显示的结果是（　　）。

A. 0　　B. 1　　C. 10　　D. 11

（35）运行下列程序，

```
Private Sub Command0_Click()
    Dim I As Integer, J As Integer
    For I = 2 To 10
        For J = 2 To I/2
            If I mod J = 0 Then Exit For
        Next J
        If J > sqr(I) Then Debug.Print I;
    Next I
End Sub
```

在立即窗口显示的结果是（　　）。

A. 1 5 7 9　　B. 4 6 8　　C. 3 5 7 9　　D. 2 3 5 7

2. 填空题（每空 2 分，共 30 分）

请将每空的正确答案写在答题卡[1]～[15]序号的横线上，答在试卷上不得分。

（1）数据结构分为线性结构和非线性结构，带链的栈属于__[1]__。

（2）在长度为 n 的顺序存储的线性表中插入一个元素，最坏情况下需要移动表中__[2]__个元素。

（3）常见的软件开发方法有结构化方法和面向对象方法，对某应用系统经过需求分析建立数据流图（DFD），则应采用__[3]__方法。

（4）数据库系统的核心是__[4]__。

（5）在进行关系数据库的逻辑设计时，E-R 图中的属性常被转换为关系中的属性，联系通常被转换为__[5]__。

（6）Access 数据库中的字节（Byte）数值类型在数据库中占__[6]__字节。

（7）在报表中要显示格式为“第 N 页”的页码，页码格式设置是：=”第”&__[7]__&”页”。

（8）要将 Access 数据库中保存的数据发布到网络上，可以采用的对象是__[8]__。

（9）若窗体名称为 Form1，则将该窗体标题设置为“Access 窗体”的语句是__[9]__。

（10）下列程序段的功能是求 1 到 100 的累加和。请在空白处填入适当的语句，使程序完成指定的功能。

```
Dim s As Integer, m As Integer
s = 0
m = 1
do While      [10]
    s = s + m
    m = m + 1
Loop
```

（11）下列程序的功能是求算式：1-1/2+1/3-1/4+....前 30 项之和。请在空白处填入适当的语句，使程序可以完成指定的功能。

```
Private Sub Command1_Click()
  Dim i as Integer,   s As Single, f As Integer
  s = 0 : f = 1
  For i = 1 To 30
  s = s + f/i
  f =     [11]
Next i
Debug.Print"1-1/2+1/3-1/4+…=";   s
End Sub
```

（12）有一个标题为“登录”的用户登录窗体，窗体上有两个标签，标题分别为“用户名:”和“密码:”，用于输入用户名的文本框名为“UserName”，用于输入密码的文本框名为“UserPassword”，用于进行倒计时显示的文本框名为“Tnum”，窗体上有一个标题为“确认”的按钮名为“OK”，用于输入完用户名和密码后单击此按钮确认。

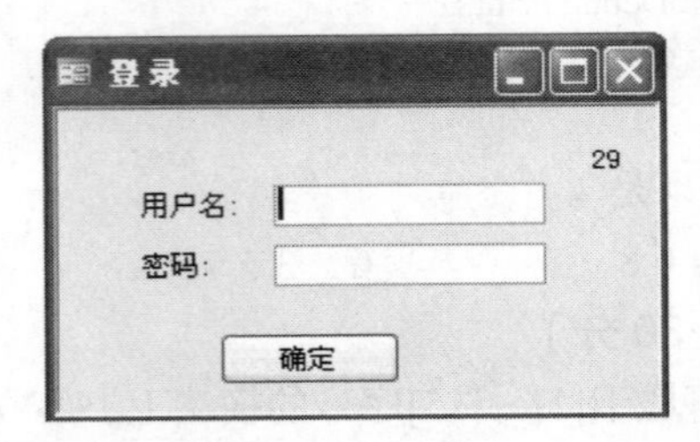

输入用户名和密码，如用户名或密码错误，则给出提示信息；如正确，则显示“欢迎使用!”信息。要求整个登录过程要在 30 秒中完成，如果超过 30 秒还没有完成正确的登录操作，则程序给出提示自动终止整个登录过程。

请在程序空白处填入适当的语句，使程序完成指定的功能。

```
Option Compare Database
Dim Second As Integer

Private Sub Form_Open(Cancel As Integer)
    Second = 0
End Sub

Private Sub Form_Timer()
    If Second > 30 Then
        MsgBox "请在 30 秒中登录", vbCritical, "警告"
        DoCmd.Close
    Else
        Me!Tnum = 30 - Second   '倒计时显示
    End If
    Second =     [12]
End Sub

Private Sub OK_Click()
    If Me.UserName <> "123" Or Me.UserPassword <> "456" Then
        MsgBox "错误!" + "您还有" & 30 - Second & "秒", vbCritical, "提示"
    Else
        Me.TimerInterval =     [13]        '终止 Timer 事件继续发生
        MsgBox "欢迎使用！ ", vbInformation, "成功"
        DoCmd.Close
```

```
    End If
End Sub
```

（13）数据库中有“平时成绩表”，包括“学号”、“姓名”、“平时作业”、“小测验”、“其中考试”、“平时成绩”和“能否考试”等字段，其中，平时成绩＝平时作业*50%+小测验*10%+期中成绩*40%，如果学生平时成绩大于等于 60 分，则可以参加期末考试（“能否考试”字段为真），否则学生不能参加期末考试。

下面的程序按照上述要求计算每名学生的平时成绩并确定是否能够参加期末考试。请在空白处填入适当的语句，使程序可以完成所需要的功能。

```
Private Sub Command0_Click()
    Dim db As DAO.Database
    Dim rs As DAO.Recordset
    Dim pszy As DAO.Field, xcy As DAO.Field, qzks As DAO.Field
    Dim ps As DAO.Field, ks As DAO.Field

    Set db = CurrentDb()
    Set rs = db.OpenRecordSet("平时成绩表")
    Set pszy = rs.Fields("平时作业")
    Set xcy = rs.Fields("小测验")
    Set qzks = rs.Fields("期中考试")
    Set ps = rs.Fields("平时成绩")
    Set ks = rs.Fields("能否考试")

    Do While Not rs.EOF
        rs.Edit
        ps =     ____[14]____
        If ps >= 60 Then
            ks = True
        Else
            ks = False
        End If
        rs. ____[15]____
        rs.MoveNext
    Loop
    rs.Close
    db.Close
    Set rs = Nothing
    Set db = Nothing
End Sub
```

2011年9月计算机等级考试二级Access笔试试题解析

1. 选择题

（1）解析：答案为D。所谓算法是指解题方案的准确而完整的描述，是一组严谨地定义运算顺序的规则，并且每一个规则都是有效的，且是明确的，此顺序将在有限的次数下终止。算法不等于程序，也不等于计算方法。

（2）解析：答案为C。线性表的链式存储结构称为线性链表。在链式存储结构中，存储数据结构的存储空间可以不连续，各数据结点的存储顺序与数据元素之间的逻辑关系可以不一致，而数据元素之间的逻辑关系是由指针域来确定的。

（3）解析：答案为B。由二叉树的性质可以知道在二叉树中叶子结点总是比度为2的结点多一个。

（4）解析：答案为A。学生成绩管理系统为应用软件。

（5）解析：答案为C。这个系统总体结构图是一颗树结构，在树结构中，根结点在第1层，同一层上所有子节点都在下一层，由系统总体结构图可知，这棵树共3层。在树结构中，树的最大层次称为树的深度。所以这棵树的深度为3.

（6）解析：答案为D。所谓程序调试，是将编制的程序投入实际运行前，用手工或编译程序等方法进行测试，修正语法错误和逻辑错误的过程。其任务是诊断和改正程序中的错误。

（7）解析：答案为A。数据库设计目前一般采用生命周期法，即将整个数据库应用系统的开发分解成目标独立的若干阶段。分别是：需求分析阶段、概念设计阶段、逻辑设计阶段、物理设计阶段、编码阶段、测试阶段、运行阶段、进一步修改阶段。对数据设计来讲，数据字典是进行详细的数据收集和数据分析所获得的主要结果。

（8）解析：答案为D。数据库系统的三级模式包括概念模式、外模式和内模式。

（9）解析：答案为B。由三个关系R、S和T的结构可以知道，关系T是由关系R、S经过差运算得到的。

（10）解析：答案为A。面向对象设计方法的主要特征有封装性、继承性和多态性。而结构化程序设计方法的主要原则有自顶向下，逐步求精，模块化，限制使用goto语句。

（11）解析：答案为D。Access采用OLE技术能够方便地创建和编辑多媒体数据库，其中包括文本、声音、图像和视频等对象，可以采用VBA编写数据库应用程序，进一步完善了将Internet集成到整个办公室的桌面操作环境。

（12）解析：答案为C。由于一间宿舍可以住宿多位学生，但一位学生只能住在一间宿舍里，所以这种住宿关系是一对多联系。

（13）解析：答案为A。表是用来存储数据的对象，是数据库系统的核心与基础。一个数据库可以包含多个表。在表中，数据的保存形式类似于电子表格。是以行和列的形式保存的。表中的行和列分别称为记录和字段，其中记录是由一个或多个字段组成的。

（14）解析：答案为 C。OLE 对象指字段允许单独地链接或嵌入 OLE 对象，可以将这些对象链接或嵌入到 MicrosoffAccess 表中。

（15）解析：答案为 D。各输入掩码的意义可以参考课本，答案选 D

（16）解析：答案为 B。各通配符的意义可以参考课本。

（17）解析：答案为 D。SELECT 语句能够实现数据的筛选、投影和连接等操作，并能够完成如筛选字段重命名、多数据源数据组合、分类汇总和排序等具体操作。

（18）解析：答案为 A。“数据”属性决定一个控件或窗体中的数据来源，以及操作数据的规则，而这些数据均为绑定在控件上的数据。数据属性包括记录源、排序依据、允许编辑、数据入口等。

（19）解析：答案为 B。各函数的功能可以参考教材的附录。

（20）解析：答案为 D。其他属性表示控件的附加特征，包括名称、状态栏文字，自动 TAB 键、控件提示文字等。

（21）解析：答案为 D。根据报表的特点及题目中的报表设计视图，分析可知存在姓名页眉和姓名页脚，所以该报表是以姓名字段为分组依据。

（22）解析：答案为 B。该 sql 语句实现按部门分组查询总价最高的记录，所以查询结果的记录数为 3 条，分别是 3 个部门总价最高的记录。

（23）解析：答案为 A。根据题意可知题目的关键是选择“是”按钮时的响应事件，而在 Msgbox 函数中，只有当它的值为“6”时，代表的是选择“是”按钮。

（24）解析：答案为 A。打开或关闭窗体，或者在窗体之间移动，或者对窗体中数据进行处理时，将发生与窗体相关的事件。由于窗体的事件比较多，在打开窗体时，将按照下列顺序发生相应的事件：打开（open）-加载（Load）-调整大小（Resize）-激活（Activate）-成为当前

（25）解析：答案为 C。在输入条件表达式时，会引用窗体或报表上的控件。可以使用如下的语法：

Forms!【窗体名】!【控件名】或【Forms】!【窗体名】!【控件名】

Reports!【报表名】!【控件名】或【Reports】!【报表名】!【控件名】

（26）解析：答案为 A。各函数的功能可以参考课本。

（27）解析：答案为 A。在 VBA 编程过程中，如果在代码中要反复使用相同的值，或者代表一些具有特定意义的数字或字符串，可以用符号常量形式来表示，符号常量使用关键字 const 来定义，格式如下：const 符号常量名称：常量值

（28）解析：答案为 C。根据题意可知，步长为 3，所以当 i 分别为 1、4、7、10、13、16 时执行循环体，所以共执行了 6 次。

（29）解析：答案为 D。输入框用于在一个对话框中显示提示，等待用户输入正文并按下按钮、返回包含文本框内容的字符串数据信息。它的功能在 VBA 中是以函数的形式调用。

（30）解析：答案为 B。IIF()的函数，该函数可用于选择操作。调用格式为：

IIF（条件表达式，表达式 1，表达式 2）

功能：函数根据“条件表达式”的值来决定返回值。如果“条件表达式”的值为“真”，函数返回“表达式 1”的值，否则返回“表达式 2”的值。

Switch()函数，该函数可用于多条件选择操作。

Choose()函数也是 VBA 函数。

（31）解析：答案为 B。根据题意可知，For 循环的步长为 3，只有当 i 分别为 1 和 4 时才会执行循环体，所以该事件的最终结果是 4.

（32）解析：答案为 C。由题意可知，max 代表最大值，max_n 代表最大值的位置，而 num 为输入的数值。在 IF 语句中，将 num/max 的值赋予 max，只有当 num>max 时，才能实现将最大值找出来，并记录其位置。

（33）解析：答案为 B。由题意可知 sfun 函数实现求除数和求余数的功能，所以最终结果是 1.25 和 1。

（34）解析：答案为 C。依据题意可知，当执行完第 10 次循环体后，此时 i 的值为 10，while 的条件为假，所以跳出循环，所以最终的结果为 10。

（35）解析：答案为 D。分析得出答案为 D。

2. 填空题

（1）线性结构

【解析】一般将数据结构分为线性结构与非线性结构两大类。如果一个非空的数据结构满足以下两个条件：

有且只有一个根结点；每一个结点最多有一个前件，也最多有一个后件，则称该数据结构为线性结构，所以带链栈为线性结构。

（2）n

【解析】在顺序存储的线性表中插入一个元素时，一般是从最后的元素向后移动一位，移动到插入的位置后，插入元素。在最坏情况下，需要移动 n 个元素。

（3）结构化

【解析】采用结构化方法开发软件时，需求分析阶段建立数据流。

（4）数据库管理系统

【解析】一般认为，数据库系统包括 4 个部分：数据库、数据库管理系统、数据库应用程序、数据库管理员。其中 DBMS 是为数据库的建立、使用和维护而配置的软件，是数据库系统的核心。

（5）关系

【解析】在实体关系图中的联系通常被转换为关系。

（6）I

【解析】Access 数据库的几种数据类型可以参考课本。

（7）【Page】

【解析】可用表达式创建页码。Page 和 Pages 是内置变量，【page】代表当前页号，【pages】代表总页数。

（8）数据访问页

【解析】要将 Access 数据库中保存的数据发布到网络上，可以采用的对象是数据访问页。

（9）Form1.Caption=“Access 窗体”

【解析】窗体标题的属性为 Caption，所以可以通过更改 Caption 的值来设置窗体的标题。

（10）m<=100 或者 m<101

【解析】Do-While 循环语句，当条件表达式结果为真时，执行循环体，直到条件表达式结果为假或执行到 Exit　Do 语句退出循环体。

（11）f*（−1）

【解析】由题意可知，当 i 为偶数时，该数值的符号为“负号”，所以空白处是更改符号的变换，所以填入 f*（-1）即可。

（12）Second+1　　0

【解析】由题意可知，Second 为记录时间的变量，并且显示的是 30 秒倒计时的时间，由 Me! Tnum=30-Second 可知 Second 是递增的，所以该空应填入 Second+1.当输入用户名和密码都正确时，停止 Timcinterval，所以第二个空应填入 0。

（13）pszy*0.5+xcy*0.1+qzks*0.4　　Update

【解析】由代码可知，首先计算出平时成绩，然后根据平时成绩是否及格来判断是否可以进行期末考试，所以第一个空应填入 pszy*0.5+xcy*0.1+qzks*0.4。最后是对记录的更新操作，所以第二个空应填入 Update。

参考文献

[1] 陈佛敏，金国念，等. Access 2003 数据库应用教程. 武汉：华中科技大学出版社，2010.

[2] 陈洪生，郭晶晶，等. Access 2003 数据库应用习题与实验指导. 武汉：华中科技大学出版社，2010.

[3] Michael R.Grho, Joseph C.Stockman 等著，谢俊等译. Access 2007 宝典. 北京：人民邮电出版社，2008.

[4] 梁华，等. 案例驱动的 Access 程序设计教学改革[J]，计算机教育，2011.

[5] http://msdn.microsoft.com，微软开发者虚拟社区.

[6] http://baike.baidu.com，百度百科.